土木工程施工技术与工程项目管理研究

周合华　冯旭　闫敏杰　主编

图书在版编目（CIP）数据

土木工程施工技术与工程项目管理研究 / 周合华，冯旭，闫敏杰主编 . —北京：文化发展出版社有限公司，2019. 6

ISBN 978-7-5142-2602-7

Ⅰ . ①土… Ⅱ . ①周… ②冯… ③闫… Ⅲ . ①土木工程－工程施工－研究②土木工程－工程项目管理－研究 Ⅳ . ① TU7

中国版本图书馆 CIP 数据核字（2019）第 053513 号

土木工程施工技术与工程项目管理研究

主　　编：周合华　冯　旭　闫敏杰

责任编辑：李　毅　　责任校对：岳智勇

责任印制：邓辉明　　责任设计：侯　铮

出版发行：文化发展出版社有限公司（北京市翠微路 2 号　邮编：100036）

网　　址：www. wenhuafazhan. com　www. printhome. com　www. keyin. cn

经　　销：各地新华书店

印　　刷：阳谷毕升印务有限公司

开　　本：787mm×1092mm　1/16

字　　数：337 千字

印　　张：17.75

印　　次：2019 年 9 月第 1 版　2021 年 2 月第 2 次印刷

定　　价：48. 00 元

I S B N：978-7-5142-2602-7

◆ 如发现任何质量问题请与我社发行部联系。发行部电话：010-88275710

编委会

作　者	署名位置	工作单位
周合华	第一主编	深圳市英来建设监理有限公司
冯　旭	第二主编	贵州交通建设集团有限公司
闫敏杰	第三主编	北京城乡建设集团有限责任公司
孔丽娟	副 主 编	山东黄河工程集团有限公司疏浚工程处
任陈晨	副 主 编	中建三局集团有限公司
赖金明	副 主 编	公诚管理咨询有限公司第四分公司
高文平	副 主 编	大庆市城建大项目管理办公室
白睿祖	副 主 编	中国移动通信有限公司信息港中心
陈东阳	副 主 编	中国建筑第八工程局有限公司

前言

PREFACE

土木工程是人类赖以生存的重要物质基础，在为人类文明发展作出巨大贡献的同时，也在大量地消耗资源和能源，可持续的土木工程结构是实现人类社会可持续发展的重要途径之一。随着我国具有国际水平的超级工程结构的建设不断增多，施工控制及施工力学将不断走向成熟，并将不断应用到工程的建设之中为工程建设服务。随着可持续发展的逐步深入开展，当前我国建筑施工单位已经懂得并开始认真贯彻可持续发展战略的要求，积极响应政府及群众对保护环境、文明施工和降低噪音的要求，采取了相应的降低扰民、减少环境污染和施工噪音的措施。但是，大多数承包商在采取这些绿色施工技术时是比较被动、消极的，对绿色施工的理解也是单一的，还不能够积极主动地运用适当的技术、科学的管理方法以系统的思维模式、规范的操作方式从事绿色施工。正是由于认识不到位，而且缺乏系统的管理制度，各部门管理水平还不能满足绿色施工的标准。

土木工程是一项庞大而又系统化的工作，它包括风险、进度、质量、人员、设备等多方面的工作，涉及设计、监理、施工、物资等部门和单位。对建筑工程实行项目管理能科学有效地优化资源配置、控制工程成本、提高工程质量、缩短工程周期。它的内涵为：从项目开始到项目结束，通过项目策划、项目控制，使质量目标、费用目标、进度目标得以实现。加强建筑工程项目管理，就要对施工项目的生产环节进行详细分析，认真研究并且强化管理，为实现工程项目管理各项目标起到重要的作用。建筑工程项目管理的主要内容可以通过“三控、三管、一协调”来概括，即质量控制、成本控制、进度控制、安全管理、合同管理、信息管理和组织与协调。

本书在编写过程中参考了大量的国内外专家和学者的专著、报刊文献、网络资料，以及土木工程施工与工程项目管理的有关内容，借鉴了部门国内外专家、学者的研究成果，在此对相关专家、学者表示衷心的感谢。

虽然本书编写时各作者通力合作，但因编写时间和理论水平有限，书中难免有不足之处，我们诚挚地希望读者给予批评指正。

《土木工程施工技术与工程项目管理研究》编委会

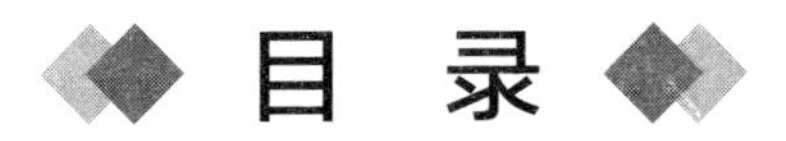

目 录

CONCENTS

第一章　土方工程

第一节　土的工程分类与工程性质

一、土的工程分类

土的分类方法较多，在土方工程和工程定额中，根据土的开挖难易程度将土分为八类，如表 1–1 所示。前四类为一般土，后四类为岩石。只有正确区分和鉴别土的种类，才能合理选择施工方法，准确套用工程定额，完成土方工程的计量与计价工作。

表 1–1　土的工程分类与开挖方法

类别	土的名称	开挖方法	密度（t/m³）	可松性系数	
				K_s	K'_s
一类（松软土）	砂，粉土，冲积砂土层，种植土，泥炭（淤泥）	用锹、锄头挖掘	0.6 ~ 1.5	1.08 ~ 1.17	1.01 ~ 1.04
二类土（普通土）	粉质黏土，潮湿的黄土，夹有碎石、卵石的砂，种植土，填筑土和粉土	用锹、锄头挖掘，少许用镐翻松	1.1 ~ 1.6	1.14 ~ 1.28	1.02 ~ 1.05
三类土（坚土）	软及中等密实黏土，重粉质黏土，粗砾石，干黄土及含碎石、卵石的黄土，粉质黏土，压实的填土	主要用镐，少许用锹、锄，部分用撬棍	1.75 ~ 1.9	1.24 ~ 1.30	1.04 ~ 1.07
四类土（砾砂坚土）	重黏土及含碎石、卵石的黏土，粗卵石，密实的黄土，天然级配砂石，软泥灰岩及蛋白石	主要用镐、撬棍，部分用楔子及大锤	1.8 ~ 1.95	1.26 ~ 1.37	1.06 ~ 1.09
五类土（软石）	硬石炭纪黏土，中等密实的页岩、泥灰岩、白垩土，胶结不紧的砾岩，软的石灰岩	用镐或撬棍、大锤，部分用爆破方法	1.1 ~ 2.7	1.30 ~ 1.45	1.10 ~ 1.20

续表

类别	土的名称	开挖方法	密度（t/m^3）	可松性系数	
				K_s	K'_s
六类土（次坚石）	泥岩，砂岩，砾岩，坚实的页岩、泥灰岩，密实的石灰岩，风化花岗岩、片麻岩	用爆破方法，部分用风镐	2.2 ~ 2.9	1.30 ~ 1.45	1.10 ~ 1.20
七类土（坚石）	大理岩，辉绿岩，玢岩，粗、中粒花岗岩，坚实的白云岩、烁岩、砂岩、片麻岩，风化痕迹的安山岩、玄武岩	用爆破方法	2.5 ~ 3.1	1.30 ~ 1.45	1.10 ~ 1.20
八类土（特坚石）	安山岩，玄武岩，花岗片麻岩，坚实的细粒花岗岩、闪长岩、石英岩	用爆破方法	2.7 ~ 3.3	1.45 ~ 1.50	1.20 ~ 1.30

二、土的工程性质

土有多种工程性质，其中对土方工程施工影响较大的有土的密度、含水量、渗透性和可松性等。

1. 土的密度

土的密度可分天然密度和干密度。土的天然密度是指土在天然状态下单位体积的质量，用 p 表示，它与土的密实程度和含水量有关，在选择装载汽车运土时，可用天然密度将载重量折算成体积；土的干密度是指单位体积土中固体颗粒的质量，用 p_d 表示，它在一定程度上反映了土颗粒排列的紧密程度，可用来作为填土压实质量的控制指标。

$$p = \frac{m}{V}$$

$$p_d = \frac{m_s}{V}$$

式中 m——土的总质量；

V——土的总体积；

m_s——土中固体颗粒的质量。

2. 土的含水量

土的含水量 w 是土中所含的水与土的固体颗粒间的质量比，以百分数表示。土的含水量影响土方施工方法的选择、边坡的稳定和回填土的质量，它随外界雨、雪、地下水影响而变化。一般土的含水量超过 20% 时就会使运土汽车打滑或陷轮，当土的含水量超过 25% ~ 30% 时，机械化施工就难以进行，在填土施工中则需控制“最佳含水量 w_{op}”（砂土的最佳含水量为 8% ~ 12%，黏土为 19% ~ 23%），方能在夯压时获得最大干密度，而含水量过大则会产生橡皮土现象，填土无法夯实，土的含水量对土方边坡稳定性也有直接影响。

3．土的渗透性

土的渗透性是指土体中水可以渗流的性能，一般以渗透系数 K 表示。从达西地下水流动速度公式 $\upsilon=KI$ 可以看出渗透系数 K 的物理意义，即：当水力坡度如图 1-1 中水头差 Δh 与渗流距离 L 之比）为 1 时地下水的渗透速度。K 值大小反映了土渗透性的强弱。不同土质，其渗透系数有较大的差异，如黏土的渗透系数小于 0.1m/d，细砂为 5 ~ 10m/d，而烁石则为 100 ~ 200m/d。

在排水降低地下水时，需根据土层的渗透系数确定降水方案和计算涌水量；在土方填筑时，也需根据不同土料的渗透系数确定铺填顺序。

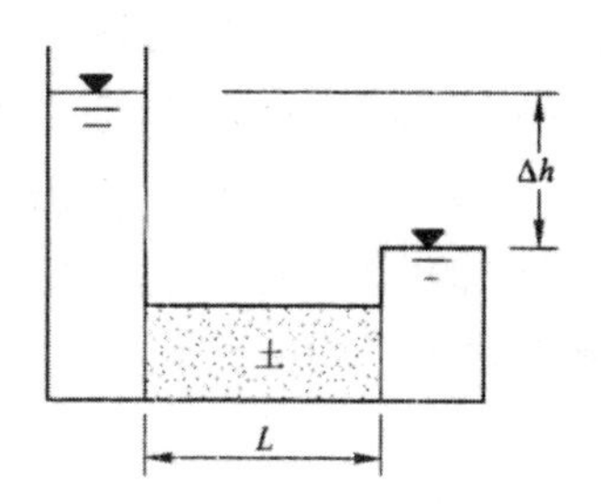

图 1–1　水力坡度示意图

4．土的可松性

土具有可松性，土的可松性是土经开挖后组织破坏、体积增加，虽经回填压实仍不能恢复成原来体积的性质，可用最初可松性系数 K_s 和最终可松性系数 K'_s 表示，即

最初可松性系数：$K_s=\dfrac{V_2}{V_1}$

最终可松性系数：$K'_s=\dfrac{V_3}{V_1}$

式中 V_1——土在天然状态下的体积；

V_2——土经开挖后的松散体积；

V_3——土经填筑压实后的体积。

土的可松性对土方量的平衡调配，确定运土机具的数量及弃土坑的容积，以及计算填方所需的挖方体积、确定预留回填用土的体积和堆场面积等均有很大的影响。土的可松性与土质及其密实程度有关，其相应的可松性系数可参考表1-1。

第二节 土方工程的机械化施工

一、推土机

推土机是在履带式拖拉机的前方安装推土铲刀（推土板）制成的。按铲刀的操纵机构不同，推土机分为索式和液压式两种。

推土机能单独完成挖土、运土和卸土工作，具有操纵灵活、运转方便、所需工作面较小、行驶速度较快等特点。推土机主要适用于一～三类土的浅挖短运，如场地清理或平整，开挖深度不大的基坑以及回填，推筑高度不大的路基等。此外，推土机还可以牵引其他无动力的土方机械，如拖式铲运机、松土器、羊足碾等。

推土机推运七方的运距，一般不超过100m，运距过长，土将从铲刀两侧流失过多，影响其工作效率，经济运距一般为30～60m，铲刀刨土长度一般为6～10m。

为了提高推土机的工作效率，常用以下几种作业方法：下坡推土法，分批集中、一次推送法，沟槽推土法，并列推土法，斜角推土法。

二、铲运机

铲运机是一种能综合完成挖、装、运、填的机械，对行驶道路要求较低，操纵灵活，生产率较高。按行走机构可将铲运机分为自行式铲运机和拖拉式铲运机两种；按铲斗操纵方式，又可将铲运机分为索式和油甩式两种。

铲运机一般适用于含水量不大于27%的一～三类土的直接挖运，常用于坡度在20°以内的大面积场地平整、大型基坑的开挖、堤坝和路基的填筑等。不适于在砾石层、冻土地带和沼泽地区使用。坚硬土开挖时要用推土机助铲或用松土器配合。拖式铲运机的运距以不超过800m为宜，当运距在300m左右时效率最高；自行式铲运机的行驶速度快，可适用于稍长距离的挖运，其经济运距为800～1500m，但不宜超过3500m。铲运机适宜在松土、普通土且地形起伏不大（坡度在20°以内）的大面积场地上施工。

三、单斗挖土机

当场地起伏高差较大、土方运输距离超过1km，且工程量大而集中时，可采用挖土机挖土，配合自卸汽车运土，并在卸土区配备推土机整平土堆。

单斗挖土机是土方开挖的常用机械。按行走装置的不同，分为履带式和轮胎式两类；按传动方式分为索具式和液压式两种；根据工作装置分为正铲、反铲、拉铲和抓铲四种。使用单斗挖土机进行土方开挖作业时，一般需用自卸汽车配合运土。

1. 正铲挖土机施工

正铲挖土机的挖土特点是“前进向上，强制切土”。正铲挖土机挖掘力大，生产效率高，易与载重汽车配合，可以开挖停机面以上的一～四类土，宜用于开挖掌子面高度大于 2m，土的含水量小于 27% 的较干燥基坑，但需设置坡度不大于 1 ：6 的坡道。

2. 反铲挖土机施工

反铲挖土机的挖土特点是“后退向下，强制切土”，随挖随行或后退。反铲挖土机的挖掘力比正铲小，适于开挖停机面以下的一～三类土的基坑、基槽或管沟，不需设置进出口通道，可挖水下淤泥质土，每层的开挖深度宜为 1.5 ～ 3.0m。常见的反铲挖土机的技术性能见表 1–2。

表 1–2　反铲挖土机的技术性能

项次	工作项目	符号	W1–50	WY–40	WYL–60	WY–100	WY–160
1	动臂倾角	a	$45^0 60^0$				
2	最终卸土高度（m）	H_2	5.26.1	3.76	6.36	5.4	5.83
3	装卸车半径（m）	R_3	5.64.4	–			
4	最大挖土深度（m）	H	5.56	4.0	6.36	5.4	5.83
5	最大挖土半径（m）	R	9.2	7.19	8.2	9.0	10.6

3. 拉铲挖土机施工

拉铲挖土机的挖土特点是“后退向下，自重切土”，其挖土半径和挖土深度较大，能开挖停机面以下的一～二类土。工作时，利用惯性力将铲斗甩出去，涉及范围大，但灵活准确性较差，与汽车配合较难。拉铲挖土机宜用于开挖较深、较大的基坑（槽）、沟渠或水中挖土，以及填筑路基、修筑堤坝，更适于河道清淤，其开挖方式分为沟端开挖和沟侧开挖。

4. 抓铲挖土机施工

索具式抓铲挖土机的挖土特点是“直上直下，自重切土”，其挖掘力较小，能开挖一～二类土，适于施工面狭窄而深的基坑、深槽、沉井等开挖，清理河泥等工程，最适于水下挖土。目前，液压式抓铲挖土机得到了较多应用，其性能大大优于索具式。

对于小增基坑，抓铲挖土机可立于一侧进行抓土作业；对较宽的基坑（槽），需在两侧或四周抓土。施工时应离开基坑足够的距离，并增加配重。

四、土方机械的选择

土方开挖机械的选择主要是确定其类型、型号、台数。挖土机械的类型是根据土方开挖类型、工程量、地质条件及挖土机的适用范围而确定的，再根据开挖场地条件、周围环境及工期等确定其型号、台数和配套汽车数量。

1．选择土方机械的依据

主要依据有土方工程的类型及规模，施工现场周围环境及水文地质情况，现有机械设备条件，工期要求。

2．土方机械与运输车辆的配合

当挖土机挖出的土方需运输车辆外运时，生产率不仅取决于挖土机的技术性能，而且还取决于所选的运输工具是否与之协调。

挖土机的数量 N 为：

$$N=\frac{Q}{P}\times\frac{1}{TCK}$$

式中 Q——挖土方量（m^3）；

P——挖土机生产率（m^3/ 台班）；

T——要求工期（d）；

C——每天工作班数；

K——时间利用系数，K=0.8 ~ 0.9。

当挖土量数量已定，工期按下式确定：

$$T=\frac{Q}{NPCK}$$

挖土机生产率

$$P=\frac{8\times 3600}{t}q\frac{K_c}{K_s}K_b$$

式中 t——挖土机每次作业循环延续时间（s），W_1–100 正铲挖土机为 25 ~ 40s，W_1–100 拉铲挖土机为 45 ~ 60s；

q——挖土机斗容量，m^3；

K_s——土的最初可松性系数；

K_c——土斗的充盈系数，可取 0.8 ~ 1.1；

K_h——工作时间利用系数，一般为 0.7 ~ 0.9。

为了充分发挥挖土机的生产能力，应使运土车辆载重量 Q' 与挖土机的每斗土重保持一定的倍率关系；为了保证挖土机能不间断地作业，还要有足够数量的车辆。载重量大的汽车需要的辆数较少，挖土机等待汽车调车的时间也较少，但汽车台班费用高，所需总费用不一定经济合理。根据实践经验，所选汽车的载重量以取 3 ~ 5 倍挖土机铲斗中的土重为宜。为了减少车辆的调头、等待、让车和装土时间，装车场地还须考虑适宜的调头方法及停车位置。

第三节　土方工程中的辅助工程

一、边坡支护与流砂防治

1．边坡

多数情况下，土方开挖或填筑的边缘都要保留一定的斜面，称土方边坡。边坡的形式如图 1–2 所示，边坡坡度常用 1 ：m 表示，即

土方边坡坡度 $=\dfrac{H}{B}=\dfrac{1}{B/H}=1:m$

式中 $m=B/H$，称坡度系数。

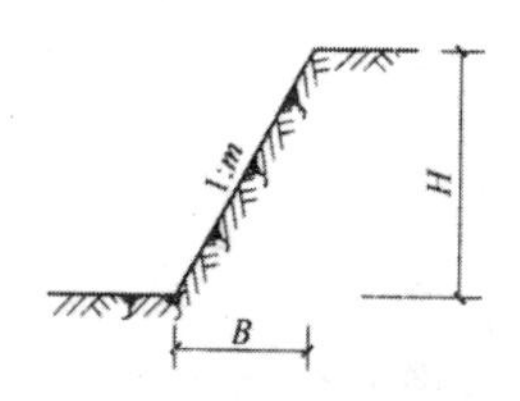

图 1–2　边坡坡度示意图

土方边坡坡度确定一定要合理，以满足安全和经济方面的要求。土方工程施工过程中，保持所开挖土壁的稳定性，主要是依靠土体的内摩擦力和粘结力来平衡土体的下滑力，一旦土体在外力作用下失去平衡，就会出现土壁坍塌或滑坡，不仅妨碍土方工程施工，造成人员伤亡事故，还会危及附近建筑物、道路及地下管线的安全，后果严重。

为了防止土壁坍塌或滑坡，对挖方或填方的边缘一般需做成一定坡度的边坡。由于条件限制不能放坡时，常需设置土壁支护结构，以确保施工安全。

（1）边坡稳定条件及其影响因素

边坡稳定条件是：在土体的重力及外部荷载作用下所产生的剪应力小于土体的

抗剪强度。如图 1–3 所示，该边坡稳定的条件是：作用在土体上的下滑力 T 小于该块土体的抗剪力 C。

在土质均匀、含水量正常、开挖范围内无地下水、施工期较短的情况下，当开挖较密实的砂土或碎石土不超过 1m、粉土或粉质黏土不超过 1.25m、黏土或碎石土不超过 1.5m、坚硬黏土不超过 2.0m 时，一般可垂直下挖，且不加设支撑。

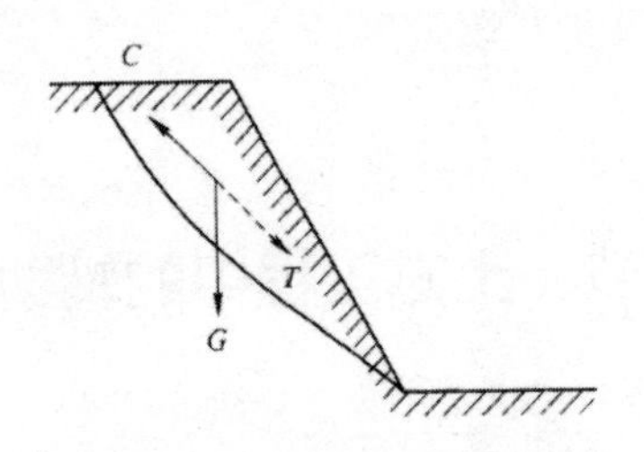

图 1–3 边坡稳定条件示意图

（2）边坡坡度的确定

坑（槽）开挖不满足留设直壁的条件或对填方的坡脚，应按要求放坡。边坡放坡的常规形式如图 1–4 所示。边坡坡度应根据不同的挖填高度、土的性质及工程的特点来确定，几种不同情况的边坡坡度要求如下：

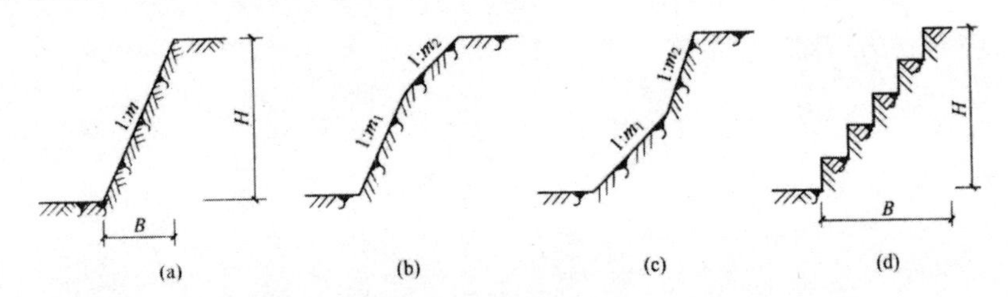

图 1–4 土方边坡

（a）直线边坡；（b）不同土层折线边坡；（c）不同深度折线边坡；（d）阶梯边坡

在边坡整体稳定情况下，如地质条件良好，土质较均匀，使用时间在一年以上，高度在 10m 以内的临时性挖方边坡，应按表 1–3 规定；挖方中有不同的土层，或深度超过 10m 时，其边坡可作成折线形或台阶形，以减少土方量。

表 1–3 使用时间较长、高 10m 以内的临时性挖方边坡坡度

土的类别		边坡坡度
砂土（不包括细砂、粉砂）		1.25 ~ 1 : 1.50
一般黏性土	坚硬	0.75 ~ 1 : 1.10
	硬塑	1.00 ~ 1 : 1.15

续表

土的类别		边坡坡度
碎石类土	充填坚硬、硬塑黏性土	0.50 ~ 1 : 1.00
	充填砂土	1.00 ~ 1 : 1.50

当地质条件良好，土质均匀且地下水位低于基坑、沟槽底面标高，挖方深度在5m以内，不加支撑的边坡留设应符合表1–4的规定。

表 1–4　深度在 5m 内的基坑（槽）、管沟边坡的最陡坡度（不加支撑）

土的种类	边坡坡度（高：宽）		
	坡顶无荷载	坡顶有静载	坡顶有动载
中密的砂土	1 : 1.00	1 : 1.25	1 : 1.50
中密的碎石类土（充填物为砂土）	1 : 0.75	1 : 1.00	1 : 1.25
硬塑的粉土	1 : 0.67	1 : 0.75	1 : 1.00
中密的碎石类土（充填物为黏性土）	1 : 0.50	1 : 0.67	1 : 0.75
硬塑的粉质黏土、黏土	1 : 0.33	1 : 0.50	0 : 67
老黄土	1 : 0.10	1 : 0.25	1 : 0.33
软土（经井点降水后）	1 : 1.00		

对于永久性挖方或填方边坡，则均应进行设计计算，按设计要求施工。对留设的边坡，当使用时间较长时，应做好坡面的保护，常用方法包括覆盖法、挂网法、挂网抹面法、土袋砌砖压坡法及喷射混凝土法等。

2. 边坡支护

基坑（槽）所采用的支护结构一般根据地质条件、基坑开挖深度、对周边环境的保护要求及降排水情况等选用。在支护结构设计中，首先要考虑周围环境的安全可靠性，其次要满足本工程地下结构施工的要求，并应尽可能降低造价和便于施工。

（1）横撑式土壁支撑

开挖较窄的沟槽，多用横撑式土壁支撑。根据挡土板的设置方向不同，横撑式土壁支撑分为水平挡土板式和垂直挡土板式两类。水平挡土板的布置又分为间断式和连续式两种。

对含水量小的黏性土，当开挖深度小于3m时，可用间断式水平挡土扳支撑；对松散的土宜用连续式水平挡土板支撑，挖土深度可达5m；对松散和含水量很大的土，可用垂直挡土板支撑，随挖随撑，其挖土深度不限。

（2）水泥土挡墙支护

水泥土挡墙支护是通过沉入地下设备将喷入的水泥与土进行掺合，形成柱状的水泥加同土桩，并相互搭接而成，具有挡土、截水双重功能。一般用自重和刚度进行挡土，属重力式挡墙，适用于深度为 4 ~ 6m 的基坑，最大可达 7 ~ 8m。

水泥土挡墙支护的截面多采用连续式和格栅形。采用格栅形的水泥土置换率（水泥土面积与格栅总面积之比）为 0.6 ~ 0.8。基坑开挖深度 h<5m 的软土地区，可按经验取墙体宽度 B=（0.6 ~ 0.8）h，嵌入基底下的深度 h_d=（0.8 ~ 1.2）h。水泥土桩间的搭接宽度，考虑截水作用时不宜小于 150mm，不考虑截水作用时不宜小于 100mm。

按施工机具和方法不同，水泥土挡墙支护的施工分为深层搅拌法、旋喷法等。旋喷法是利用专用钻机，把带有特殊喷嘴的注浆管钻至预定位置后，将高压水泥浆液向四周高速喷入土体，并随钻头旋转和提升切削土层，使其混合掺匀。

（3）土钉墙与喷锚支护

土钉墙与喷锚支护均属于边坡稳定型支护，主要利用土钉或预应力锚杆加同基坑侧壁土体，与喷射的钢筋混凝土保护面板组成支护结构，施工费用较低，近几年在较深基坑中得到了广泛应用。

1）土钉墙支护，系在开挖边坡表面每隔一定距离埋设土钉，并铺钢筋网喷射细石混凝土面板，使其与边坡土体形成共同工作的复合体。从而有效提高边坡的稳定性，增强土体破坏的延性，对边坡起到加固作用。

土钉墙支护的构造如图 1–5 和图 1–6 所示，墙面的坡度宜为 1：0.1 ~ 1：0.5。土钉是在土壁钻孔后插入钢筋、注入水泥浆或水泥砂浆而成，也可打入带有压浆孔的钢管后，再压浆而形成“管锚”。土钉长度宜为开挖深度的 0.5 ~ 1.2 倍，间距 1.2 ~ 2m，且呈梅花形布置，与水平面夹角宜为 5° ~ 20°。土钉钻孔直径宜为 80 ~ 130mm，插筋宜采用直径 HRB335 或 HRB400 级钢筋。

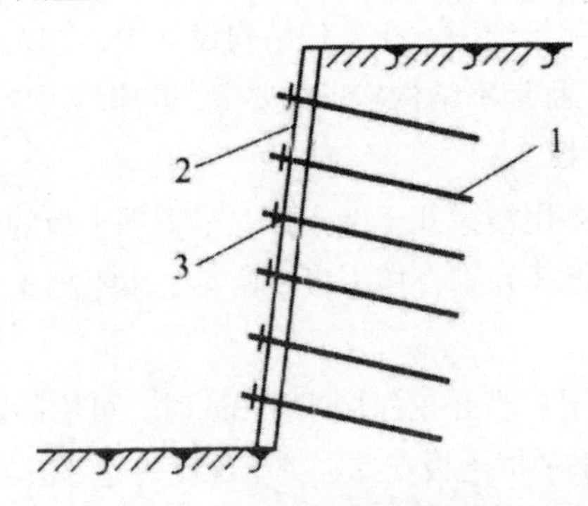

图 1–5 土钉墙支护示意图

1– 土钉；2– 混凝土面板；3– 垫板

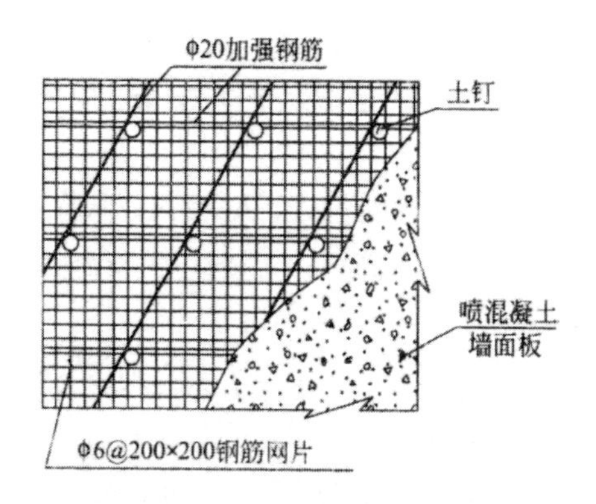

图 1-6　土钉墙立面构造示意图

墙面由喷射厚度为 80 ~ 150mm、强度不低于 C20 的混凝土形成，混凝土面板内应配置直径 6 ~ 10mm、间距 150 ~ 300mm 的钢筋网，上下段钢筋网搭接长度应大于 300mm。为使面层混凝土与土钉有效连接，应设置承压板或加强钢筋与土钉钢筋焊接或螺栓连接。在土钉墙的顶部，墙体应向平面延伸不少于 1m，并在坡顶和坡脚设挡排水设施，坡面上可根据具体情况设置泄水管，以防混凝土面板后积水。

土钉墙的施工顺序为：按设计要求自上而下分段、分层开挖工作面，修整坡面→埋设喷射混凝土厚度控制标志，喷射第一层混凝土→钻孔，安设土钉钢筋→注浆，安设连接件→绑扎钢筋网，喷射第二层混凝土→设置坡顶、坡面和坡脚的排水系统。若土质较好亦可采取如下顺序：开挖工作面、修坡→绑扎钢筋网→成孔→安设土钉→注浆、安设连接件→喷射混凝土面层→开挖下一个工作面。

土钉墙支护具有结构简单、施工方便快速、节省材料、费用较低等优点。适用于淤泥、淤泥质土、黏土、粉质黏土、粉土等土质，且地下水位较低、深度在 12m 以内的基坑。

当基坑深度较大、侧壁存在软弱夹层或侧压力较大时，可在局部采用预应力锚杆代替土钉拉结土体，形成复合土钉墙支护，其允许基坑深度不大于 15m。

2）喷锚网支护，简称喷锚支护，其形式与土钉墙支护相似。它是在开挖边坡的表面铺钢筋网、喷射混凝土面层后成孔。但不是埋设土钉，而是埋设预应力锚杆，借助锚杆与滑坡面以外土体的拉力，使边坡稳定。

喷锚支护构造如图 1-7 所示，由预应力锚杆、钢筋网、喷射混凝土面层和被加固土体等组成。墙面可做成直立壁或 1：0.1 的坡度，锚杆应与面层连接，须设置锚板、加强钢筋或型钢梁。对一般土层喷射混凝土面层厚度为 100 ~ 200mm，对风化岩不小于 60mm；混凝土等级不低于 C20，钢筋网一般不宜小于 ϕ6@200mm × 200mm。面板顶部应向水平面延伸 1.0 ~ 1.5m，以保护坡顶。向下伸至基坑底以下，不小于

0.2m，以形成护脚，在坡顶和坡脚应做好防水。描杆宜川钢绞线束作拉杆，锚杆长度应根据边坡上体稳定情况由计算确定，间距一般为 2.0 ~ 2.5m，钻孔直径宜为 80 ~ 150mm，注浆材料同土钉。

喷锚支护施工顺序及施工方法与前述土钉墙支护基本相同，主要区别是每个开挖层的土壁面层喷射混凝土后须经养护，对锚杆进行预应力张拉、锚定后再开挖下层土。

喷锚支护主要适川于土质不均匀、稳定土层、地下水位较低、埋置较深，开挖深度在 18m 以内的基坑；对硬塑土层，可适当放宽；对风化泥岩、页岩开挖深度可不受限制。但不宜用于有流砂土层或淤泥质土层的工程。

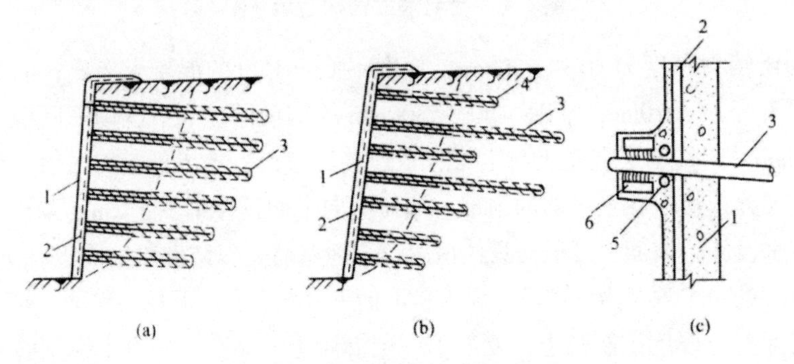

图 1–7　喷锚支护示意图

（a）喷锚支护结构；（a）土钉墙与喷锚网复合支护；（c）锚杆头与钢筋网和加强筋的连接
1– 喷射混凝土面层；2– 钢筋网层；3– 锚杆头；4– 锚杆；5– 加强筋；6– 锁定筋二根与锚杆双面焊接

（4）排桩式挡墙

排桩式支护结构常用钻孔灌注桩、挖孔灌注桩、预制钢筋混凝土桩及钢管桩等作为挡土结构，其支撑方式有悬臂式、拉锚式、锚杆式和水平横撑式。椑桩式支护结构挡土能力强、适用范围广，但一般无阻水功能。下面主要介绍钢筋混凝土排桩挡土结构。

钢筋混凝土排桩挡土结构常采用灌注桩形式，实际施工时在待开挖基坑的周围，用钻机钻孔或人工挖孔，孔内安放钢筋笼，现场灌注混凝土成桩，成桩排作挡土支护。钢筋混凝土桩的排列形式有间隔式、连续式和双排式等。间隔式系每隔一定距离设置一桩，通过冠梁连成整体共同工作。桩间土起土拱作用将土压传到桩上。双排桩将桩前后或成梅花形按两排布置，通过冠梁形成门式刚架，以提高桩墙的抗弯刚度，增强抵抗土压力的能力，减小位移。为防止桩间土塌落流失，可在桩排表面固定钢丝网并喷射水泥砂浆或细石混凝土加以保护。

挡土灌注桩支护有整体刚度大，变形小，抗弯能力强，设备简单，施工简便，振动小，噪声低的优点。但支护施工一次性投资较大；桩不能回收利用，且止水性能差。当地下水较高时，还需在桩间或桩后增加水泥土桩，形成止水帷幕进行封闭。

挡土灌注桩支护适于黏性土、砂土、开挖面积较大、深度大于6m的基坑，以及邻近有建筑物，不允许附近地基有较大下沉、位移时采用。土质较好时，外露悬臂高度可达到7 ~ 8m；若顶部设拉杆、中部设锚杆时，可用于10 ~ 30m深基坑的支护。

（5）板桩挡墙

1）型钢桩支护，主要是用工字钢、槽钢或H型钢作基坑护壁挡墙，地基土质较好时，可以不加挡板，桩的间距根据土质和挖深等条件而定。当土质比较松散时，在型钢间需随挖土随加挡土板，以防止砂土流散。

2）板墙式挡墙，主要是指现浇或预制的地下连续墙，即在坑、槽开挖前，先在地下修筑一道连续的钢筋混凝土墙体，以满足开挖及地下施工过程中的挡土、截水防渗要求，并可作为地下结构的一部分。适用于深度大、土质差、地下水位高或降水效果不好的工程。

3）逆作拱墙支护，即在基坑开挖过程中，随开挖深度分段浇筑平面为闭合的圆形、椭圆形钢筋混凝土墙体，其壁厚不小于400 ~ 500mm，混凝土强度等级不低于C25，总配筋率不小于0.7%，竖向分段高度不得超过2.5m。适用于基坑面积、深度不大，平面为圆形、方形或接近方形的基坑支护。

挡墙的支撑结构按构造特点可分为自立式（悬臂式）、斜撑式、锚拉式、锚杆式、坑内支撑式等几种。其中坑内支撑又可分为水平支撑、桁架支撑及环梁支撑等。

（6）土层锚扦

土层锚杆是埋设在地面以下较深部位的受拉杆体，由设置在钻孔内的钢绞线或钢筋与注浆体组成。钢绞线或钢筋一端与支护结构相连，另一端伸入稳定土层中承受由土压力和水压力产生的拉力，维护支护结构稳定。

土层锚杆由锚头、拉杆和锚固体组成。锚头由锚具、承压板、横梁和台座组成。拉杆采用钢筋、钢绞线制成；锚固体是由水泥浆或水泥砂浆将拉杆与土体连接成一体的抗拔构件。

土层锚杆按使用要求分为临时性锚杆和永久性锚杆，按承载方式分为摩擦承载描杆和支压承载描杆，按施工方式分为钻孔灌浆锚杆（一般灌浆、高压灌浆锚杆）和直接插入式锚杆以及预应力锚杆。

锚杆的埋置深度要使最上层锚杆上面的覆土厚度不小于4m，以避免地面出现降起现象。锚杆的层数根据基坑深度和土方大小设置一层或多层。上下层垂直间距不宜小于 2m，水平间距不宜小于 3m，避免产生群锚效应而降低单根锚杆的承载力。

锚杆的倾角为 15° ~ 25°，但不应大于 45°。在允许的倾角范围内根据地层结构，应使描杆的锚固体置于较好的土层中，锚杆钻孔直径一般为 110 ~ 150mm。

土层锚杆施工需在挡墙施工完成、土方开挖过程中进行。当每层土挖至十层锚杆标高后，施工该层锚杆，待预应力张拉后再挖下层土，，逐层向下设置直至完成。

土层锚杆的施工程序为：土方开挖→放线定位→钻孔→清孔→插钢筋（或钢绞线）及灌浆管力灌浆→养护→上横梁→张拉→锚固。

土层锚杆适用于大面积、深基坑、各种土层的坑壁支护。但不适于在地下水较大或含有化学腐蚀物的土层或在松散、软弱的土层内使用。

（7）坑内支撑

对深度较大，面积不大，地基土质较差的基坑，可在基坑内设置支撑结构，以减少挡墙的悬臂长度或支座间距，使挡墙受力合理和减小变形，保证土壁稳定。

坑内支撑结构可采用型钢、钢管或钢筋混凝土制作，优点是安全可靠，易于控制挡墙的变形。但坑内支撑的设置给坑内挖土和地下结构的施工带来不便，需要通过不断换撑来加以克服。适用于各种不易设置锚杆的松软土层及软土地的支护。

3. 流砂及其防治

当基坑开挖到地下水位以下时，有时坑底土会进入流动状态，随地下水涌入基坑，这种现象称为流砂。此时，基底土完全丧失承载能力，土边挖边冒，施工条件恶化，严重时会造成边坡塌方，甚至危及邻近建筑物。

动水压力是流砂发生的根本原因，地下水在流动时会受到土颗粒的阻力，而水对土颗粒具有冲动力，即为动水压力 G_D，$G_D=\gamma_w I/L$。动水压力与水力坡度 I 成正比，水位差越大，动水压力越大；而渗透路程 L 越长，则动水压力越小。动水压力的方向与水流方向一致。

处于基坑底部的土颗粒不仅受到水的浮力，而且受动水压力的作用，有向上举的趋势，如图 1–8 所示。当动水压力等于或大于土的浸水密度时，土颗粒处于悬浮状态，并随地下水一起流入基坑，即发生流砂现象。

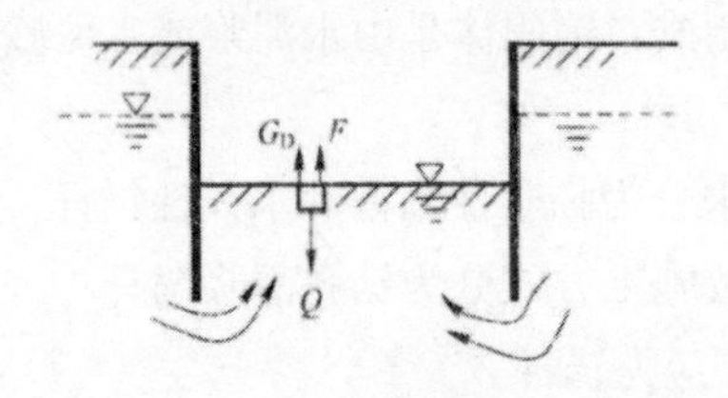

图 1–8 流砂现象原理示意图

流砂现象一般发生在细砂、扮砂及粉质砂土中。在粗大砂砾中，因孔隙大，水在其间流过时阻力小，动水压力也小，不易出现流砂，而在黏性土中，由于土粒间内聚力较大，不会发生流砂现象，但有时在承压水作用下会出现整体隆起现象。

防止流砂的主要途径是减小或平衡动水压力或改变其方向，具体措施为：①抢挖法，即组织分段抢挖，挖到标高后立即铺席并抛大石以平衡动水压力，压住流砂，此法仅能解决轻微流砂现象；②水下挖土，即采用不排水施工，使坑内水压与坑外地下水压相平衡，抵消动水压力；③沿基坑周边做挡墙，即通过其进入坑底以下一定深度，增加地下水流入坑内的渗流路程，从而减小动水压力；④井点降水，即通过降低地下水位改变动水压力的方向，这是防止流砂的最有效措施。

二、集水坑降水

基坑排水常用明沟和暗沟（盲沟）排水法，其原理均是通过沟槽将水引入集水井，再用水泵排出。明沟集水井法是在基坑开挖过程中，沿坑底的周围或中央开挖排水沟，并在基坑边角处设置集水井。将水汇入集水井内，用水泵抽走。这种方法可用于基坑排水，也可用于降低地下水水位。

1．排水沟的设置

排水沟底宽应不少于 0.2 ~ 0.3m，沟底设有 0.2% ~ 0.5% 的纵坡，使水流不致阻塞。在开挖阶段，排水沟深度应始终保持比挖土面低 0.3 ~ 0.4m；在基础施工阶段，排水沟宜距拟建基础及基坑边坡坡脚均不小于 0.4m。

2．集水片的设置

集水井应设置在基础范围以外的边角处，井孔间距应根据水量大小、基坑平面形状及水泵能力确定，一般以 30 ~ 40m 为宜。集水井的直径一般为 0.6 ~ 0.8m，其深度要随着挖土的加深而加深，一般要求保持井底低于挖土面 0.8 ~ 0.9m，井楼可用竹、木或钢筋笼等简易加固。当基坑挖至设计标高后，井底应低于基坑底 1 ~ 2m，并铺设碎石滤水层，以减少泥砂损失和扰动井底土。

三、井点降水

井点降水法即在坑槽开挖前，预先在其四周埋设一定数量的滤水管（井），利用抽水设备从中抽水，使地下水位降落到坑槽底标高以下，并保持至回填完成或地下结构有足够的抗浮能力为止。井点降水法可使开挖的土始终保持干燥状态，从根本上防止流砂发生，可避免地基隆起、改善工作条件、提高边坡的稳定性或降低支护结构的侧压力；并可加大坡度而减少挖土量，还可以加速地基土的固结，保证地基土的承载力，以利于提高程质量。

常用的井点降水法有轻型井点、喷射井点、管井井点、深井井点及电渗井点等，工程中应根据土的渗透系数、降低水位的深度、工程特点及设备条件等，参照表1–5选择。井点降水法中轻型井点、管井井点、深井井点的应用较为广泛。

表 1–5　井点类型、适用范围及主要原理

井点类型	土层渗透系数（m/d）	降低水位深度（m）	最大井距（m）	主要原理
轻型井点	0.1 ~ 20	3 ~ 6	1.6 ~ 2	地上真空泵或喷射嘴真空吸水
多级轻型井点		6 ~ 10		
喷射井点	0.1 ~ 20	8 ~ 20	2 ~ 3	水下喷射嘴真空吸水
电渗井点	<0.1	5 ~ 6	极距 1	钢筋阳极加速渗流
管井泮点	20 ~ 200	3 ~ 5	20 ~ 50	单井离心泵排水
深井井点	10 ~ 250	25 ~ 30	30 ~ 50	单井深井潜水泵排水

1. 轻型井点降水

轻型井点是沿基坑的四周将许多直径较小的井点管埋入地下蓄水层内，并在管的上端通过弯联管与总管相连接，利用抽水设备将地下水从井点管内不断抽出，以达到降水目的。

（1）轻型井点设备

轻型井点设备由管路系统和抽水设备组成。管路系统包括：井点管（由井管和滤管连接而成）、弯联管及总管等。

滤管是井点设备的一个重要部分，其构造是否合理，对抽水效果影响较大。滤管可采用 ϕ38mm ~ 51mm 的金属管，长度为 1.0 ~ 1.5m。管壁上钻有直径为 12 ~ 18mm 的按梅花状排列的滤孔，滤孔面积为滤管表面积的 15% 以上。滤管外包以两层滤网，内层采用 30 ~ 80 目的金属网或尼龙网，外层采用 3 ~ 10 目的金属网或尼龙网。为使水流畅通，在管壁与滤网间缠绕塑料管或金属丝隔开，滤网外应再绕一层粗金属丝，滤管的下端为一铸铁堵头，上端用管箍与井管连接。

井管宜采用直径为 38mm 或 51mm 的钢管，其长度为 5 ~ 7m，上端用弯联管与总管相连。

弯联管常用带钢丝衬的橡胶管，用钢管时可装有阀门，便于检修井点，也可用塑料管。

总管宜采用直径为 100 或 127mm 的钢管，每节长度为 4m，其上每隔 0.8m、1.0m 或 1.2m 设有一个与井点管连接的转接头。

抽水设备常用的有真空泵、射流泵和隔膜泵井点设备。

1）真空泵井点设备由真空泵、离心泵和水气分离箱等组成。

真空泵井点设备真空度较高，降水深度较大，一套抽水设备能负荷的总管长度为 100 ~ 120m；缺点是设备较复杂，耗电较多。

2）射流泵抽水设备由射流器、离心泵和循环水箱组成。

射流泵井点设备的降水深度可达 6m，但一套设备所带井点管仅 25 ~ 40 根，总管长度 30 ~ 50m。若采用两台离心泵和两个射流器联合工作，能带动井点管 70 根，总管长度 100m。射流泵井点设备具有结构简单、制造容易、成本低、耗电少、使用检修方便的优点，应用较广，适于在粉砂、轻亚黏土等渗透系数较小的土层中降水。常用射流泵井点设备的技术性能见表 1–6。

表 1–6　ϕ 50 型射流泵轻型井点设备规格技术性能

名称	型号与技术性能	数量	备注
离心泵	3BL–9 型，流量 45m³/h，扬程 32.5m	1 台	供给工作水
电动机	JQ2–42–2，功率 7.5kW	1 台	水泵的配套动力
射流泵	喷嘴 ϕ 50mm，空载真空度 100kPa，工作水压力 0.15 ~ 0.3MPa，工作水流 455m³/h，生产率 10 ~ 35m³/h	1 个	形成真空
水箱	长 × 宽 × 高 =1100mm × 600mm × 1000mm	1 个	循环用水

（2）轻型井点布置

轻型井点系统的布置，应根据基坑平面形状及尺寸、基坑的深度、土质、地下水位及流向、降水深度要求等确定。

1）平面布置

当基坑或沟槽宽度小于 6m，且降水深度不超过 5m 时，可采用单排井点，布置在地下水流的上游一侧，其两端的延伸长度不应小于基坑（槽）宽度。

当基坑宽度大于 6m 或土质不良时，则宜采用双排井点。当基坑面积较大时，宜采用环形井点。当有预留运土坡道等要求时，环形井点可不封闭，但要将开口留在地下水流的下游方向处；井点管距离坑壁一般不宜小于 0.7 ~ 1.0m，以防局部发生漏气；井点管间距应根据土质、降水深度、工程性质等按计算或经验确定；在靠近河流及总基坑转角部位，井点应适当加密。

采用多套抽水设备时，井点系统要分段设置，各段长度应大致相等。其分段地点宜选择在基坑角部，以减少总管弯头数量和水流阻力。抽水设备宜设置在各段总管的中部，使两边水流平衡。采用封闭环形总管时，宜装设阀门将总管断开，以防止水流紊乱。对多套井点设备，应在各套之间的总管上装设阀门，既可独立运行，也可在某套抽水设备发生故障时，开启阀门，借助邻近的泵组来维持抽水。

2）高程布置

轻型井点多是利用真空原理抽吸地下水，理论上的抽水深度可达 10.3m。但由于土层透气及抽水设备的水头损失等因素，井点管处的降水深度往往不超过 6m。

井管的埋置深度 H_A，可按下式计算：

$$H_A \geqslant H_1+h+iL\ (\mathrm{m})$$

式中 H_1——总管平台面至基坑底面的距离（m）；

h——基坑中心线底面至降低后的地下水位线的距离，一般取 0.5 ~ 1.0m；

i——水力坡度，根据实测：环形井点为 1/10，单排线状井点为 1/4；

L——井点管至基坑中心线的水平距离（m）。

当计算出的值大于降水深度 6m 时，则应降低总管安装平台面标高，以满足降水深度要求。此外，在确定井管埋置深度时，还要考虑井管的长度（一般为 6m），且井管通常需露出地面 0.2 ~ 0.3m。在任何情况下，滤管必须埋在含水层内。

为了充分利用设备抽吸能力，总管平台标高宜接近原有地下水水位线（要事先挖槽），水泵轴心标高宜与总管齐平或略低于总管。总管应具有 0.25% ~ 0.5% 的坡度坡向泵房。

当一级轻型井点达不到降水深度要求时，可先用集水井法降水，然后将总管安装在原有地下水位线以下；或采用二级（二层）轻型井点。

（3）轻型井点的施工

轻型井点的施工，主要包括施工准备和井点系统的埋设与安装、使用、拆除。

准备工作包括井点设备、动力、水源及必要材料的准备，排水沟的开挖，附近建筑物的标高观测以及防止附近建筑物沉降措施的实施。

埋设井点的程序是：放线定位—打井孔—埋设井点管—安装总管—用弯联管将井点管与总管接通—安装抽水设备。

井点系统全部安装完毕后，需进行试抽，以检查有无漏气现象。正式抽水后不应停抽，以防堵塞滤网或抽出土粒。抽水过程中应按时检查观测井中水位下降情况，随时调节离心泵的出水阀，控制出水量，保持水位面稳定在要求位置。经常观测真空表的真空度，发现管路系统漏气应及时采取措施。

井点降水时，尚应对周围地面及附近的建筑物进行沉降观测，如发现沉陷过大，应及时采取防护措施。

2．喷射井点降水

当基坑开挖较深，降水深度要求较大时，可采用喷射井点降水，其降水深度可达 8 ～ 20m，可用于渗透系数为 0.1 ～ 50m/d 的砂土、淤泥质土层。

喷射井点设备主要由喷射井管、高压水泵和管路系统组成。

喷射井点施工顺序是：安装水泵设备及泵的进出水管路；铺设进水总管和回水总管；沉设井点管（包括成孔及灌填砂滤料等），接通进水总管后及时进行单根试抽、检验；全部井点管沉设完毕后，接通回水总管，全面试抽，检查整个降水系统的运转状况及降水效果。

进水、回水总管与每根井点管的连接管均需安装阀门，以便调节使用和防止不抽水时发生回水倒灌。井点管路接头应安装严密。喷射井点的型号以井点外管直径表示，一般有 2.5 型、4 型和 6 型三种，应根据不同的土层渗透系数和排水量要求选择。

3．管井井点降水

管井井点就是沿基坑每隔一定距离设置一个管井，每个管井单独用一台水泵不断抽水来降低地下水位。在渗透系数大的土层中，宜采用管井井点。

管井井点的设备主要由管井、吸水管及水泵组成。管井可用钢管或混凝土管作井管。井管直径应根据含水层的富水性及水泵性能确定，且外径不宜小于 200mm，内径宜比水泵外径大 50mm；井管外侧的滤水层厚度不得小于 100mm。管井的间距，一般为 10 ～ 15m，管井的深度为 8 ～ 15m。井内水位降低可达 6 ～ 10m，两井中间水位则可降低 3 ～ 5m。

4．降水对周围地面的影响及预防措施

降低地下水位时，由于土颗粒流失或土体压缩固结，易引起周围地面沉降。由于土层的不均匀性和形成的水位呈漏斗状，地面沉降多为不均匀沉降，可能导致周围的建筑物倾斜、下沉、道路开裂或管线断裂。因此，井点降水时，必须采取防沉措施，以防造成危害。

（1）回灌井点法

该方法是在降水井点与需保护的建筑物、构筑物间设置一排回灌井点。在降水的同时，通过回灌井点向土层内灌入适量的水，使原建筑物下仍保持较高的地下水位，以减小其沉降程度。为确保基坑施工安全和回灌效果，同层回灌井点与降水井点之间应保持小于 6m 的距离，且降水与回灌应同步进行。同时，在回灌井点两侧要设置水位观测井，监测水位变化，调节控制降水井点和回灌井点的运行以及回灌水量。

（2）设置止水帷幕法

在降水井点区域与原建筑之间设置一道止水帷幕，使基坑外地下水的渗流路线延长，从而使原建筑物的地下水位基本保持不变。止水帷幕可结合挡土支护结构设置，也可单独设置。常用的止水帷幕的做法有深层搅拌法、压密注浆法、冻结法等。

（3）减少土颗粒损失法

加长井点，调小水泵阀门，减缓降水速度；根据土颗粒的粒径选择适当的滤网，加大砂滤层厚度等，均可减少土颗粒随水流带出。

第四节　土方填筑与压实

一、土料选择与填筑方法

为了保证填土工程的质量，必须正确选择土料和填筑方法。

碎石类土、砂土、爆破石碴及含水量符合压实要求的黏性土均可作为填方土料。冻土、淤泥、膨胀性土及有机物含量大于 8% 的土、可溶性硫酸盐含量大于 5% 的土均不能作填土。填方土料为黏性土时，应检验其含水量是否在控制范围内，含水量大的黏土不宜作填土用。

填方应尽量采用同类土填筑。当采用透水性不同的土料时，不得掺杂乱倒，应分层填筑，并将透水性较小的土料填在上层，以免填方内形成水囊或浸泡基础。

填方施工宜采用水平分层填土、分层压实，每层铺填的厚度应根据土的种类及使用的压实机械而定。当填方位于倾斜的地面时，应先将斜坡挖成阶梯状，然后分层填筑，以防填土横向移动。

二、填土压实方法

填土压实方法有：碾压法、夯实法及振动压实法。

平整场地等大面积填土多采用碾压法，小面积的填土工程多用夯实法，而振动压实法主要用于非黏性土的密实。

1. 碾压法

碾压法是利用机械滚轮的压力压实土壤，适用于大面积填土压实工程。碾压机械有平碾、羊足碾及各种压路机等。压路机是一种以内燃机为动力的自行式碾压机械，重量为 6 ~ 15t，分为钢轮式和胶轮式。平碾、羊足碾一般都没有动力，靠拖拉机牵引。羊足碾虽与填土接触面积小，但压强大，对黏性土压实效果好，但不适于碾压砂土。碾压时，应先用轻碾压实，再用重碾压实会取得较好效果。碾压机械行驶速度不宜过快。一般平碾不应超过 2km/h；羊足碾不应超过 3km/h。

2．夯实法

夯实法是利用夯锤自由下落的冲击力来夯实土壤，主要用于小面积回填土。夯实法分机械夯实和人工夯实两种。人工夯实所用的工具有木夯、石夯等；常用的夯实机械有夯锤、内燃夯土机、电动冲击夯和蛙式打夯机等。

3．振动压实法

振动压实法是将振动压实机放在土层表面，借助振动机构使压实机振动，土颗粒发生相对位移而达到紧密状态。振动压路机是一种振动和碾压同时作用的高效能压实机械，比一般压路机功效提高 1 ~ 2 倍，可节省动力 30%。这种方法适于填料为爆破石碴、碎石类土、杂填土和粉土等非黏性土的密实。

三、影响填土压实的因素

填土压实质量与许多因素有关，其中主要影响因素为：压实功、土的含水量以及每层铺土厚度。

1．压实功的影响

填土压实质量与压实机械所做的功成正比，压实功包括机械的吨位（或冲击力、振动力）及压实遍数（或时间）。土的干密度与所耗功的关系如图 1–9 所示。在开始压实时，土的干密度急剧增加，待到接近土的最大干密度时，压实功虽然增加许多，而土的干密度却几乎没有变化。因此，在实际施工中，不要盲目过多地增加压实遍数。

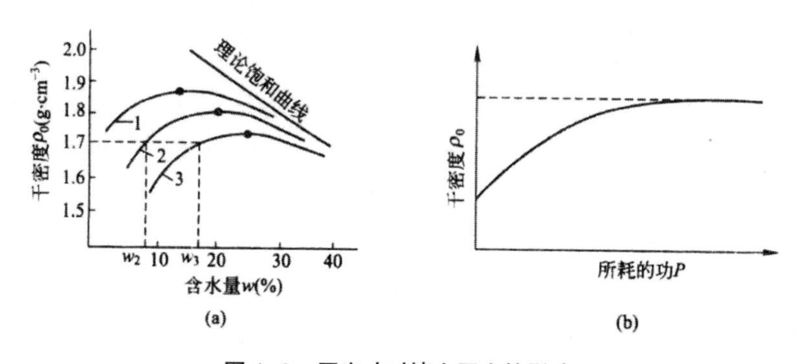

图 1–9　压实功对填土压实的影响

（a）不同压实功对压实效果的影响；（b）压实功与干密度关系曲线

1、2—压实功较大的机械夯实曲线；3—压实功较小的人工夯实曲线

2．含水量的影响

在同一压实功条件下，填土的含水量对压实质量有直接影响。较为干燥的土，由于颗粒间的摩阻力较大而不易压实；含水量过高的土，又易压成“橡皮土”。当含水量适当时，水起了润滑和粘结作用，从而易于压实，各种土壤都有其最佳含水量，

在这种含水量条件下，同样的压实功可得到最大干密度，填土干密度与含水量的关系曲线如图 1–10 所示。各种填土的最佳含水量和所能获得的最大干密度，一般可由击实试验确定。

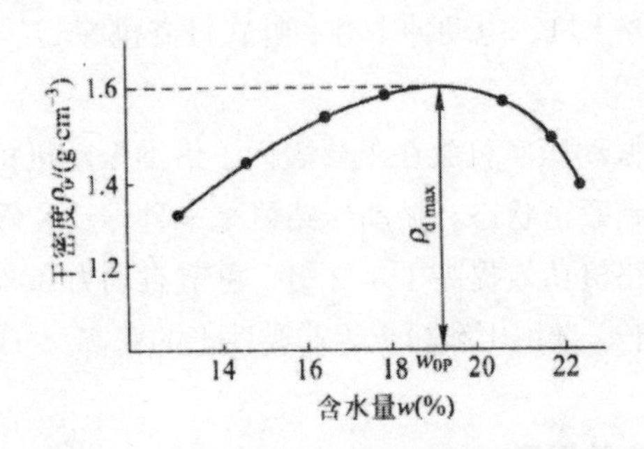

图 1–10　干密度与含水量的关系曲线

3．铺土厚度的影响

土在压实功的作用下，压应力随深度增加而急剧减小，其影响深度与压实机械、土的性质及含水量等有关。铺土厚度应小于压实机械的有效作用深度，但其中还有最优土层厚度问题。铺得过厚，要压很多遍才能达到规定的密实度。铺得过薄，则也要增加机械的总压实遍数。恰当的铺土厚度（参考表 1–7）能使土方压实而机械的功耗最少。

表 1–7　各种压实机械填方每层的铺土厚度和压实遍数

压实机械	每层铺土厚度（mm）	每层压实遍数
平碾	250 ~ 300	6 ~ 8
羊足碾	200 ~ 350	3 ~ 16
振动压实机	250 ~ 350	3 ~ 4
蛙式打夯机	200 ~ 250	3 ~ 4
人工打夯	<200	3 ~ 4

四、填土压实的质量检验

填土压实后必须达到要求的密实度，密实度应按设计规定的压实系数 λ_c 作为控制标准。压实系数 λ_c 为土的控制干密度与最大干密度之比（即 $\lambda_c=p_d/p_{max}$）。压实系数一般根据工程结构性质、使用要求以及土的性质确定。例如作为承重结构的地基，在持力层范围内，其压实系数 λ_c 应大于 0.96；在持力层范围以下，应在 0.93 ~ 0.96 之间；一般场地平整压实系数应为 0，9 左右。

填土压实后的干密度，应有 90% 以上符合设计要求，其余 10% 的最低值与设计值的差，不得大于 0.08g/cm^3，且应分散，不得集中。

检查土的实际干密度，可采用环刀法取样，其取样组数为：基坑回填及室内填土，每层按 100 ~ 500m^2 取样一组（每个基坑不少于一组）；基槽或管沟回填，每层按长度 20 ~ 50m 取样一组；场地平整填土，每层按 400 ~ 900m^2 取样一组。

取样部位在每层压实后的下半部。试样取出后，测定其实际干密度 ρ'_d 应满足：

$$p'_d \geqslant \lambda_c \times p_{\max} \left(g / cm^3 \right)$$

式中 $p_{\max}$——土的最大干密度（g/cm^3）；

λ_c——要求的压实系数。

第二章　桩基础工程

第一节　预制桩施工

一、预制桩施工准备

1．清除障碍物、做好三通一平

打桩前应认真清除现场高空、地上和地下的障碍物，如地下管线、旧房屋的基础、树木等的清除，危房或危险构筑物的加固。打桩前一般应对现场周围（10m 以内）的建筑物或构筑物作全面检查，避免因打桩中的振动影响而导致倒塌。桩机进场及移动范围内的场地应平整压实，使地面承载力满足施工要求，并保证桩架的垂直度。施工场地及周围应保持排水通畅。妥善布置水、电线路，接通水、电源等。

2．打桩试验

目的是检验打桩设备及工艺是否符合要求，了解桩的贯入深度、持力层强度及桩的承载力，以确定打桩方案。

3．定桩位和确定打桩顺序

在打桩前应根据设计图纸中的桩基平面图，确定桩基轴线，并将桩的准确位置测设到地面上，桩基轴线位置偏差不得超过 20mm，单排桩的轴线位置不得超过 10mm。当桩位不密时可用小木桩定位；如桩位较密，设置龙门板定桩位，比较容易检查和校正。

在桩基中，往往有几根桩到数十根桩，为了使桩能顺利地达到设计标高，保证质量和进度，减少因桩打入先后对邻桩造成的挤压和变位，防止周围建筑物被破坏，打桩前应根据桩的规格、入土深度、桩的密集程度和桩架在场地内的移动方便来拟定打桩顺序。图 2–1（a）（b）（c）（d）为几种打桩顺序对土体的挤密情况。

当基坑不大时，打桩应逐排打设或从中间开始分头向周边或两边打设。当基坑较大时，应将基坑分为数段，然后在各段范围内分别打设［图 2–1（e）、（f）、（g）］。打桩应避免自外向里，或从周边向中间打，以免中间土体被挤密、桩难打入或虽勉强打入而使邻桩侧移或上冒。对基础标高不一的桩，宜先打深桩后打浅桩，对不同规格的桩，宜先大后小，先长后短，以使土层挤密均匀，防止位移或偏斜。在粉质黏土及黏土地区，应避免朝一个方向打而导致土向一边挤压，使桩入土深度不一。当桩距大于或等于 4 倍桩径时，则与打桩顺序无关。

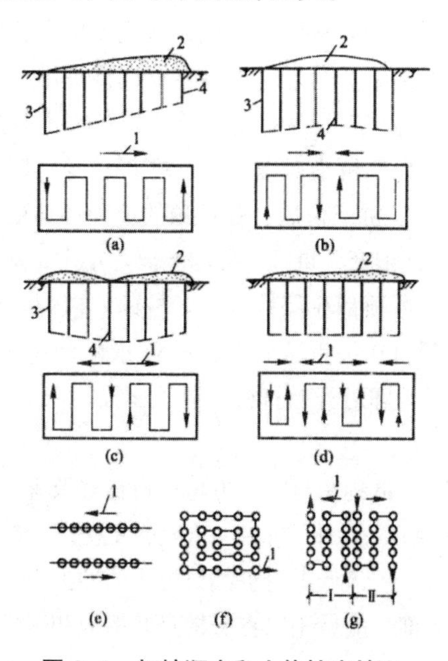

图 2–1　打桩顺序和土体挤密情况

（a）逐排单向打设；（b）两侧向中心打设；（c）中部向两侧打设；（d）分段相对打设；（e）逐排打设；（f）自中部向边缘打设；（g）分段打设

1—打设方向；2—土壤挤密情况；3—沉降量小；4—沉降量大

4．抄平放线、设标尺和水准点

为了抄平和控制桩顶水平标高，打桩现场或附近需设置水准点，其设置位置应不受打桩影响，数量不少于两个。为便于控制桩的入土深度，打桩前应在桩的侧面画上标尺或在桩架上设置标尺，以观测和控制桩身的入土深度。

5．其他工作

打桩前应提前准备垫木、桩帽等材料机具；还应做好测量和记录等技术准备工作；根据需要做好接桩、送桩、截桩的准备工作；应准备好足够的填料及运输设备等。

二、预制桩沉桩施工工艺

1．锤击法施工

锤击沉桩也称打入桩，是靠打桩机的桩锤下落到桩顶产生的冲击能而将桩沉入土中的一种沉桩方法，是预制钢筋混凝土桩最常用的沉桩方法。

打桩用的机具主要包括桩锤、桩架及动力装置三部分。

（1）打桩施工

1）定锤吊桩

打桩机就位后，先将桩锤和桩帽吊起，其锤底高度应高于桩顶，并固定在桩架上，以便进行吊桩。吊桩是用桩架上的滑轮组和卷扬机将桩吊成垂直状态送入龙门导杆内。桩提升离地时，应用拖拉绳稳住桩的下部，以免撞击打桩架和邻近的桩。桩送入导杆内后要稳住桩顶，先使桩尖对准桩位，扶正桩身，然后使桩插入土中，桩的垂直度偏差不得超过0.5%。桩就位后，在桩顶放上弹性垫层（如草纸、硬木、废麻袋或草绳草垫等），放下桩帽套入桩顶。桩帽上放好垫木，降下桩锤轻轻压住桩帽。桩锤底面、桩帽上下面和桩顶都应保持水平。桩锤、桩帽和桩身中心线应在同一直线上，尽量避免偏心。此时在锤重压力下，桩会沉入土中一定深度，待下沉停止，再全部检查，校正合格后，即可开始打桩。

2）打桩

打桩应“重锤低击”“低提重打”，方可取得良好效果。桩开始打入时，应采用小落距，以便使桩能正常沉入土中，待桩入土到一定深度，桩尖不易发生偏移时，再适当增大落距，正常施打。重锤低击时桩锤对桩头的冲击小，动量大，因而桩身反弹小，桩头不易损坏。其大部分能量用以克服桩身摩擦力和桩尖阻力，因此桩能较快地打入土中。此外，由于重锤低击的落距小，因而可提高锤击频率，打桩速度快、效率高，对于较密实的土层，如砂土或黏土，能较容易穿过。当采用落锤或单动汽锤，落距不宜大于1m；采用柴油锤时，应使桩锤跳动正常，落距不超过1.5m。打混凝土管桩，最大落距不得大于1.5m；打混凝土实心桩，最大落距不得大于1.8m。桩尖遇到孤石或穿过硬夹层时，为了把孤石挤开和防止桩顶开裂，桩锤落距不得大于0.8m。

用送桩打桩时，桩与送桩的纵轴线应在同一直线上，如用硬木制作的送桩，其桩顶损坏部分应修切平整后再用。对于打斜的桩，应将桩拔出探明原因，排除障碍，用砂石填孔后，重新插入施打。若拔桩有困难，应会同设计单位研究处理，或在原桩位附近补打一桩。

3）打桩测量和记录

打桩属于隐蔽工程，必须在打桩过程中对每根桩的施打进行测量并做好详细记录。打桩时要注意测量桩顶水平标高，特别对承受轴向荷载的摩擦桩，可用水准仪测量控制，水准仪位置应能观测较多的桩位。在桩架导杆的底部上每1 ~ 2cm画好准线，注明数字。桩锤上则画一白线，打桩时，根据桩顶水平标高，定出桩锤应停止锤击的水平面数字，将此导杆上的数字告诉操作人员，待锤上白线打到此数字位置时即应停止锤击。这样就能使桩顶水平标高符合设计规定。

4）打桩的质量控制

打桩质量包括两个方面的要求：一是能否满足贯入度及桩尖标高或入土深度要求，二是桩的位置偏差是否在允许范围之内。

贯入度是指每锤击一次桩的入土深度，而在打桩过程中常指最后贯入度，即最后一击桩的入土深度。实际施工中一般是采用最后 10 击桩的平均入土深度作为其最后贯入度。

打桩的贯入度或标高按下列原则控制：肖桩尖位于坚硬、硬塑的黏性土、碎石土中密以上的砂土或风化岩等土层时，以贯入度控制为主，桩尖进入持力层深度或桩尖标高可作参考；当贯入度已达到而桩尖标高未达到时，应继续三击阵，其每阵 10 击的平均贯入度不应大于规定的数值；当桩尖位于其他软土层时，以桩尖设计标高控制为主，贯入度可作参考；打桩时，如控制指标已符合要求，而其他指标与要求相差较大时，应会同有关单位研究处理；贯入度应通过试桩确定，或做打桩试验与有关单位确定。

5）送桩和接桩

为了减短预制桩的长度，可用送桩的办法将桩打入地面以下一定的深度。应用钢制送桩放于桩头上，锤击送桩将桩送入土中。这时，送桩的中心线应与桩身中心线吻合一致方能进行送桩，送桩深度一般不宜超过 2m。

（2）打桩常见问题分析及处理

打桩施工中常会发生打坏、打歪、打不下等问题发生。这些问题的原因是复杂的，有工艺操作上的原因，有桩制作质量上的原因，也有土层变化复杂等原因。因此，在发生这些问题时，必须具体分析及处理，必要时应与设计单位共同研究解决。

1）桩顶、桩身被打坏

这种现象一般是桩顶四边和四角打坏，或桩顶面被打碎，甚至桩顶钢筋全部外露，桩身断折。发生这些问题的原因及处理方法如下：

①打桩时，桩顶立刻接受到冲击而产生很高的局部应力，如桩顶混凝土不密实，主筋过长，桩顶钢筋网片配置不当，则遭锤击后桩顶被打碎引起混凝土剥落。因此在制作时桩顶混凝土应认真捣实，主筋不能过长并严格按设计要求设置钢筋网片，一旦桩角打坏，则应凿平再打。

②桩身混凝土保护层太厚，锤击时直接受冲击的是素混凝土，因此保护层容易剥落，制作时必须将主筋设置准确。

③桩顶不平、桩帽不正或不平使桩处于偏心受冲击状态，局部应力增大，极易损坏，因此在制作时，桩顶面与桩轴线应严格保持垂直；施打前，桩帽要安放平整，衬艰材料要选择适当；打桩时要避免打歪后仍继续打，一经发现歪斜应及时纠正。

④在打桩过程中如出现下沉速度慢而施打时间长，锤击次数多或冲击能量过大时，称为过打。过打发生的原因是：桩尖通过硬层，最后贯入度定得过小，锤的落距过大。由于混凝土的抗冲击强度只有其抗压强度的一半，如果桩身混凝土反复受到过度的冲击，就容易破坏。遇到过打，应分析地质资料，判断土层情况，改善操作方法，采取有效措施解决。

⑤桩身混凝土强度等级不高，或由于砂、石含泥量较大，或由于养护龄期不够，未达到要求的强度等级就进行施打，致使桩顶、桩身打坏。对桩身打坏的处理，可加钢夹箍用螺栓拉紧，焊牢补强。

2）打歪

桩顶不平、桩身混凝土凸肚、桩尖偏心、接桩不正、土中有障碍物或者打桩时操作不当（如初入土时桩身就歪斜而未纠正即施打等）均可导致桩打歪。为防止把桩打歪，可采取以下措施：

桩机导架必须校正两个方向的垂直度；桩身垂直，桩尖必须对准桩位，同时，桩顶要正确地套入桩锤下的桩帽内，并保证在同一垂直线上，使桩能够承受轴心锤击而沉入土中；打桩开始时采用小落距，待桩入土一定深度后，再按要求的落距将桩连续锤击入土；注意桩的制作质量和桩的验收检查工作；设法排除地下障碍物。

3）打不下

如初入土 1 ~ 2m 就打不下，贯入度突然变小，桩锤回弹严重则可能遇到旧的灰土或混凝土基础等障碍物，必要时应彻底清除或钻透后再打，或者将桩拔出，适当移位后再打，如桩已入土很深，突然打不下去，可能有以下情况：

桩顶、桩身已被打坏；土层中夹有较厚的砂层或其他的硬土层，或遇钢碴、孤石等障碍。此时，应会同设计勘探部门共同研究解决；打桩过程中，因特殊原因不得已而中断，停歇时间过长，由于土的固结作用，致使桩身周围的土与桩牢固结合而难以继续将桩打入土中。因此，在打桩施工前，必须做好各方面的准备工作，以保证施打的连续进行。

4）一桩打下，邻桩上升（亦称浮桩）

这种现象多发生在软土中。当桩沉入土中时，由于桩身周围的土体受到急剧的挤压和扰动，靠近地面的部分将在地表面隆起和发生水平位移。当桩布置较密，打桩顺序又欠合理时，土体隆起产生的摩擦力将使已打入的桩上浮，或将邻桩拉断，或引起周围土坡开裂、建筑物裂缝，浮桩将影响桩的承载力和沉降量。因此，当桩距小于 4 倍桩径（或边长）时，应合理确定打桩顺序。

2. 静力压桩施工

静力压桩是利用压桩机桩架自重和配重的静压力将预制桩压入土中的沉桩方

法。它适用于软土、淤泥质土，桩截面在 400mm × 400mm 以下、桩长在 30 ~ 35m 左右的钢筋混凝土桩或空心桩，特别适合于城市中施工。这种方法施工虽然存在挤土效应，但具有无噪声、无振动、无冲击力、施工应力小等特点，可以减少打桩振动对地基和邻近建筑物的影响，桩顶不易损坏，不易产生偏心沉桩，节约制桩材料和降低工程成本，且能在沉桩施工中测定沉桩阻力，为设计、施工提供参数，并预估和验证桩的承载能力。当存在厚度大于 2m 的中密以上砂夹层时，不宜采用静力压桩。

静力压桩机有机械式和液压式之分，根据顶压桩的部位又分为在桩顶顶压的顶压式压桩机以及在桩身抱压的抱压式压桩机。

静压法沉桩施工注意事项：

（1）沉桩施工前应掌握现场的土质情况，做好沉桩设备的检查和调试。压桩机行驶的地基应有足够的承载力，并保证平整，沉桩时应保证压桩机垂盘压桩。

（2）桩的制作质量应满足设计和施工规范要求，沉桩施工过程中，应随时注意保持桩处于轴心受压状态，如有偏移应及时调正，以免发生桩顶破碎和断桩质量事故。

（3）接桩施工过程中，应保持上、下节桩的轴线一致，并尽量缩短接桩时间。

（4）静压法沉桩时所用的测力仪器应经常注意保养、检修和计量标定，以减少检测误差。施工中应随着桩的下沉认真做好检测记录。

（5）沉桩过程中，当桩尖遇到硬土层或砂层而发生沉桩阻力突然增大，甚至超过压桩机最大静压能力而使桩机上抬时，可以最大静压力作用在桩上，采取忽停忽抱的冲击施压法，可使桩缓慢下沉直至穿透硬土砂层；当沉桩阻力超过压桩机最大静压力或者由于来不及调整平衡配重，以致使压桩机发生较大上抬倾斜时，应立即停机并采取相应措施，以免造成断桩或其他事故；在桩下沉至接近设计标高时，不可过早停压，否则在补压时常会发生停止下沉或难以下沉至设计标高的现象。

3. 振动沉桩施工

振动沉桩即采用振动锤进行沉桩的施工方法。振动锤又称激振器，安装在桩头，用夹桩器将桩与振动箱固定。

振动沉桩操作简便，沉桩效率高，不需辅助设备，管理方便，施工适应性强，沉桩时桩的横向位移小和桩的变形小，不易损坏桩材，通常可应用于粉质黏土、松散砂土、黄土和软土中的钢筋混凝土桩、钢桩、钢管桩在陆上、水上、平台上的直桩施工及拔桩施工；在砂土中效率最高，一般不适用于密实的砾石和密实的黏性土地基打桩，不适于打斜桩。

振动沉桩施工与锤击沉桩施工基本相同，除以振动锤代替冲击锤外，可参照锤击沉桩法施工。施工设备进场，安装调试并就位后，可吊桩插入桩位土中，然后将桩头套入振动锤桩帽中或被液压夹桩器夹紧，便可启动振动锤进行沉桩到设计标高。沉桩宜连续进行，以防止停歇过久而难以沉入。振动沉桩过程中，如发现下沉速度突然减小，可能是遇上硬土层，应停止下沉而将桩略提升 0.6 ~ 1.0m 后重新快速振动冲下，可较易打穿硬土层而顺利下沉。沉桩时如发现有中密以上的细砂、粉砂等夹层，且其厚度在1m 以上时，可能使沉入时间过长或难以穿透，应会同有关部门共同研究采取措施。

振动沉桩注意事项：桩帽或夹桩器必须夹紧桩头，否则会降低沉桩效率、损坏机具或发生安全事故；夹桩器和桩头应有足够的夹紧面积，以免损坏桩头；桩架应保持垂直、平正，导向架应保持顺直，桩架顶滑轮、振动锤和桩纵轴必须在同一垂直线上；沉桩过程中应控制振动锤连续作业时间，以免时间过长而造成振动锤动力源烧损。

第二节　灌注桩施工

一、泥浆护壁成孔灌注桩施工工艺

泥浆护壁成孔是用泥浆保护孔壁并排出土渣而成孔。泥浆护壁钻孔灌注桩适用于地下水位以下的黏性土、粉土、砂土、填土、碎（砾）石土及风化岩层，以及地质情况复杂，夹层多、风化不均、软硬变化较大的岩层，除适应上述地质情况外，还能穿透旧基础、大孤石等障碍物，但在岩溶发育地区应慎重使用。

1. 埋设护筒

护筒是保证钻机沿着桩位垂直方向顺利钻孔的辅助工具，起保护孔口、提高桩孔内的泥浆水头和防止塌孔的作用。护筒一般用 3 ~ 5mm 的钢板制成，其直径比桩孔直径大 100 ~ 200mm。安设护筒时，其中心线应与桩中心线重合，偏差不大于 50mm。护筒应设置牢固，它在砂土中入土深度不宜小于 1.5m，在黏土中不小于 1m，并应保持孔内泥浆液面高出地下水位 2m 以上。护筒与坑壁之间应用黏土填实，以防漏水。护筒顶面宜高出地面 0.2 ~ 0.6m，防止地面水流入。当采用潜水钻成孔时，在护筒顶部应开设 1 ~ 2 个溢浆口，便于泥浆溢出而流回泥浆池，进行回收和循环。

2. 泥浆制备

泥浆的作用是：护壁、携渣、冷却和润滑，其中以护壁作用最为主要。泥浆具有一定的密度，如孔内泥浆液面高出地下水位一定高度，在孔内对孔壁就产生一定的静水压力，相当于一种液体支撑，可以稳固土壁，防止塌孔。泥浆还能将钻孔内不同土层中的空隙渗填密实，形成一层透水性很低的泥皮，避免孔内壁漏水并保持孔内有一定水压，有助于维护孔壁的稳定。泥浆还具有较高的黏性，通过循环泥浆可将切削破碎的土石碴屑悬浮起来，随同泥浆排出孔外，起到携渣、排土的作用。此外，由于泥浆循环作冲洗液，因而对钻头有冷却和润滑作用，减轻钻头的磨损。

3. 成孔方法

泥浆护壁成孔灌注桩成孔方法有冲击钻成孔法、回旋钻机成孔法和潜水钻成孔法三种（见表 2–1）。

表 2–1　泥浆护壁成孔灌注桩成孔方法

方法	主要内容
冲击钻成孔法	是利用卷扬机悬吊冲击锤连续上下冲的冲击力，将硬质土层或岩层破碎成孔，部分碎渣和泥浆挤入孔壁，大部分用掏渣筒掏出。冲击钻成孔设备简单、操作方便，适用于有孤石的砂卵石层、坚实土层、岩层等成孔，在流砂层中亦能使用。所成孔壁较坚实、稳定、坍孔少，但掏泥渣较费工时，不能连续作业，成孔速度较慢。另外，现场泥渣堆积，文明施工较差
回旋钻机成孔法	是由动力装置带动钻机的回旋装置转动，并带动带有钻头的钻杆转动，由钻头切削土壤，切削形成的土渣通过泥浆循环排出桩孔的成孔方法。回旋钻孔机有循环水钻孔机和全叶螺旋钻机两种，其中循环水钻机用于地下水位较高的土层中施工，即泥浆护壁成孔灌注桩施工。而全叶螺旋钻机则用于地下水位以上的土层中施工，即干作业成孔灌注桩施工。循环水钻机钻孔时，由高压水泵（或泥浆泵）输送压力水（或泥浆），通过空心钻杆，从钻头底部射出，由压力水造成的泥浆或直接喷射出的泥浆既能护壁，又能把切削出的土粒不断从孔底涌向孔口而流出。这种钻机用于较硬土层或软石中钻孔，成孔直径可达 1m、钻孔深度为 20 ~ 30m，多用于高层建筑的桩基施工
潜水钻成孔法	是利用潜水钻机中密封的电动机、变速机构，直接带动钻头在泥浆中旋转削土，同时用泥浆泵压送高压泥浆（或用水泵压送清水），从钻头底端射出，与切碎的土颗粒混合，然后不断由孔底向孔口溢出，或用砂石泵或空气吸泥机采用反循环方式排泥渣，如此连续钻进、排泥渣，直至形成所需深度的桩孔

4. 安放钢筋笼

当钻孔到设计深度后，即可安放钢筋笼。钢筋骨架应预先在施工现场制作，主筋不宜少于 6ϕ10 ~ 6ϕ16mm，长度不小于桩孔长的 1/3 ~ 1/2，箍筋直径宜为 ϕ6 ~ 10mm，间距 200 ~ 300mm，保护层厚 40 ~ 50mm，在骨架外侧绑扎水泥垫块控制。骨架必须在地面平卧，一次绑好，直径 1m 以上的钢筋骨架，箍筋与主筋间应间隔点焊。为防止钢筋笼的变形，应设置加劲箍，加劲箍应在主筋外侧，主筋一般不设弯钩，根据施工工艺要求，所设弯钩不得向内伸露，以免妨碍导管提升。

吊放钢筋笼应注意勿碰孔壁，并防止坍孔或将泥土杂物带入孔内，如钢筋笼长度在 8m 以上，可分段绑扎、吊放。可先将下段钢筋笼挂在孔口，再吊上第二段进行搭接或帮条焊接，逐段焊接，逐段下放。钢筋笼放入后应校正轴线位置、垂直度。钢筋笼定位后，应在 4h 内浇筑混凝土，以防坍孔。

5. 浇筑水下混凝土

水下浇筑混凝土不能直接将混凝土倾倒于水中，必须在与周围环境水隔离的条件下进行。水下混凝土浇筑的方法很多，最常用的是导管法。导管法是将密封连接的钢管（或强度较高的硬质非合金管）作为水下混凝土的灌注通道。混凝土浇筑时沿竖向导管下落。导管的作用是隔离环境水，使其不与混凝土接触。导管底部以适当的深度埋在灌入的混凝土拌合物内，导管内的混凝土在一定的落差压力作用下，压挤下部管口的混凝土在已浇的混凝土层内流动、扩散，以完成混凝土的浇筑工作，形成连续密实的混凝土桩身。

异管法采用的主要机具有：导管、漏斗和储料斗、隔水塞等。

6. 施工中常见的问题和处理方法

施工中常见的问题和处理方法，见表 2–2。

表 2–2　施工中常见的问题和处理方法

常见问题	原因及处理方法
孔壁坍塌	在钻孔过程中，如发现在排出的泥浆中不断有气泡，有时护筒内的水位突然下降，这都是塌孔的迹象。其主要是由于土质松散、泥浆护壁不好、护筒水位不高等造成的。处理办法是：如在钻孔过程中出现缩颈、塌孔，应保持孔内水位，并加大泥浆相对密度，以稳定孔壁；如缩颈、塌孔严重，或泥浆突然漏失，应立即回填黏土，待孔壁稳定后再进行钻孔
钻孔偏斜	造成钻孔偏斜的原因是钻杆不垂直、钻头导向部分太短、导向性差，土质软硬不一，或遇上孤石等。处理办法是：减慢钻速，并提起钻头，上下反复扫钻几次，以便削去硬层，转入正常钻孔状态。如离孔口不深处遇孤石，可用炸药炸除
护筒冒水	护筒外壁冒水如不及时处理，严重者会造成护筒倾斜和位移、桩孔偏斜，甚至无法施工。冒水原因为埋设护筒时周围填土不密实，或者由于起落钻头时碰动了护筒。处理办法是：如初发现护筒冒水，可用黏土在护筒四周填实加固；如护筒严重下沉或位移，则返工重埋

二、套管成孔灌注桩施工工艺

套管成孔灌注桩是目前采用较为广泛的一种灌注桩。它有振动沉管灌注桩和锤击沉管灌注桩两种。施工时，将带有预制钢筋混凝土桩靴或活瓣桩靴的钢桩管沉入土中，待钢桩管达到要求的贯入度或标高后，即在管内浇筑混凝土或放入钢筋笼后浇筑混凝土，再将钢桩管拔出即成。套管成孔灌注桩整个施工过程在套管护壁条件下进行，因而不受地下水位高低和土质条件的限制。可穿越一般黏性土、粉土、淤泥质土、淤泥、松散至中密的砂土及人工填土等土层，不宜用于标准贯入击数 N>12 的砂土、N>15 的黏性土及碎石土。

1．锤击沉管灌注桩施工

锤击沉管灌注桩又称打拔管灌注桩，是用锤击沉桩设备将桩管打入土中成孔。

施工时，先将桩机就位，吊起桩管使其对准预先埋设在桩位的预制钢筋混凝土桩尖上，将桩管压入土中，桩管上部扣上桩帽，并检查桩管、桩尖与桩锤足否在同一垂直线上，桩管垂直度偏差应小于 0.5% 桩管高度。

初打时应低锤轻击并观察桩管无偏移时方可正常施打。当桩管打入至要求的贯入度或标高后，用吊砣检查管内有无泥浆或渗水，并测孔深后，即可以将混凝土通过灌注漏斗灌入桩管内，待混凝土灌满桩管后，开始拔管。拔管过程应保持对桩管进行连续低锤密击，使钢管不断得到冲击振动，从而振密混凝土。拔管速度不宜过快，第一次拔管高度应控制在能容纳第二次所需要灌入的混凝土量为限，不宜拔得过高，应保证管内不少于 2m 高度的混凝土，在拔管过程中应用测锤或浮标检查管内混凝土面的下降情况，拔管速度对一般土位以 1.0m/mm 为宜。拔管过程应向桩管内继续加灌混凝土，以满足灌注量的要求。灌入桩管内的混凝土，从搅拌到最后拔管结束不得超过混凝土的初凝时间。

以上是单打灌注桩的施工。为了提高桩的质量或使桩径增大，提高桩的承载能力，可采用一次复打扩大灌注桩。对于怀疑或发现有断桩、缩径等缺陷的桩，作为补救措施也可采用复打法。由于复打，使灌柱桩的桩径比钢桩管管径扩大达 80%，另由于未凝固的混凝土受到钢桩管的冲击挤压而朝径向涨开，也提高了混凝土的密实度，提高了桩的承载能力。根据实际需要，可采取全部复打或局部复打等处理办法。

2．振动沉管灌注桩施工

振动沉管灌注桩采用振动锤或振动—冲击锤沉管，施工时以激振力和冲击力的联合作用，将桩管沉入土中。在到达设计的桩端持力层后，向管内灌注混凝土，然后边振动桩管边上拔桩管而形成灌注桩。桩架上共有三组滑轮组，一组用于振动桩锤和桩管的升降，一组用于对桩管的加压，一组用于升降混凝土吊斗。开始沉管时，开动振动桩锤，同时拉紧加压滑轮组，钢桩管就能徐徐下沉至土中。与锤击沉管灌注桩相比，振动沉管灌注桩更适合于稍密及中密的碎石土地基上施工。

振动灌注桩的施工工艺可分为单振法、复振法和反插法三种（见表 2–3）。

表 2–3　振动灌注桩的施工方法

方法	主要内容
单振法	施工时，在桩管灌满混凝土后，开动振动桩锤，先振动 5 ~ 10s 后再开始拔管，边振边拔。拔管速度在一般土层中以 1.2 ~ 1.5m/min 为宜，在较软弱土层中不得大于 0.8 ~ 1.0m/min。在拔管过程中，每拔起 0.5m 左右，应停 5 ~ 10s，但保持振动，如此反复进行直至将钢桩管拔离地面为止
复振法	施工适用于饱和黏土层。在单打法施工完成后，再把活瓣桩尖闭合起来，在原桩孔混凝土中第二次沉下桩管，将未凝固的混凝土向四周挤压，然后进行第二次灌注混凝土和振动拔管
反插法	施工是在桩管灌满混凝土后，先振动再开始拔管，每次拔管高度 0.5 ~ 1.0m，反插深度 0.3 ~ 0.5m，在拔管过程中分段添加混凝土，保持管内混凝土面始终不低于地表面或高于地下水位 1.0 ~ 1.5m 以上，拔管速度应小于 0.5m/mm。在桩尖约 1.5m 范围内宜多次反插，以扩大桩的端部截面。如此反复进行，直至桩管拔出地面。反插法能使混凝土的密实性增加，桩截面比钢桩管扩大约 50%。宜在较差的软土地基施工中采用

3．施工中常见的问题和处理方法

套管成孔灌注桩施工时常出现断桩、缩颈桩、吊脚桩、夹泥桩、桩尖进水进泥等问题。

（1）断桩

断桩是指桩身裂缝呈水平的或略有倾斜且贯通全截面，常见于地面以下 1 ~ 3m 不同软硬土层交接处。产生断桩的主要原因是桩距过小，桩身混凝土终凝不久，强度低，邻桩沉管时使土体隆起和挤压，产生横向水平力和竖向拉力使混凝土桩身断裂。避免断桩的措施是：布桩不宜过密，桩间距以不小于 3.5*d*（*d* 为桩直径）为宜；当桩身混凝土强度较低时，可采用跳打法施工；合理制定打桩顺序和桩架行走路线以减少振动的影响。

（2）缩径桩

缩径桩又称蜂腰桩、瓶径桩，是指桩身局部直径小于设计直径。缩径常出现在饱和淤泥质土中。产生的主要原因是在含水量高的黏性土中沉管时，土体受到强烈扰动挤压，产生很高的孔隙水压力，桩管拔出后，超孔隙水压力作用在所浇筑的混凝土桩身上，使桩身局部直径缩小；或桩间距过小，邻近桩沉管施工时挤压土体使所浇混凝土桩身缩径；或施工过程中拔管速度过快，管内形成真空吸力，且管内混凝土量少、和易性差，使混凝土扩散性差，导致缩颈。施工过程应经常观测管内混凝土的下落情况，严格控制拔管速度，采取“慢拔密振”或“慢拔密击”的方法，在可能产生缩径的土层施工时，采用反插法可避免缩径。当出现缩径时可用复打法进行处理。

（3）吊脚桩

吊脚桩是指桩底部的混凝土隔空，或混入泥砂在桩底部形成松软层。产生吊脚桩的主要原因：预制桩尖强度不足，在沉管时破损，被挤入桩管内，拔管时振动冲击未能将桩尖压出，拔管至一定高度时，桩尖才落下，但又被硬土层卡住，未落到孔底而形成吊脚桩；振动沉管时，桩管入土较深并进入低压缩性土层，灌完混凝土开始拔管时，活瓣桩尖被周围土包围而不张开，拔至一定高度时才张开，而此时孔底部已被孔壁回落土充填而形成吊脚桩。避免出现吊桩应严格检查预制桩尖的强度和规格。沉管时可用吊砣检查桩尖是否进入桩管或活瓣是否张开。如已发现吊脚现象，应将桩管拔出，桩孔回填后重新沉入桩管。

（4）桩尖进水进泥

在含水量大的淤泥、粉砂土层中沉入桩管时，往往有水或泥砂进入桩管内，这是由于活瓣桩尖合拢后有较大的间隙，或预制桩尖与桩管接触不严密，或桩尖打坏所致。预防措施是：对缝隙较大的活瓣桩尖应及时修复或更换；预制桩尖的尺寸和配筋均应符合设计要求，混凝土强度等级不得低于 C30，在桩尖与桩管接触处缠绕麻绳或垫衬，使二者接触处封严。当发现桩尖进水或泥砂时，可将桩管拔出，修复桩尖缝隙，用砂回填桩孔后再重新沉管。当地下水量大时，桩管沉至接近地下水位时，可灌注 0.05 ~ 0.1m^3 封底混凝土将桩管底部的缝隙用混凝土封住，灌 1m 高的混凝土后，再继续沉管。

三、人工挖孔灌注桩施工工艺

人工挖孔灌注桩是指在桩位用人工挖直孔，每挖一段即施工一段支护结构，如此反复向下挖至设计标高，然后安放钢筋笼，浇筑混凝土而成桩。

人工挖孔灌注桩的优点是：成孔机具简单，作业时无振动、无噪声，当施工场地狭窄，相邻建筑物密集时尤为适用；对施工现场周围的原有建筑物影响小，施工速度快，可按施工进度要求确定同时开挖桩孔的数量，必要时各桩孔可同时施工；开挖过程便于检查孔壁及孔底，可以核实桩孔地层土质情况，便于清底，施工质量可靠。桩径和桩深可随承载力的情况而变化，桩端可以人工扩大而获得较大的承载力，满足一柱一桩的要求。特别在施工现场狭窄的市区修建高层建筑时，更显示其优越性。

人工挖孔灌注桩适宜在地下水位以上施工，可在人工填土层、黏土层、粉土层、砂土层、碎石土层和风化岩层中施工，也可在黄土、膨胀土和冻土中使用，适应性较强。在覆盖层较深且具有起伏较大基岩面的山区和丘陵地区，采用不同深度的挖孔灌注桩，技术可靠，受力合理。人工挖孔灌注桩挖孔时，类似于人工挖水井一般由一人在孔内挖土,故桩的直径除应满足设计承载力要求外,还应满足人在下面操作的要求,因此桩径不宜小于800mm，一般都在1200mm以上。桩端可采用扩底和不扩底两种方法,一般桩底都扩大。根据桩端土的情况,扩底直径一般为桩身直径的1.3 ~ 2.5倍,最大扩底直径可达4500mm。

1. 施工机具

人工挖（扩）孔灌注桩施工用的机具比较简单，主要有电动葫芦或手摇辘轳、提土桶及三脚支架（用于材料和弃土的垂直运输以及供施工人员上下工作使用）；护壁钢模板（国内常用）或波纹模板；潜水泵（用于抽出桩孔中的积水）；鼓风机和送风管（用于向桩孔中强制送入新鲜空气；镐、锹、土筐等挖运土工具，若遇到硬土或岩石，尚需准备风镐; 插捣工具(用于插捣护壁混凝土); 应急软爬梯; 照明灯、对讲机、电铃等。

2. 施工工艺

为确保人工挖（扩）孔桩施工过程的安全，必须考虑防止土体坍滑的支护措施。支护的方法很多，可采用现浇混凝土、喷射混凝土、波纹钢模板工具式护壁或砖护壁等。

采用现浇混凝土分段护壁的人工挖孔桩的施工流程是：放线定位，开挖土方，测量控制，支设护壁模板，设置操作平台，浇筑护壁混凝土，拆除模板继续下一段的施工，钢筋笼沉放，排除孔底积水。

当采用砖护壁时,挖土直径应为桩径加二砖壁(即480mm),第一段挖土完毕后,即砌筑一砖厚砖护壁，一般间隔24小时后再挖下一段的土，第一段可深些，例如1 ~ 2m，以后各段为0.5 ~ 1m，视土壁独自直立能力而定。先挖半个圆的土，砌半圈护壁，再挖另半圆土，再砌半圈，至此整圈护壁已砌好。砌砖时，上下砖护壁应顶紧，护壁与土壁间灌满砂浆。按半个圆进行挖土，砌护壁可保证施工安全。如此循环施工，直至设计标高。

3. 施工注意事项

（1）施工安全措施

从事挖孔作业的工人必须经健康检查和井下、高空、用电、吊装及简单机械操作等安全作业培训且考核合格后，方可进入施工现场; 在施工图会审和桩孔挖掘前，要认真研究钻探资料，分析地质情况，对可能出现的流砂、管涌、涌水以及有害气体等情况应制定有针对性的安全防护措施；施工时施工人员必须戴安全帽，穿绝缘胶鞋，孔内有人时，孔上必须有人监督防护；孔周围要设置安全防护栏；护壁要高出地面200 ~ 300mm，以防杂物滚入孔内；每孔必须设置安全绳及应急软爬梯；孔下照明要用安全电压；使用潜水泵必须有防漏电装置；设置鼓风机，以便向孔内强制输送清洁空气、排除有害气体等。

（2）桩孔的质量要求必须保证

开挖前，应从桩中心位置向桩四周引出 4 个桩心控制点，施工过程必须用桩心点来校正模板位置，并应设专人严格校核中心位置及护壁厚度，桩孔中心平面位置偏差要求不宜超过 20mm，桩的垂直度偏差要求不超过 1%，桩径不得小于设计直径。当挖土至设计深度后，必须由设计人员鉴定后方可浇筑混凝土，合格后应尽快灌注护壁混凝土，且必须当天一次灌注完毕；护壁混凝土拌合料中宜掺入早强剂；护壁模板拆除后，如发现护壁有蜂窝、漏水现象，应及时加以堵塞或导流防止孔外水通过护壁流入桩孔内。

（3）防止土壁坍落及流砂事故

在开挖过程中，如遇到特别松软的土层、流动性淤泥或流砂时，为防止土壁坍落及流砂，可减少每节护壁的高度（可取 0.3 ~ 0.5m）或采用钢护筒、预制混凝土沉片等作为护壁，待穿过松软土层或流砂层后，再按一般方法边挖掘边灌注混凝土护壁，继续开挖桩孔。开挖流砂现象严重的桩孔时可采用井点降水法。

第三章　块体砌筑

第一节　烧结普通砖砌筑施工

一、砌筑材料

砌筑工程所使用的材料包括块材与砂浆。块材为骨架材料，砂浆为粘结材料。

1．烧结普通砖

烧结普通砖是以黏土、页岩、煤矸石和粉煤灰为主要原料，经过焙烧而成的实心或孔洞率不大于 15% 的砖。烧结普通砖的规格为 240mm × 115mm × 53mm。

烧结普通砖按照抗压强度划分强度等级，分为 MU30、MU25、MU20、MU15 和 MU10 五级。

砌筑砖砌体时，砖应提前 1 ~ 2d 浇水湿润，含水率宜为 10% ~ 15%（含水率以水重占干砖质量的百分率计）。施工现场抽查砖含水率的简化方法可采用现场断砖，砖截面四周融水深度为 15 ~ 20mm 视为符合要求。

2．灰砂砖和粉煤灰砖

灰砂砖是以石灰和砂为主要原料，粉煤灰砖是以粉煤灰、石灰为主要原料，经坯料制备、压制成型、蒸压养护而成的实心砖。其规格尺寸均为 240mm × 115mm × 53mm，强度等级分为 MU25、MU20、MU15 和 MU10。

3．烧结多孔砖

烧结多孔砖是以黏土、页岩、煤矸石等为主要原料，经过焙烧而成，孔洞率不小于 15%。孔的尺寸小而多，主要适用于承重部位，简称多孔砖。

多孔砖按规格尺寸分为模数多孔砖（M 型）和非模数多孔砖（P 型）。常用外形尺寸分别为 190mm × 190mm × 90mm 和 240mm × 115mm × 90mm。按抗压强度分为 MU30、MU25、MU20、MU15 和 MU10 五个等级。

另外，还存以黏土、页岩、煤矸石等为主要原料烧制的空心砖，一般用于非承重墙体。

4．砌筑砂浆

（1）砂浆的分类

砌筑砂浆按组成材料不同分为水泥砂浆、混合砂浆与非水泥砂浆三种。砌筑砂浆按拌制方式不同分为：现场拌制砂浆与干拌砂浆（即在工厂内将水泥、钙质消石灰粉、砂、掺加料及外加剂按一定比例干拌混合制成，现场仅加水机械扑合即成）。

（2）砂浆的技术性能

砌筑砂浆按强度分为 M15、M10、M7.5、M5 和 M2.5 五个等级。干拌湖筑砂浆与预拌砌筑砂浆的强度分为：M5、M7.5、M10、M15、M20、M25 和 M30 七个等级。

（3）拌制砂浆材料的质量要求

拌制砂浆材料的质量要求，见表 3–1。

表 3–1　拌制砂浆材料的质量要求

材料名称	质量要求
砂	砂浆用砂宜采用中砂。砂应过筛，且不得含有草根等杂物。砂浆用砂的含泥量应满足以下要求：对强度等级小于 M5 的水泥混合砂浆，不应超过 5%；对水泥砂浆和强度等级不小于 M5 的水泥混合砂浆，不应超过 5%；人工砂、山砂及特细砂，应经试配能满足砌筑砂浆技术条件要求
水泥	水泥进场使用前，应分批对其强度、安定性进行复验。检验批应以同生产场家、同编号为一批。水泥砂浆采用的水泥，其强度等级不宜大于 4.25 级；采用混合砂浆时，不宜大于 42.5 级。当使用中对水泥质量有怀疑或水泥出厂超过 3 个月（快硬硅酸盐水泥超过 1 个月）时，应复查试验，并按其结果使用。不同品种的水泥，不得混合使用
水	拌制砂浆用水应符合国家现行标准《混凝土用水标准》JGJ63—2006 的规定
外加剂	凡在砂浆中掺入有机塑化剂、早强剂、缓凝剂、防冻剂等，应经砝验和试配符合要求后，方可使用。有机塑化剂应有砌体强度的型式检验报告
掺加料	砂浆中的掺加料包括石灰膏、电石膏、粉煤灰、磨细生石灰粉等：用块状生石灰制作石灰膏时，应采用孔格不大于 3mm × 3mm 的网过滤，在池中熟化时间不得少于 7d；磨细生石灰粉的熟化时间不得少于 2d。沉淀池中的石灰膏不能干燥、冻结和污染。不得使用脱水硬化的石灰膏。粉煤灰应符合现行国家标准的有关规定

（4）砂浆的拌制与使用

砌筑砂浆应通过试配确定配合比。当组成材料有变化时，应重新确定其配合比。施工中当采用水泥砂浆代替水泥混合砂浆时，应重新确定砂浆强度等级。

拌制砂浆时，各组分材料应准确称量。砌筑砂浆应采用机械搅拌，砂浆搅拌机械包括活门卸料式、倾翻卸料式或立式搅拌机，其出料容量一般为 200L。搅拌时间自投料完算起，水泥砂浆和水泥混合砂浆不得少于 2min；掺加粉煤灰或外加剂时不得少于 3min；掺用有机塑化剂时应为 3 ~ 5min。

砂浆试块应在砂浆拌合后随机抽取制作，同盘砂浆只制作一组试块。砌筑砂浆试块强度验收时，其强度合格标准必须符合以下规定：同一验收批砂浆试块抗压强度的平均值必须大于或等于设计强度等级所对应的立方体抗压强度；同一验收批砂浆试块抗压强度的最小一组平均值必须大于或等于设计强度等级所对应的立方体抗压强度的 0.75 倍。

当施工中或验收时出现下列情况：砂浆试块缺乏代表性或试块数量不足，对砂浆试块的试验结果有怀疑或有争议，砂浆试块的试验结果不能满足设计要求。可采用现场检验方法对砂浆和砌体强度进行原位检测或取样检测，并判定其强度。

二、砌体的组砌形式

（1）对于烧结普通砖砖墙，根据其厚度不同，可采用全顺、两平一侧、全工、一顺一工、梅花工的组砌形式。

（2）多孔砖墙。M 型多孔砖（方形砖）采用全顺砌法，其手抓孔应垂直于墙面，上下皮垂直灰缝相互错开半砖长；P 型多孔砖（矩形砖）宜采用一顺一工或梅花工的砌筑形式。砖柱不得采用包心砌法。上下皮垂直灰缝相互错开 1/4 砖长。多孔砖的孔洞应垂直于受压面砌筑。

（3）空心砖墙应采用孔洞呈水平方向侧砌的方法，上下皮垂直灰缝相互错开 1/2 砖。在与烧结普通砖墙交接处，应每隔 2 皮空心砖设置 2φ6 钢筋作为拉结筋，其长度不小于空心砖长加 240mm。在交接处、转角处不得留槎，空心砖与普通砖应同时砌筑。不得对空心砖墙进行砍凿。

三、烧结普通砖砌筑施工工艺

砖墙的砌筑施工工艺包括抄平、弹线、摆砖样、立皮数杆、盘角、挂线、砌砖、清理等。

1. 抄平

砌墙前，应在基础顶面或楼面上定出各层标高，并用 M7.5 水泥砂浆或 C15 细石混凝土找平，使砖墙底部标高符合设计要求。抄平时，要做到外墙上、下层之间不出现明显的接缝痕迹。

2. 弹线

根据龙门板上给出的轴线及图纸上标注的墙体尺寸，在基础顶面上用墨线弹出墙的轴线和墙的宽度线，并标出门窗洞口位置。二楼以上墙的轴线可以用经纬仪或垂球上引。

3．摆砖样

摆砖样是在弹线的基面上按照选定的组砌方式用“干砖”试摆，以尽可能减少砍砖，使砌体灰缝均匀、组砌合理有序。

墙面排砖（墙长为 L，一个立缝宽初按 10mm）：

工行砖数 $n=（L+10）/125$

条行整砖数 $N=（L-365）/250$

4．立皮数杆

皮数杆是指在其上划有每皮砖的厚度以及门窗洞口、过梁、楼板、预埋件等标高位置的一种木制标杆。它是砌筑时控制砌体水平灰缝和竖向尺寸位置的标志。

皮数杆一般立于房屋的四大角、内外墙交接处、楼梯间以及洞口比较多的地方，其间距一般为 10 ~ 15m。皮数杆应抄平竖立，用锚钉或斜撑固定牢固，并保证与水平面垂直。

5．盘角、挂线

按照干砖试摆位置挂好通线，砌好第一皮砖，接着就进行盘角。盘角是先由技术水平较高的工人砌筑大角部位，挂线后，一般工人按线砌筑中间墙体。盘角砌筑应随时用线坠和托线板检查墙角是否垂直平整，砖层灰缝厚度是否符合皮数杆要求，做到“三皮一吊，五皮一靠”。盘角超前墙体的高度不得多于 5 皮砖，且与墙体坡槎连接。

在盘角后，应在墙侧挂上准线，作为墙身砌筑的依据。对 240mm 及以下厚度的墙体可单面挂线；370mm 及以上厚度的墙体应双面挂线。

6．砌砖

砌砖的常用方法有“三一”砌筑法和铺浆法两种。“三一”砌筑法是指一铲灰、一块砖、一揉压的砌筑方法。用这种方法砌砖质量高于铺浆法。铺浆法是指把砂浆摊铺一定长度后，放上砖并挤出砂浆的砌筑方法。铺浆的长度不得超过 750mm；当气温高于 30℃时，不得超过 500mm。该法仅允许用于非抗震区。

砖砌体每日砌筑的高度不宜超过 1.8m；冬期和雨期施工时，砂浆的稠度应适当减小，每日砌筑高度不宜超过 1.2m，且应在收工时覆盖砌体。

7．清理及勾缝

对于清水砖墙，应及时将灰缝划出深度为 10mm 的沟槽，以便于勾缝施工。对墙面、柱面及落地灰应及时清理。墙面勾缝要求横平竖直、深浅一致、搭接平顺。勾缝宜采用 1 : 1.5 的水泥砂浆。缝的形式有凹缝和平缝，其中凹缝深度一般为 4 ~ 5mm。内墙也可用原浆勾缝，但必须随砌随勾，并使灰缝光滑密实。

四、砌筑要求与质量检查

1. 砌体砌筑要求

（1）楼层标高的控制

楼层或楼面标高应在楼梯间吊钢尺，用水准仪直接读取传递。每层楼的墙体砌到一定高度后，用水准仪在各内墙面分别进行抄平，并在墙面上弹出离室内地面高500mm的水平线，俗称“结构50线”，以控制后续施工各部位的高度。

（2）施工洞口的留设

砖砌体施工时，为了方便后续装修阶段的材料运输与人员通行，常需要在外墙和内隔墙上留设临时施工洞口。规范规定，洞口侧边距交接处墙面不得小于300mm，洞口净宽度不应超过1m。在抗震设防烈度为9度的地区，施工洞口位置应会同设计单位确定。

砌体中的设备管道、沟槽、脚手眼、预埋件等，应在砌筑墙体时按照设计文件和规范的要求预留和预埋，不得在墙体上剔凿打洞。

（3）减少不均匀的沉降

沉降不均匀将导致墙体开裂，施工时要严加注意。若相邻房屋高差较大时，应先建高层部分；分段施工时，砌体相邻施工段的高度差，不得超过一个楼层，也不得大于4m；柱和墙上严禁施加大的集中荷载（如架设起重机），以减少灰缝变形而导致砌体沉降。

（4）构造柱施工

构造柱与墙体的连接处应砌成马牙槎，马牙槎应先退后进。预留的拉结钢筋位置正确，施工中不得任意弯折。每一马牙槎高度不应超过300mm，沿墙高每500mm设置2ϕ6水平钢筋和ϕ4分布钢筋在平面内点焊组成的拉结钢筋网片或ϕ4点焊钢筋网片，钢筋每边伸入墙内不宜小于1m。

构造柱的施工程序是先砌墙后浇筑混凝土。构造柱两侧模板必须紧贴墙面，支撑牢固。构造柱混凝土保护层宜为20mm，且不应小于15mm。浇灌构造柱混凝土前，应清除落地灰、砖渣等杂物，并将砌体留槎部位和模板浇水湿润。在结合面处先注入50 ~ 100mm厚与混凝土同成分的水泥砂浆，再分段浇灌。采用插入式振捣棒振捣混凝土，振捣时，应避免触碰砖墙。

2. 砖砌体质量要求

砖砌体质量要求，见表3–2。

表 3–2　砖砌体的质量要求

质量要求	主要内容
横平竖直	砖砌体的灰缝应做到横平竖直，厚薄均匀。水平灰缝的厚度不应小于 8mm，也不应大于 12mm，宜为 10mm
砂浆饱满	砌体水平灰缝的砂浆饱满度用百格网检查，不得小于 80%。竖向灰缝不得出现透明缝、瞎缝和假缝。影响砂浆饱满度的主要因素包括砖的含水量、砂浆的和易性和砌筑方法等
上下错缝	砖砌体的砖块之间要错缝搭砌，错缝或搭砌长度一般不小于 60mm。240mm 厚承重墙的每层墙最上一皮砖，砖砌体的台阶水平面上及挑出层，应整砖丁砌
接槎可靠	砖砌体的转角处和交接处应同时砌筑。其他部位的临时间断处应砌成斜槎，斜槎的水平投影长度不应小于高度的 2/3，且其高度差不得超过一步脚手架的高度。抗震设防烈度不超过 7 度的地区，当临时间断处不能留斜槎时，除转角处外，可留凸直槎，且应加设拉结钢筋。其数量为每 120mm 墙厚放置 1 ϕ6，且每道不少于 2 根；间距沿墙高不超过 500mm；埋入长度从留槎处算起每边均不应小于 500mm，对于抗震设防烈度为 6 度、7 度的地区，不应小于 1000mm，末端应有 90° 弯钩。接槎或补砌时，必须将表面清理干净，浇水湿润，并填实砂浆，保持灰缝平直

第二节　特殊砌体施工

一、特殊砌块的分类

砌块代替烧结黏土砖作为建筑物墙体材料，是墙体改革的一个重要途径。砌块是以天然材料或工业废料为原材料制成的，主要特点是施工简便，工人的劳动强度较低，生产效率较高。

砌块按使用目的可以分为承重砌块与非承重砌块（包括隔墙砌块和保温砌块）；按是否有孔洞可以分为实心砌块与空心砌块；按砌块大小可以分为小型砌块（块材高度小于 380mm）和中型砌块（块材高度 380 ~ 940mm）；按使用的原材料可以分为普通混凝土砌块、轻骨料混凝土砌块、蒸压加气混凝土砌块等。

1．普通混凝土小型空心砌块

它是用水泥、砂、石、水为原料制作的，简称普通小砌块。

2．轻骨料混凝土小型空心砌块

它是以水泥、轻骨料、砂、水等预制而成的，其中轻骨料品种包括浮石、煤渣、火山渣、陶粒等，简称轻骨料小砌块。

普通小砌块和轻骨料小砌块总称混凝土小型空心砌块，简称小砌块，是替代实心黏土砖的主导材料。按其强度分为 MU20、MU15、MU10、MU7.5 和 MU5 五个强度等级，主规格尺寸为 390mm × 190mm × 190mm。

3．加气混凝土砌块

它是以水泥、矿渣、砂、石灰等为主要原料，加入发气剂，经搅拌成型、蒸压养护而成的实心砌块。一般长度为 600mm，高度为 200、250、300mm；其宽度，一种系列从 50mm 起、以 25mm 递增，另一种系列从 60mm 起、以 60mm 递增。按其抗压强度分为 A0.8、A1.5、A2.5、A3.5 和 A5.0 五个强度等级，按其体积密度分为 B035、B04、B05、B06 和 B07 五个体积密度级别。

二、砌块砌筑施工工艺

砌块砌体施工的主要工艺包括: 抄平弹线、基层处理、立皮数杆、砌块砌筑、勾缝，主要要求如下：

1．基层处理

拉标高准线，用砂浆找平砌筑基层。当最下一皮砌块的水平灰缝厚度大于 20mm 时，应用豆石混凝土找平。砌筑小砌块时，应清除芯柱用小砌块孔洞底部的毛边。用普通混凝土小砌块砌筑墙体时，防潮层以下应采用不低于 C20 的混凝土灌实小砌块的孔洞；用轻骨料混凝土和加气混凝土砌块的墙底部，应砌烧结普通砖、多孔砖或普通混凝土小型砌块，也可现浇混凝土坎台，其高度不宜小于 200mm。

2．砌筑

墙体砌筑应从房屋外墙转角定位处开始，按照设计图和砌块排块图进行施工。

为确保砌块砌体的砌筑质量，砌筑时应做到对孔、错缝、反砌。对孔即上皮砌块的孔洞对准下皮砌块的孔洞，上、下皮砌块的壁、肋可较好传递竖向荷载，保证砌体的整体性及强度；错缝即上、下皮砌块错开砌筑（搭砌），以增强砌体的整体性；反砌即小砌块生产时的底面朝上砌筑，易于铺放砂浆和保证水平灰缝砂浆的饱满度。

砌筑砂浆随铺随砌，水平灰缝砂浆满铺砌块底面；竖向灰缝采取满铺端面法，即将砌块端面朝上铺满砂浆后，上墙挤紧，再灌浆插捣密实。

砌体中的拉结钢筋或网片应置于灰缝正中，埋置长度符合设计要求；门窗框与砌块墙体连接处，应砌入埋有防腐木砖的砌块或混凝土砌块；水电管线、孔洞、预埋件等应按砌块排块图与砌筑及时配合进行，不得在已砌筑的墙体上凿槽打洞；锯切加气混凝土砌块应采用专用工具。

正常施工条件下，砌块墙体每日砌筑高度宜控制在 1.5m 或一步脚手架高度内。相邻施工段的砌筑高差不得超过一个楼层高度，也不应大于 4m。填充墙砌至接近梁、板底时应留一定空隙，待间隔 7d 后，再用普通砖斜砌与梁板顶紧。

3．勾缝

随砌随将伸出墙面的砂浆刮掉，不足处应补浆压实，待砂浆稍凝固后，用原浆作勾缝处理。灰缝宜凹进墙面 2mm。

4．构造柱、芯柱、圈梁、混凝土带等施工

（1）构造柱、芯柱和抱框的纵向钢筋均应贯通墙身，圈梁、现浇混凝土带钢筋及拉结筋，应与墙、柱可靠连接。构造柱与墙体的连接处应砌成马牙槎。

（2）对于混凝土小型空心砌块砌体，应在外墙转角处、楼梯间四角的纵横墙交接处等部位，设置素混凝土芯柱；五层以上的房屋，则应为钢筋混凝土芯柱。

当砌筑砂浆强度大于 1MPa 时，方可进行浇灌芯柱混凝土。浇筑前，应先从柱脚留设的清扫口清除砌块孔洞内的砂浆等杂物，并用水冲洗孔洞内壁，排出积水后，再用混凝土预制块封闭清扫口；先注入适量与芯柱混凝土相同的去石子水泥砂浆，再浇筑混凝土。

芯柱混凝土宜连续浇筑、分层捣实。每次浇筑的高度应不大于 1.5m，混凝土注入芯孔后用小直径插入式振捣棒略加振捣，待 3 ~ 5min 多余水分被块体吸收后再进行二次振捣，以保证芯柱灌实。

（3）砌体中的拉结筋或网片应置于灰缝砂浆中间，水平灰缝厚度应大于钢筋直径 4mm 以上。拉结筋两端应设弯钩，砌体外露面砂浆保护层的厚度不应小于 15mm。

三、砌块砌体质量要求

（1）砌体灰缝砂浆饱满。水平灰缝的饱满度，普通混凝土砌块不得低于砌块净面积的 90%，轻骨料混凝土或加气混凝土砌块不得低于 80%；竖向灰缝饱满度不得小于 80%。

（2）砌体灰缝横平竖直、均匀、密实，厚度或宽度正确。空心砖、小砌块砌体的水平灰缝厚度和竖向灰缝宽度宜为 10mm，一般为 8 ~ 12mm；加气混凝土砌块砌体的水平灰缝厚度及竖向灰缝宽度分别宜为 15mm 和 20mm。

（3）墙体转角处和纵横墙交接处应同时砌筑。若临时间断，应留斜槎，其水平投影长度应大于砌筑高度。

（4）砌块搭接符合要求。小砌块应对孔错缝搭砌，搭接长度不应小于 90mm，个别部位不能满足要求时，应在灰缝中设置拉结钢筋或钢筋网片；加气混凝土砌块搭砌长度不应小于砌块长度的 1/3 和 150mm；砌块砌体的轴线偏移、垂直度和一般尺寸的允许偏差应符合规范规定。

第三节 砌体冬期施工

一、冬期施工的一般要求

当室外日平均气温连续 5d 稳定低于 5℃时，砌体工程应采取冬期施工措施。

在冬期施工过程中，只有加强管理和采取必要的技术措施才能保证工程质量符合要求。因此，砌体工程冬期施工必须制定完整的冬期施工方案。冬期施工所用材料应符合下列规定：

石灰膏、电石膏等应防止受冻，如遭冻结，应经融化后使用；拌制砂浆用砂，不得含有冰块和大于 10mm 的冻结块；砌体用砖或其他块材不得遭水浸冻。

冬期施工砂浆试块的留置，除应按常温规定要求外，尚应增不少于 1 组与砌体同条件养护的试块，测试检验 28d 强度。

普通砖、多孔砖和空心砖在气温高于 0℃条件下砌筑时，应浇水湿润。在气温低于或等于 0℃条件下砌筑时，可不浇水，但必须增大砂浆稠度。抗震设防烈度为 9 度的建筑物，普通砖、多孔砖和空心砖无法浇水湿润时，如无特殊措施，不得砌筑。

拌合砂浆宜采用两步投料法。水的温度不得超过 80℃；砂的温度不得超过 40℃。

砂浆使用温度应符合下列规定：采用掺外加剂法、氯盐砂浆法、暖棚法时，均不应低于 5℃；在冻结法施工的解冻期间，应经常对砌体进行观测和检查，如发现裂缝、不均匀下沉等情况，应立即采取加固措施。

二、氯盐砂浆法

氯盐砂浆法是在拌合水中掺入氯盐（如氯化钠、氯化钙），以降低冰点，使砂浆在砌筑后可以在负温条件下不冻结，继续硬化，强度持续增长，从而不必采取防止砌体沉降变形的措施。采用该法时，砂浆的拌合水应加热，砂和石灰膏在搅拌前也应保持正温，确保砂浆经过搅拌、运输至砌筑时仍具有一定的正温。此种方法施工工艺简单、经济可靠，是砌体工程冬期施工广泛采用的方法。

在采用氯盐砂浆法砌筑时，砂浆的使用温度不应低于 5℃。如设计无要求，当日最低气温等于或低于 -15℃时，砌筑承重砌体的砂浆强度等级应按常温施工时提高一级，砌体的每日砌筑高度不宜超过 1.2m。由于氯盐对钢材有腐蚀作用，在砌体中配置的钢筋及钢预埋件，应预先做好防腐处理。

由于掺盐砂浆会使砌体产生析盐、吸湿现象，故氯盐砂浆的砌体不得在下列情况下采用：对装饰工程有特殊要求的建筑物；使用湿度大于 8% 的建筑物；配筋、钢埋件无可靠的防腐处理措施的砌体；接近高压电线的建筑物（如变电所、发电站等）；经常处于地下水位变化范围内以及在地下未设防水层的结构。

三、冻结法

冻结法是在室外用热砂浆砌筑，砂浆中不使用任何防冻外加剂。砂浆在砌筑后很快冻结，到融化时强度仅为零或接近零，转入常温后强度才会逐渐增长。由于砂浆经过冻结、融化、硬化三个阶段，其强度和粘结力都有不同程度的降低，且砌体在解冻时变形大，稳定性差，故使用范围受到限制。混凝土小型空心砌块砌体、承受侧压力砌体、在解冻期间可能受到振动或动力荷载的砌体以及在解冻时不允许发生沉降的结构等，均不得采用冻结法施工。为了弥补冻结对砂浆强度的损失，如设计未作规定，当日最低气温高于 −25℃时，砌筑承重砌体的砂浆强度等级应提高一级；当日最低气温等于或低于 −25℃时，应提高二级。采用冻结法施工时，为便于操作和保证砌筑质量，当室外空气温度分别为 0 ~ −10℃、−11 ~ −25℃、−25℃以下时，砂浆使用时的最低温度分别为 10℃、15℃、20℃。

当春季开冻期来临前，应从楼板上除去设计中未规定的临时荷载，并检查结构在开冻期间的承载力和稳定性是否有足够的保证，还要检查结构的减载措施和加强结构的方法。在解冻期间，应经常对砌体进行观测和检查，如发现裂缝、不均匀沉降、倾斜等情况，应立即采取加固措施，以消除或减弱其影响。

四、掺外加剂法

砌体工程冬期施工常用的外加剂有防冻剂和微沫剂。砂浆中掺入一定量的外加剂，可改善砂浆的和易性，从而减少拌合砂浆的用水量，以减小冻胀应力；可促使砂浆中的水泥加速硬化及在负温条件下凝结与硬化，从而获得足够的早期强度，提高抗冻能力。

当采用掺外加剂法时，砂浆的使用温度不应低于 5℃。若在氯盐砂浆中掺加微沫剂时，应先加氯盐溶液后再加微沫剂溶液。其施工工艺与氯盐砂浆法相同。

五、暖棚法

暖棚法是利用简易结构和廉价的保温材料，将需要砌筑的砌体和工作面临时封闭起来，进行棚内加热，则可在正温条件下进行砌筑和养护。暖棚法成本较高，因此仅用于较寒冷地区的地下工程、基础工程和量小又急需使用的砌体。

对暖棚的加热，宜优先采用热风机装置。采用暖棚法施工时，砂浆的使用温度不应低于5℃；块材在砌筑时的温度不应低于5℃；距离所砌结构底面0.5m处的棚内温度也不应低于5℃。在暖棚内的砌体养护时间应根据暖棚内温度确定，以确保拆除暖棚时砂浆的强度能达到允许受冻临界强度养护时间，规定如下：棚内温度为5℃时养护时间不少于6d，棚内温度为10℃时不少于5d，棚内温度为15℃时不少于4d，棚内温度为20℃时不少于3d。

第四节　脚手架与垂直运输

一、砌筑脚手架

砌筑脚手架是砌筑过程中堆放材料和工人进行砌筑操作的临时设施，同时也是安全设施。砌筑作业时，劳动生产率会受到砌筑高度的影响。根据科学统计，在距地面0.6m时生产效率最高。当砌筑到一定高度后，不搭设脚手架则砌筑工作就无法进行。对于厚度在240mm以内的墙体，可砌高度一般为1.4m；厚度为360mm的墙体，可砌高度为1.2m。每次脚手架的搭设高度称为“一步架高”。

1．脚手架的基本要求

脚手架的宽度及步距应满足使用要求；脚手架应坚固、稳定；脚手架应搭拆简单，搬运方便，能多次周转使用。

2．脚手架搭设及使用要求

（1）认真处理好地基，确保其有足够的承载力，避免脚手架沉降。高层或重荷载脚手架应进行基础设计。

（2）所使用的材料与加工质量必须符合规定要求，不得使用不合格品。

（3）要有可靠的安全防护措施。如安全网、安全护栏，防电、避雷、接地设施，脚手板及斜道的防滑措施等。

（4）在以下部位不得设置脚手眼：厚度在120mm内的墙体、料石清水墙和独立柱；过梁上部与过梁呈60°角的三角形范围及过梁净跨1/2的高度范围内；宽度小于1m的窗间墙；门窗洞口两侧200mm和转角处450mm的范围内；梁或梁垫下及其左右各500mm范围内；设计不允许设置脚手眼的位置。

（5）脚手架搭设后，须经验收方可使用。做好定期检验及大风、雨、雪后的检验；严格控制使用荷载。均布荷载不得超过3kN/m^2，集中荷载不得超过1.5kN；当墙体厚度小于或等于180mm、建筑物高度超过24m、空斗墙加气块等轻质墙体、砌筑砂浆强度等级在 M10 或以下时，均不得采用单排脚手架。

3. 脚手架的分类

脚手架种类很多，按使用材料可分为木脚手架、竹脚手架、金属脚手架等；按构造形式可分为多立杆式、门式、悬吊式、挂式、挑式、爬升式以及用于楼层间操作的工具式脚手架等；按搭设位置可分为外脚手架、里脚手架等。

（1）外脚手架

搭设于建筑物外部周围，它既可以用于外墙砌筑，又可以用于外装饰施工。其主要形式分为：多立杆式脚手架和门框式脚手架。

1）多立杆式脚手架

多立杆式脚手架主要由立杆、纵向水平杆（也叫大横杆）、横向水平杆（也叫小横杆）、剪刀撑与脚手板等部件构成。为了防止整片脚手架在风荷载作用下外倾，脚手架还需设置连墙杆，将脚手架与建筑物主体结构相连。

根据使用的要求，多立杆式脚手架可以搭设成双排式和单排式两种形式。双排式是沿墙外侧设两排立杆，大横杆沿墙外侧垂直于立杆搭设，小横杆的两端支承在大横杆上；单排式是沿墙外侧仅设一排立杆，小横杆一端与大横杆连接，另一端支承在墙上。

根据连接方式的不同，多立杆式脚手架可以分为钢管扣件式与钢管碗扣式脚手架。

钢管扣件式多立杆脚手架由钢管、扣件和底座组成，钢管通过扣件进行连接，并安放在底座上面。钢管一般采用外径 48mm、壁厚 3.5mm 的焊接钢管。扣件的基本形式有三种：直角扣件、回转扣件和对接扣件，分别用于钢管之间的直角连接、任意角度的连接和直线连接。

脚手架底座有两种，一种采用钢板与钢管作套筒，二者焊接而成；另一种采用可锻铸铁铸成，其底板厚 10mm、外轮廓直径 150rnrn、插芯直径 36mm、高度 150mm。

钢管碗扣式多立杆脚手架的立杆与水平横杆是依靠特制的碗扣接头来连接的。碗扣式接头可同时连接 4 根横杆，横杆可相互垂直，亦可组成其他角度，因而可以搭设各种形式脚手架，特别适合于搭设廟形平面及高层建筑施工。

2）门式脚手架

门式脚手架又称为多功能脚手架，是目前国际上最为普遍采用的脚手架。门式脚手架的材料一般采用钢管，主要由门式框架、剪刀撑和水平梁架等基本单元组成，将这些基本单元相互连接即形成骨架，在此基础上增加辅助用的栏杆、脚手板等，就构成整片脚手架。

为了避免不均匀沉降，搭设门式脚手架时基座必须夯实找平，并铺设可调节底座；为了确保脚手架的整体刚度，门架之间必须设置剪刀撑和水平梁架进行加固处理。

门式脚手架的搭设流程为：铺放垫木板→拉线，安放底座→自下端起立门架并随即安装剪刀撑→装水平梁架或脚手板装梯子（用于人员上下）→装设连墙杆→重复进行，逐层向上安装→装设顶部栏杆。门式脚手架的拆除顺序应与搭设顺序相反，自上而下进行。

（2）里脚手架

搭设于建筑物内部的脚手架称为里脚手架。里脚手架搭设在各层楼板上，当砌完一层墙体后，即将其转移到上一层楼板上，进行新一层的墙体施工。当采用里脚手架砌筑外墙时，必须沿墙外侧搭设安全网，确保施工安全。

由于里脚手架装拆频繁，故要求其轻便灵活，易装易拆。通常情况下，里脚手架多采用工具式里脚手架，其主要形式分为：折叠式脚手架、支柱式脚手架和门架式脚手架，还包括整体平台架。

（3）其他形式脚手架

挑脚手架是由结构标准层外挑出双排脚手架，高度 3 ~ 4 层，可作结构用或装饰用，一般应用于高层施工中。悬挂式脚手架是在结构顶层设置悬挑构件，悬挂脚手篮，可作装饰用，一般应用于外装修施工中。

（4）新型脚手架的开发与应用

近年来，随着新技术、新材料的不断发展，一些专业生产脚手架的工程公司采用低合金钢管材料，研制开发出了系列的新塑脚手架。这种新型低合金镀锌钢管（Q315B）脚手架与传统的普碳钢管（Q235）脚手架相比，具有重量轻、强度高、拆装便捷、施工工效高、耐腐蚀等突出优点，已在我国一些大型重点工程中成功推广应用。其缺点是价格相对较高，杆件尺寸固定。

二、垂直运输

在砌筑工程中，垂盘运输的工作量很大，一般采用机械运输。垂直运输机械是指抱负各种材料（砖、砌块、石块、砂浆等）、各种工具（脚手架、脚手、板、灰嘈等）以及工作人员上下的设备与设施。常用的垂直运输机械主要有井架、龙门架、施工电梯、塔式起重机等。

（1）井架

中架是砌筑工程中最常使用的垂直运输机械，它可以采用型钢或钢管加工成定别产品，也可以采用脚手架部件（如钢管扣件式脚手架、碗扣式脚手架等）搭设。

井架由架体、天轮梁、缆风绳、吊盘、卷扬机及索具构成。按立柱数量分为四柱、六柱和八柱式，其起吊能力为 0.5 ~ 1t。

当井架高度在 15m 以下时设缆风绳一道；高度在 15m 以上时，每增高 10m 增设一道。每道缆风绳至少四根，每角一根，采用直径 9mm 的钢丝绳，与地面呈 30 ~ 45° 夹角拉牢。井架的优点是价格低廉、稳定性好、运输量大；缺点是缆风绳多、影响施工和交通。通常附着于建筑物的井架不设缆风绳，仅设附墙拉结。

（2）龙门架

龙门架是由两组格构式立杆和横梁（天轮梁）组合而成的门形起重设备。龙门架采用缆风绳进行固定，卷扬机通过上下导向滑轮（天轮、地轮）使吊盘在两立杆间沿导轨升降。龙门架的起重高度一般为 15 ~ 30m，起重量为 0.6 ~ 1.2t。

龙门架通常单独设置，依靠缆风绳保证其稳定性。当门架高度在 15m 以下时设一道缆风绳，四角拉住；超过 15m 时，每增高 5 ~ 6m 增设一道。对装修用门架，可通过杆件与建筑物拉结。

龙门架为工具式垂直运输设备，其优点是构造简单、装拆方便；具有停位装置，能保证停位准确，非常适合于中小型工程。

（3）施工电梯

施工电梯是将吊笼安装在专用导轨架外侧，使其沿齿条轨道升降的人货两用垂直运输机械。可用于高层建筑施工，是高耸建筑物、构筑物施工必不可少的垂直运输设备。施工电梯可附着在建筑墙体或其他结构上，随着建筑物、构筑物施工而接高，其高度可达 100 ~ 200m 以上，可载运货物 1 ~ 2t 或载人 13 ~ 25 人。

第四章 混凝土结构工程

第一节 钢筋工程

一、混凝土工程用钢筋的一般规定

钢筋进场应具有产品合格证、出厂试验报告，每捆（盘）均应有标牌。进场时必须进行验收，合格后方可使用。验收内容包括查对标牌，全数的外观检查及根据进场批次和产品的抽样检验方案抽取试件作力学性能检验。钢筋在加工过程中，发现脆断、焊接性能不良或力学性能显著不正常等现象时，应对该批钢筋进行化学成分检验或其他专项检验。

二、高效钢筋在工程中的应用

高效钢筋有热轧带肋钢筋（新Ⅲ级钢筋）、冷轧带肋钢筋、钢筋焊接网、用于现代预应力混凝土的低松弛高强度钢绞线，另外还有预应力用高强碳素钢丝、冷拔低碳钢丝、热处理钢筋、精轧螺纹钢筋。除此之外，通过技术工艺处理后，适合一般建筑板类或中小型梁类构件中使用的冷轧扭钢筋和双钢筋。

《钢筋混凝土用钢第 2 部分：热轧带肋钢筋》GB 1499.2—2007 标准是在原标准《钢筋混凝土用热轧带肋钢筋》GB 1499—91 基础上，结合我国生产和使用具体条件而修订的，用 HRB400 钢筋代替原 HI 级 RL370 钢筋；取消了原Ⅳ级 RL540 钢筋，增加了 HRB500 钢筋，并局部调整和补充了 HRB335、HRB400 和 HRB500 钢筋的性能要求。其中 HRB400 钢筋被称为热轧带肋新Ⅲ级钢筋，其屈服强度比 HRB335 级钢筋提高了 20% 左右，而价格增加不多。因此，HRB400 已被作为高效钢筋列为重点推广应用技术，并已成为我国钢筋混凝土结构的主导性钢种。

1．HRB400 级钢筋

在 2007 版钢筋混凝土用钢标准中，热轧钢筋分为普通热轧钢筋（HRB）、细晶粒热轧钢筋（HRBF）和 HRBF335、HRBF400、HRBF500 三大类。热轧带肋钢筋的公称直径范围为 6 ~ 50mm，推荐钢筋公称直径为 6、8、10、12、16、20、25、

32、40、50mm。

HRB400 钢筋比传统使用的 HPB235、HRB335 级钢筋的技术性能有明显提高，广泛用于建筑结构工程，有利于保证质量，降低工程成本。

HRB400级钢筋的主要特点有：强度高、安全储备大、经济效益显著、机械性能好、焊接性能好、抗震性能良好、使用范围广、规格齐全。

2．钢筋焊接网

钢筋焊接网是以冷轧带肋钢筋或冷拔光面钢筋为母材，在工厂的专用焊接设备上生产和加工而成的网片或网卷，用于钢筋混凝土结构，以取代传统的人工绑扎。钢筋焊接网被认为是一种新型、高效、优质的混凝土结构用建筑钢材，是建筑钢筋三大分类（光圆钢筋、带肋钢筋和焊接网）之一。

钢筋焊接网这种新型配筋形式，具有提高工程质量、节省钢材、简化施工、缩短工期等特点，特别适用于大面积混凝土工程，有利于提高建筑工业化水平。焊接网的应用不仅是工艺上的转变，而且是钢筋工程施工方式的转变，即由手工化向工厂化、商品化转变。

钢筋焊接网宜采用 CRB550 级冷轧带肋钢筋或 HRB400 级热轧带肋钢筋制作。也可采用 CPB550 级冷拔光圆钢筋制作。一片焊接网宜采用同一类型的钢筋焊成。

钢筋焊接网可按形状、规格分为定型焊接网和定制焊接网两种。

定型焊接网在两个方向上的钢筋间距和直径可以不同，但在同一个方向上的钢筋应具有相同的直径、间距和长度。定制焊接网的形状、尺寸应根据设计和施工要求，由供需双方协商确定。

三、钢筋的连接

钢筋的连接方式有焊接连接、机械连接和绑扎连接。

1．焊接连接

钢筋采用焊接代替绑扎，可节约钢材，改善结构受力性能，提高工效，降低成本。

热轧钢筋的对接连接，应采用闪光对焊、电弧焊、电渣压力焊或气压焊；钢筋骨架和钢筋网片的交叉焊接，宜采用电阻点焊；钢筋与钢板的 T 形连接，宜采用电弧焊或埋弧压力焊。电渣压力焊应用于柱、墙、烟囱等现浇混凝土结构中竖向受力钢筋的连接；不得用于梁、板等结构中水平钢筋的连接。

钢筋的焊接效果与钢材的可焊性和焊接工艺有关。在相同焊接工艺条件下，能获得良好焊接质量的钢材，称为在这种焊接工艺条件下的可焊性好。钢筋的可焊性与其含碳量及合金元素含量有关，含碳量增加，则可焊性降低；含锰量增加，也影响焊接效果；而含适量的钛，可改善焊接性能。当环境温度低于 –5℃，即为钢筋低温焊接，这时应调整钢筋焊接工艺参数，使焊缝和热影响区缓慢冷却。当风力超过4级时，应有挡风措施。当环境温度低于 -20℃时，不得进行焊接。

2．机械连接

钢筋机械连接的方法分类及适用范围见表 4-1。

表 4-1　钢筋机械连接的方法及分类

<table>
<tr><th colspan="2" rowspan="2">机械连接方法</th><th colspan="2">适用范围</th></tr>
<tr><th>钢筋级别</th><th>钢筋直径（mm）</th></tr>
<tr><td colspan="2">钢筋套筒挤压连接</td><td>HRB335，HRB400，RRB400</td><td>16 ~ 40；16 ~ 40</td></tr>
<tr><td colspan="2">钢筋锥螺纹套筒连接</td><td>HRB335，HRB400，RB4OO</td><td>16 ~ 40；16 ~ 40</td></tr>
<tr><td colspan="2">钢筋全效粗直螺纹套筒连接</td><td>HRB335，HRB400</td><td>16 ~ 40</td></tr>
<tr><td rowspan="3">钢筋滚压直螺纹套筒连接</td><td>直接滚压</td><td rowspan="3">HRB335，HRB400</td><td>16 ~ 40</td></tr>
<tr><td>挤肋滚压</td><td>16 ~ 40</td></tr>
<tr><td>剥肋滚压</td><td>16 ~ 50</td></tr>
</table>

钢筋机械连接是通过连接件的机械咬合作用或钢筋端面的承压作用，使两根钢筋能够传递力的连接方法。钢筋机械连接头质量可靠，现场操作简单，施工速度快，无明火作业，不受气候影响，适应性强，而且可用于可焊性较差的钢筋。

在应用钢筋机械连接时，应由技术提供单位提交有效的型式检验报告。钢筋连接工程开始前及施工过程中，应对每批进场钢筋进行接头工艺检验。

常用的机械连接接头有挤压套筒接头、锥螺纹套筒接头和直螺纹套筒接头等。

机械连接接头的现场检验按验收批进行。对于同一施工条件下采用同一批材料的同等级、同形式、同规格的接头，以 500 个为一个检验批，不足 500 个也作为一个检验批。对每一个检验批，必须随机截取 3 个试件做单向拉伸试验，按设计要求的接头性能 A、B、C 等级进行检验和评定。

3．绑扎连接

纵向钢筋的绑扎连接是采用 20 ~ 22 号铁丝（火烧丝）或镀锌铁丝（铅丝），其中 22 号铁丝只用于绑扎直径 12mm 以下的钢筋，将两根满足规定搭接长度要求的纵向钢筋绑扎连接在一起。钢筋绑扎连接时，用铁丝在搭接部分的中心和两端扎牢。绑扎连接也可用于钢筋骨架和钢筋网片交叉点。

4．钢筋连接的要求

纵向受力钢筋的连接方式应符合设计要求，同一根纵向受力钢筋不宜设置两个及两个以上接头。钢筋的接头宜位于受力较小处，而且接头末端至钢筋弯起点的距离不应小于钢筋直径的 10 倍。

当纵向受力钢筋采用焊接接头或机械连接接头时，设置在同一构件内的接头宜相互错开。在长度为 35*d*（*d* 为被连接的纵向受力钢筋中较大的直径）且不小于 500mm 的连接区段内，纵向受力钢筋的接头面积百分率应符合设计要求；如设计无具体要求，应符合下列规定：

在受拉区不宜大于 50%；接头不宜设置在有抗震设防要求的框架梁端、柱端的箍筋加密区；当无法避开时，对等强度高质量机械连接接头，不应大于 50%；直接承受动力荷载的结构构件中，不宜采用焊接接头；当采用机械连接接头时，不应大于 50%。

当纵向受力钢筋采用绑扎搭接接头时，设置在同一构件内相邻纵向受力钢筋的绑扎搭接接头宜相互错开，在长度为 $1.3l_l$（l_l 为搭接长度）连接区段内，纵向受力钢筋的接头面积百分率应符合设计要求；如设计无具体要求，应符合下列规定：

对梁类、板类及墙类构件，不宜大于 25%；对柱类构件，不宜大于 50%；当工程中确有必要增大接头面积百分率时，对梁类构件，不应大于 50%；对其他构件，可根据实际情况放宽。

四、钢筋的加工与骨架安装

钢筋加工的形状、尺寸必须符合设计要求。钢筋表面应洁净、无损伤，油渍、漆污和铁锈等应在使用前清除干净。带有颗粒状或片状老锈的钢筋不得使用。

钢筋的加工包括调直、除锈、剪切、弯曲等工作。钢筋加工的允许偏差应符合表 4–2 的要求。

表 4–2　钢筋加工的允许偏差（mm）

项目	允许偏差
受力钢筋顺长度方向全长的净尺寸	± 10
弯起钢筋的弯折位置	± 20
箍筋内净尺寸	± 5

钢筋绑扎和安装之前，先熟悉施工图纸，核对成品钢筋的级别、直径、形状、尺寸和数量是否与配料单、料牌相符，研究钢筋安装和有关工种的配合顺序，准备绑扎用的铁丝、绑扎工具、绑扎架等。

为了缩短钢筋安装的工期，减少钢筋施工中的高空作业，在运输、起重等条件允许下，钢筋网和钢筋骨架的安装应尽量采用先预制绑扎后安装的方法。

钢筋绑扎程序是：画线→摆筋→穿箍→绑扎→安装垫块等。画线时应注意间距、数量，标明加密箍筋位置。板类摆筋顺序一般先排主筋后排副筋；梁类一般先排纵筋。排放有焊接接头和绑扎接头的钢筋应符合规范规定。有变截面的箍筋，应事先将箍筋排列清楚，然后安装纵向钢筋。

控制混凝土的保护层可用水泥砂浆垫块或塑料卡等。水泥砂浆垫块的厚度应等于保护层厚度。制作垫块时，应在垫块中埋入20号铁丝，以便使用时把垫块绑在钢筋上。常用的塑料卡形状有塑料垫块和塑料环圈两种。塑料垫块用于水平构件（如梁、板），在两个方向均有槽，以便适应两种保护层厚度；塑料环圈用于垂直构件（如柱、墙），在两个方向均有凹槽，以便适应两种保护层厚度。

第二节　模板工程

一、模板系统的组成与基本要求

模板结构由模板和支撑两部分构成。

模板是现浇混凝土结构或构件成型的模型，使硬化后的混凝土具有设计所要求的形状和尺寸；支撑部分的作用是保证模板的形状和位置，并承受模板和新浇筑混凝土的重量以及施工荷载。

尽管模板结构是钢筋混凝土工程施工时所使用的临时结构物，但它对钢筋混凝土工程的施工质量和工程成本影响很大。因此，在钢筋混凝土结构施工中，对模板结构有以下基本要求：

应保证结构和构件各部分形状、尺寸和相互位置正确；具有足够的强度、刚度和稳定性，并能可靠承受新浇筑混凝土的自重荷载、侧压力以及施工过程中的施工荷载；构造简单，装拆方便，便于钢筋的绑扎和安装，有利于混凝土的浇筑及养护，能多次周转使用；模板接缝严密，不得漏浆；对清水混凝土工程及装饰混凝土工程，应能达到设计效果。

模板的种类很多，按材料分为：木模板、钢模板、胶合板模板、钢木模板、塑料模板、铝合金模板等。最常用的是木模板、钢模板等。

按结构的类型分为：基础模板、柱模板、楼板模板、楼梯模板、墙模板、壳模板和烟囱模板等多种。

按施工方法分为：现场装拆式模板、固定式模板和移动式模板。

钢模板的一次投资较大，但周转次数多。特别是组合钢模板，可以拼装成适应各种结构形式的多种尺寸，且构造合理，浇筑成型的混凝土构件表面光滑，棱角整齐，装拆方便，得到广泛使用。

二、定型组合钢模板

组合钢模板由一定模数的平面模板、角模板、支承件和连接件组成，是一种工具式模板。组合钢模板的特点是通用性强，可以组拼成不同形状、不同尺寸的结构模板，施工中装拆方便，既可以现场直接拼装，也可以预拼成大模板、台模等，再用起重机吊运安装。

组合钢模板的部件主要由钢模扳、连接件和支承件三部分组成。

1．钢模板的类型及规格

钢模板主要包括平面模板和转角模板等。

钢模板面板厚度一般为 2.3mm 或 2.5mm，肋板厚度一般为 2.8mm，肋板上设有 U 形卡孔，钢模板采用模数制设计。

平面模板宽度以 100mm 为基础，以 50mm 为模数进级；长度以 450mm 为基础，以 150mm 为模数进级；肋板高 55mm。平面模板利用 U 形卡和 L 形插销等可拼装成大块模板。U 形卡孔两边设凸鼓，以增加 U 形卡的夹紧力。边卡倾角处有 0.3mm 的凸棱，可增强模板的刚度并使拼缝严密。平面模板的规格长度有：450mm、600mm、750mm、900mm、1200mm、1500mm；宽度有：100mm、150mm、200mm、250mm、300mm；高度为 55mm。

转角模板有阴角模板、阳角模板和连接角模板三种，主要用于结构的转角部位。转角模板的长度与平面模板相同，其中阴角模板的宽度有 150mm × 150mm、100mm × 150mm 两种；阳角模板的宽度有 100mm × 1500mm、50mm × 50mm 两种；连接角模板的宽度为 50mm × 50mm。

2．组合钢模板连接配件

组合钢模板的连接件包括：U 形卡、L 形插销、钩头螺栓、对拉螺栓、紧固螺栓和扣件等。

3．组合钢模板的支承件

组合钢模板的支承件包括钢楞、柱箍、梁卡具、钢管架、扣件式钢管脚手架、平面可调桁架等。

钢愣，又称龙骨，主要用于支承钢模板并提高其整体刚度。钢愣的材料有钢管、矩形钢管、内卷边槽钢、槽钢、角钢等。

柱箍用于直接支承和夹紧各类柱模的支承件，有扁钢、角钢、槽钢等形式。

梁卡具，又称梁托架，是一种将大梁、过梁等钢模板夹紧固定的装置，并承受混凝土的侧压力，其种类较多。

钢管架，又称钢支撑，用于大梁、楼板等水平模板的垂直支撑。钢管支柱由内、外两节钢管组成，可以伸缩以调节支柱高度。其规格形式较多，目前常用的有 CFI 型和 YJ 型两种。

扣件式钢管脚手架主要用作层高较大的梁、板等水平模板的支架，由钢管、扣件、底座和调节杆等组成。

钢管一般采用外径为 8mm、壁厚 3.5mm 的焊接钢管，长度有 2000、3000、4000、5000、6000mm 几种。另配 200、400、600、800mm 长的短钢管，供接长调距使用。

扣件是连接固定钢管脚手架的重要部件，按用途的不同，可分为直角扣件、回转扣件和对接扣件等。

底座安装在主杆的下部，起着将荷载传至基础的作用，有可调式和固定式两种。

调节杆用于调节支架的高度，可调高度为 100 ~ 350mm，分螺栓杆和螺管杆两种。

4．模板的构造及安装

（1）基础模板

基础阶梯高度如不符合钢模板宽度的模数时，可加镶木板。上层阶梯外侧模板较长，需用两块钢模板拼接。除用两根 L 形插销外，上下可加扁铁并用 U 形卡连接。上层阶梯内侧模板长度应与阶梯等长，与外侧模板拼接处上下应加 T 形扁钢板连接；下层阶梯钢模板的长度最好与下层阶梯等长，四角用连接角模拼接。杯形基础杯口处应在模板的顶部中间装杯芯模板。基础模板一般在现场拼装。

（2）柱模板

柱模板的构造由四块拼板围成，四角由连接角模连接。每块拼板由若干块钢模板组成，柱的顶部与梁相接处需留出与梁模板连接的缺口，用钢模板组合往往不能满足要求，该接头部分常用木板镶拼。当柱较高时，可根据需要在柱中部设置混凝土浇筑孔，浇筑孔的盖板可用钢模板或木板镶拼。柱模板下端也应留垃圾清理孔。

柱模板安装有现场拼装和场外预拼装后到现场安装两种形式。现场拼装是根据已弹好的柱边线按配板图从下向上逐圈安装，直至柱顶，校正垂直度后即可装设柱箍等支撑杆件，以保证柱模板的稳定。场外预拼装就是在场外设置钢模板拼装平台，可预拼成四片后运到现场就位，用连接角模连成整体，最后安设柱箍。也可在平台上拼装成整体，上好柱箍等加固杆，再运到现场整体安装。

（3）梁、楼板模板

梁模板由底模板及两片侧模组成。底模与两侧模间用连接角模连接，侧模顶部则用阴角模板与楼板相接。梁侧模承受混凝土侧压力，可根据需要在两侧模间设对拉螺栓或设卡具。整个梁模板用支柱（或钢管架）支承。

梁模板一般在拼装平台上按配板图拼成三片，用钢愣加固后运到现场安装。安装底模前，应先立好支柱（或钢管架），调整好支柱顶标高，并以水平及斜向拉杆加固，然后将梁底模板安装在支柱顶上，最后安装梁侧模板。

梁模板也可在拼装平台上将三片钢模板用钢愣、对拉螺栓等加固后，运到现场整体吊装就位。楼板模板由平面钢模拼装而成，用支柱（或钢管架）支承。为减少支柱用量，扩大板下施工空间，可用平面可调桁架支承。楼板模板的安装可以散拼，也可以整体安装。其周边用阴角模板与梁或墙模板相连接。

（4）墙模板

墙模板由两片模板组成，每片模板由若干块平面模板拼成。这些平面模板可以横拼或竖拼，外面用竖、横钢愣加固，并用斜撑保持稳定，用对拉螺栓保持两片模板之间的距离（墙厚）并承受浇筑时混凝土的侧压力。

墙模板可以散拼，即按配板图由一端向另一端，由下向上逐层拼装。也可以在拼装平台上预拼成整片后安装。墙的钢筋可以在模板安装前绑扎，也可以在安装好一边的模板后再绑扎钢筋，最后安装另一边的模板。

（5）楼梯模板

安装时，在楼梯间的墙上按设计标高画出楼梯段、楼梯踏步及平台板、平台梁的位置。先立平台梁、平台板的模板，然后在楼梯基础侧板上钉托木，楼梯模板的斜愣钉在基础梁和平台梁侧板外的托木上。在斜愣上面铺钉楼梯底模，下面设杠木和斜向顶撑，用拉杆拉结。再沿楼梯边立外帮板，用外帮板上的横挡木、斜撑和固定夹木将外帮板钉固在杠木上。再在靠墙的一面把反三角板立起，反三角板的两端可钉于平台梁和梯基的侧板上，然后在反三角板与外帮板之间逐块钉上踏步侧板，踏步侧板一头钉在外帮板的木档上，另一头订在反三角板上的三角木块（或小木条）侧面上。如果梯段较宽，应在梯段中间再加反三角板，以免发生踏步侧板凸肚现象。为了确保梯板符合要求的厚度，在踏步侧板下面可以垫若干小木块，在浇筑混凝土时随时取出。

三、组合钢模板配板设计

为了保证模板架设工程质量，做好组合钢模板施工准备工作，在施工前应进行配板设计，并画出模板配板图，以指导安装。

（1）绘制模板放线图。模板放线图就是每层模板安装完毕后的平面图，图中根据施工时模板放线的需要，将有关施工图中对模板施工有用的尺寸综合起来，统一绘制，对比较复杂的结构，如现浇楼梯，尚需画出剖面图。

（2）根据模板放线图画出各构件的模板展开图。展开图的画法，一般是从结构平面图的左下角开始，以逆时针方向将构件模板面展开，以箭头表示展开方向。

（3）绘制模板配板图。根据已画出的模板展开图，选用最适当的钢模板进行布置。

配板的原则是：在选择钢模板规格及配板时，尽量选用大尺寸的钢模板，以减少安装及拆除模板的工作量；配板时，宜尽量横排，也可以纵排。端头拼接时，可采用错缝拼接，也可以齐缝拼接；构造比较复杂的构件接头部位或无适当的钢模板可配置时，宜用木板镶拼，但数量应尽量减少；使用U形卡拼接的钢模板，连接孔需对齐；配板图上应注明预埋件、预留孔、对拉螺栓位置。

（4）根据配板图进行支承件的布置。首先根据结构形式、跨度、支模高度、荷载及施工条件等确定支模方案，然后可根据模板配板图进行支承件的布置，如柱箍的间距、对拉螺栓布置、钢愣间距、支柱或支承桁架的布置等；列出模板和配件的规格、数量清单。

四、模板的拆除

1. 拆除模板时的混凝土强度

现浇结构的模板及其支架拆除时的混凝土强度应符合设计要求，当设计无具体要求时，应满足下列要求：在混凝土强度能保证其表面及棱角不因拆除模板而受损坏后，侧模方可拆除；在混凝土强度符合表4–3规定后，底模方可拆除。

表4–3　底模拆除时所需混凝土强度

结构类型	结构跨度（m）	按设计的混凝土立方体抗压强度标准值的百分率计（%）
板	≤ 2	≥ 50
	>2，≤ 8	≥ 75
	>8	≥ 100
梁、拱、壳	≤ 8	≥ 75
	>8	≥ 100
悬臂构件		≥ 100

已拆除模板及其支架的结构，在混凝土强度符合设计的混凝土强度等级的要求后，方可承受全部使用荷载；当施工荷载所产生的效应比使用荷载的效应更为不利时，必须经过核算，加设临时支撑。

2．模板拆除的顺序和方法

模板的拆除顺序一般是先拆非承重模板，后拆承重模板；先拆侧模板，后拆底模板。

框架结构模板的拆除顺序一般是柱→楼板→梁侧板→梁底板。

拆除大型结构的模板时，必须事前制定详细方案。

五、模板早拆体系

模板早拆体系适用于框架结构、剪力墙结构住宅及公用建筑结构的梁、板结构等厚度不小于 100mm 且混凝土强度等级不低于 C20 的现浇水平结构构件施工。

钢筋混凝土水平结构构件拆模时对混凝土强度的要求与其跨度大小有直接关系，用早拆装置，保留部分模架，人为将结构跨度减小，从而实现小跨度条件下混凝土强度达到一定数值时实现早期拆模的目的。

模板早拆体系利用结构混凝土早期形成的强度、早拆装置及支架格构的布置，在缩小了的结构跨度内，实施两次拆除，第一次拆除部分模架，形成单向板或双向板支撑布局，所保留的模架待混凝土构件达到《混凝土结构工程施工质量验收规范》GB50204—2002（2011 年版）拆模条件时再拆除。

对模板早拆体系用的模板要符合以下基本要求：①模板块要规整，拼缝小，面板要平整光洁，施工质量能达到清水混凝土质量要求；②模板的刚度大，周转使用的次数多，一般应能重复使用 80 ～ 100 次以上；③模板自重要轻，为便于安装与拆卸，自重不应大于 27kg/m^2，单块自重不宜大于 30kg。

1．模板早拆体系的安装与拆除

（1）模板早拆体系的安装

施工前要认真熟悉施工方案，进行技术交底，培训作业人员。严格按照方案要求进行支模，严禁随意支搭。

模板安装前，立杆位置要准确，立杆、横杆形成的支撑格构要方正，构配件连接牢固。支撑格构体系必须设置双向扫地杆。

安装现浇水平结构的上层模板及其支架时，常温施工下应保留不少于两层支撑，特殊情况可经计算确定。上、下层支架的立杆应对准，并铺设垫板。垫板平整，无翘曲，保证荷载有效通过立柱进行传递。早拆装置处于工作状态时，立杆须处于垂直受力状态。

调节丝杠插入立杆孔内的安全长度要符合施工方案的最小要求，不能任意上调。铺设模板前，利用早拆装置的调节丝杠将主次楞及早拆柱头板调整到指定标高，避免虚支，保证拆模后支撑处的顶板平整。模板铺设按施工方案执行，位置应准确，确保模板能够实现早拆。框架结构的早拆支撑架构体系和框架柱进行可靠连接。结构梁底支架应形成能提前拆除梁侧模的结构支架，梁下支架应符合支模方案的要求。

模板早拆体系安装的允许偏差应符合表 4-4 的规定。

表 4-4 模板早拆体系安装的允许偏差表

序号	项目	允许偏差	检验方法
1	支撑立柱垂直度允许偏差	≤层高的 1/300	吊线、钢尺检查
2	上下层支撑立杆偏移量允许偏差	≤ 30mm	钢尺检查
3	早拆柱头板与次愣间高差	≤ 2mm	水平尺和塞尺检查

（2）早拆模板二次顶撑工艺

在多层工程连续施工中，比如在住宅工程施工时，由于单层的建筑面积较小，施工周期较快，要连续搭设多层垂直支撑，这样最下面的支撑所承受上面传下来的荷载较大，存有安全隐患。为减少连续多层架设垂直支撑时最下面 1 ~ 2 层垂直支撑所承受的荷载，通常在支撑的原位暂时将支撑顶部与楼板脱开，使钢筋及早发挥作用并承受楼板自重，然后再将支撑顶部与楼板顶紧。这种做法称为二次顶撑工艺，它不同于以往将支撑全部拆除后再搭设支撑的二次支撑方法。

早拆模板施工的二次顶撑工艺，一般是在一个大循环作业最后完成的那一层实施二次顶撑作业。实施时，利用早拆托座的多种功能，在不扰动原有垂直支撑的情况下安全操作，其工艺流程是：

调节（松动）早拆托座的螺母，使顶板离开楼板 10 ~ 20mm →停留一段时间（10 ~ 20min）→调节（拧紧）早拆托座的螺母使顶板顶紧楼板→待楼板混凝土强度达到规范要求后再拆除支撑。

二次顶撑操作一般应分为小区段顺次进行，区段要适中不宜太大，操作时，要使用力矩扳手，确保螺母的拧紧程度一致。上下层立柱应对齐，并在同一个轴线上。

（3）模板早拆体系的拆除

混凝土试块的留置，除按《混凝土结构工程施工质量验收规范》GB 50204—2002（2011 年版）规定要求留置外，尚应增设不少于 1 组与混凝土同条件养护的试块，以检验第一次拆模时的混凝土强度。

现浇钢筋混凝土楼板第一次拆模强度由同条件养护试块抗压强度确定，当试块强度不低于 l0MPa 时才可以拆模，且常温施工阶段现浇钢筋混凝土楼板第一次拆模时间不得早于混凝土初凝后 3d。

上层竖向构件模板拆除运走后，在施层无过量堆积荷载方可进行下层模板拆除。

支撑结构在模板早拆前应形成空间稳定结构。在第一次拆模前，不应受到拆除拉杆一类的扰动，更不能使结构先期承担部分自身荷载。模板第一次拆除过程中，严禁扰动保留部分模架及构配件的支撑原状，严禁拆掉再回顶的操作方式。

模板拆除时，用锤子敲击早拆柱头上的支承板，则模板和模板梁将随同方形管下落 115mm，模板和模板梁便可卸下来，保留立柱支撑梁板结构，当混凝土强度达到施工方案要求后，调低可调支座，解开碗扣接头，即可拆除立柱和柱头。采用早拆模板体系可加快模板与支撑的周转，节省模板和支撑，具有良好的经济效益。

2. 模板早拆体系的质量要求

对于模板早拆体系的质量要求，除遵照《混凝土结构工程施工质量验收规范》GB50204—2002（2011 年版）外，尚应做到：

支撑系统和模板的架设、安装及拆除，要按照规定的工艺流程、操作要点与注意事项，结合具体情况组织实施；在小跨度范围内实施早期拆模，应当在与楼板混凝土同条件养护的试块强度大于等于 50% 设计强度时方可进行；垂立支撑（立杆）的拆除应根据规范规定的拆模强度进行；如果在柱头顶板或模板支承梁上面安装胶合板条与板带时，一定要安装平实，在浇灌混凝土之前应进行逐一检查验收，使混凝土在浇筑后均匀受力，防止板条部位在浇灌混凝土后产生下陷等情况；进行早期拆除模板时，要按早拆模板施工方案中规定的拆模顺序进行，严禁先拆除后顶撑的做法；支上层立柱时，要与下层立柱对中对正。上层顶板施工中吊装材料要轻放，避免集中超载，防止过大冲击造成楼板出现裂缝。

六、大模板与台模、隧道模

1. 大模板

大模板（即大面积模板、大块模板）技术是建造高层建筑的重要手段，其特点是采用工具式大型模板，以工业化方法，在施工现场按照设计位置浇筑混凝土承重墙体。大模板区别于其他模板的主要标志是：高度相当于楼层的净高；宽度根据建筑平面、模板类型和起重能力而定，一般相当于房间的净宽。

对大模板体系的基本要求是：具有足够的强度和刚度，周转次数多，维护费用少；板面光滑平整，每平方米板面重量较轻，每块模板的重量不得超过起重机能力；支模、拆模、运输、堆放能做到安装方便；尺寸构造尽可能做到标准化、通用化；一次投资较省，摊销费用较少。

大模板通常由面板、骨架、支撑系统和附件组成。

目前采用大模板施工的工程主要有三种结构类型：第一种是全现浇结构，即内外墙全部用大模板现浇混凝土，而楼板、隔墙板、阳台等均预制吊装；第二种是内浇外挂结构，即纵、横内墙采用大模板现浇混凝土，外墙则采用装配式预制墙板；第三种是内浇外砌结构，即纵、横内墙采用大模板现浇混凝土，外墙则采用砖砌体。

2. 台模

台模又称飞模、桌模，是现浇钢筋混凝土楼板的一种大型工具式模板。一般是一个房间一块台模，在施工中可以整体脱模和转运，利用起重机从浇筑完的楼板下吊出，转移至上一楼层。台模适用于各种结构的现浇混凝土楼板的施工，单座台模面板的面积从 2 ~ 6m^2 直到 60m^2 以上。台模的优点是整体性好，混凝土表面容易平整，施工进度快。

台模由台面、支架、支腿与调节装置、走道板、安全栏杆及配合套附件等组成。台面可用木板、胶合板或钢板制成；台模的支架有立柱式、桁架式、悬架式等，要求有良好的整体性。支承支架的支腿上要有螺旋或液压调节装置，以便调节台模的高度，满足支模及拆模的需要。支腿应能折起，使支架上的附着滚轮落地，以使台模能沿楼地面滚动。

3. 隧道模

隧道模是用于同时整体浇筑墙体和楼板的大型工具式模板，相当于将台模和大模板组合起来，能将各开间沿水平方向逐段逐间整体浇筑。故施工的建筑物整体性好，施工速度快，但模板的一次投资大，模板的起吊和转运需要较大的起重设备。隧道模有全隧道模（整体式隧道模）和双拼式隧道模两种。整体式隧道模自重大，推移时多需铺设轨道，目前已较少应用；双拼式隧道模应用较广泛，特别在内浇外挂和内浇外砌的多、高层建筑中应用较多。

双拼式隧道模由两个半隧道模对拼而成。两个半隧道模的宽度可以不同，再增加一块插板，即可组合成各种开间需要的宽度。半隧道模的竖向墙模板和水平楼板模板之间用斜撑连接。在半隧道模下部设置行走装置，在模板长度方向，沿墙模板设两个行走轮，在模板宽度方向设一个行走轮。在墙模板的两个行走轮附近设置两个千斤顶，模板就位后，这两个千斤顶将模板顶起，使行走轮离开楼板，施工荷载全部由千斤顶承担。脱模时，松动两个千斤顶，半隧道模在自重作用下，下降脱模，行走轮落到楼板上。

七、滑升模板

滑升模板（又称滑动模板）施工是现浇混凝土工程中机械化施工程度较高的工艺。采用滑升模板工艺施工时，按照建筑物的平面布置，从地面开始沿墙、柱、梁等构件的周边，一次装设高为 1.2m 左右的模板，随着在模板内不断浇筑混凝土和绑扎钢筋，利用提升设备将模板不断向上提升。由于出模的混凝土自身强度能承受本身的重量和上部新浇混凝土的重量，所以能保持其已获得的形状而不会塌落和变形。这样，随着滑升模板的不断上升，在模板内分层浇筑混凝土，连续成型，逐步完成建筑物构件的混凝土浇筑。

滑升模板施工从 20 世纪初创始以来，主要用于筒壁构筑物（烟囱、水塔等）施工。随着技术的进步，这项工艺应用的范围也不断扩大。滑升结构物的类型，已从构筑物发展到高层和超高层建筑物；滑升结构的截面形式，也由等截面发展到变截面，又由变截面发展到变坡变径。滑升模板系统主要由模板系统、操作平台系统和提升系统三大部分组成。

八、模板结构的设计

在土木工程施工过程中，常用的木拼板模板和定型组合钢模板，在其经验适用范围内一般不需进行设计验算。对重要结构的模板、特殊形式的模板或超出经验适用范围的一般模板，应进行设计或验算，以确保工程质量和施工安全，防止浪费。

模板结构的设计包括模板结构形式以及模板材料的选择、模板及支撑系统各部件规格尺寸的确定以及节点设计等。模板系统是一种特殊的工程结构，模板及其支撑应根据工程结构形式、荷载大小、地基土类别、施工设备和材料供应等条件进行设计。

1．荷载计算

（1）新浇筑混凝土自重标准值。普通混凝土为 24kN/m^2，其他混凝土根据实际重力密度确定。

（2）钢筋的自重标准值。根据工程图纸确定，一般楼板中钢筋用量为 1.1kN/m^2，梁为 1.5kN/m^2。

（3）施工人员及施工设备荷载标准值。计算模板及直接支承模板的小楞时，均布活荷载为 2.5kN/m^2，另应以集中荷载 2.5kN 再行验算，比较两者所得的弯矩值，取其大者；计算直接支承小楞的构件时，均布活荷载为 1.5kN/m^2。

计算支架柱及其他支承结构构件时，均布活荷载为 1.0kN/m^2。对大型浇筑设计（如上料平台、混凝土泵等）按实际情况计算。混凝土堆集料高度超过 100mm 以上时，按实际高度计算。模板单块宽度小于 150mm 时，集中荷载是分布在相邻的两块板上。

（4）振捣混凝土时产生的荷载标准值。水平面模板为 2.0kN/m^2；垂直面板（作用范围在新浇筑混凝土侧压力的有效压头高度之内）为 4.0kN/m^2。

（5）新浇筑混凝土对模板侧压力的标准值。混凝土浇筑速度愈快，则侧压力愈大；混凝土温度增高，凝结速度快，则侧压力变小；混凝土密度与坍落度愈大，侧压力也愈大；掺有缓凝作用的外加剂，会使侧压力增大；机械捣实比手工捣实所产生的侧压力要大。

（6）倾倒混凝土时对垂直面模板产生的水平荷载标准值按表 4–5 采用。

表 4–5 倾倒混凝土时产生的水平荷载标准值（kN/m^2）

项次	向模板内供料方法	水平荷载
1	用溜槽、串筒或导管	2.0
2	用容量小于 $0.2m^3$ 的运输器具倾倒	2.0
3	用容量 0.2 ~ $0.8m^3$ 的运输器具倾倒	4.0
4	用容量大于 $0.8m^3$ 的运输器具倾倒	6.0

上述各项荷载应根据不同的结构构件，按表 4–6 规定进行荷载组合。

表 4–6 计算模板及其支架时的荷载组合

项次	计算模板结构的类型	荷载组合	
		计算承载能力	验算刚度
1	平板及薄壳的模板和支架	（1）+（2）+（3）+（4）	（1）+（2）+（3）
2	梁和拱模板的底板和支架	（1）+（2）+（3）+（5）	（1）+（2）+（3）
3	梁、拱、柱（边长≤ 300mm）、墙（厚 <100mm）的侧面模板	（5）+（6）	（6）
4	厚大结构、柱（边长 >300mm）、墙（厚 >100mm）的侧面模板	（6）+（7）	（6）

计算模板及其支撑时的荷载设计值，应采用荷载标准值乘以相应的荷载分项系数求得，荷载分项系数应按表 4–7 采用。

表 4–7 荷载分项系数

项次	荷载类别	γ_1
1、2、3、6	模板及支撑自重、新浇筑混凝土自重、钢筋自重、新浇筑混凝土对模板侧面的压力	1.2
1、5、7	施工人员及施工设备荷载、振捣混凝土时产生的荷载、倾倒混凝土时产生的荷载	1.4

2. 模板结构设计有关技术规定

计算模板和支架的强度时，考虑到模板是一种临时性结构，可根据相应结构设计规范中规定的安全等级为第三级的结构构件来考虑。计算钢模板、木模板及支架时，都应遵守相应结构的设计规范。

计算模板刚度时，允许的变形值为：结构表面外露的模板，为模板构件计算跨度的 1/400；结构表面隐蔽的模板，为模板构件计算跨度的 1/250；模板支架的压缩变形值或弹性挠度，为相应的结构计算跨度的 1/1000。为防止模板及其支架在风荷载作用下倾覆，应从构造上采取有效的防倾覆措施。

第三节　混凝土工程

一、混凝土的配料与制备

1. 混凝土施工配合比

混凝土的制备就是根据设计计算的混凝土配合比，把水泥、砂、石和水等混凝土组分通过搅拌的手段混合，获得均质的混凝土。

在施工中，为了确保拌制混凝土的质量，必须及时进行施工配合比的换算。施工现场的砂、石含水率随季节、气候不断变化。如果不考虑现场砂、石含水率而按实验室配合比投料，其结果是改变了实际砂、石用量和用水量，造成各种原材料用量间的比例不符合原来配合比的要求。为保证混凝土工程的质量，保证按配合比投料，施工时要按砂、石实际含水率对实验室配合比进行修正。调整以后的配合比称为施工配合比：

设原实验室配合比为水泥：砂:石子 $=\iota:x:y$，水灰比为 $\frac{W}{C}$。

现场测得砂含水率为 w_x，石子含水率为 w_y。

则施工配合比为水泥：砂:石子 $=\iota:x(1+w_x):y(1+W_y)$。

2. 混凝土搅拌机

选择搅拌机时要根据工程量大小、混凝土的坍落度、骨料尺寸等而定。既要满足技术上的要求，又要考虑经济效果及节约能源。搅拌机的主要工艺参数为工作容量。工作容量可以用进料容量或出料容量表示。

进料容量又称为干料容量，是指该型号搅拌机可装入的各种材料体积之总和。搅拌机每次搅拌出混凝土的体积，称为出料容量。出料容量与进料容量之比称为出料系数。即

$$出料系数=\frac{出料容量}{进料容量}$$

3．搅拌制度

（1）搅拌时间

从原材料全部投入搅拌筒时起到开始卸出时止所经历的时间称为搅拌时间。为获得混合均匀、强度和工作性能都能满足要求的混凝土，所需的最短搅拌时间称最小搅拌时间。一般情况下，混凝土的匀质性是随着搅拌时间的延长而增加的，因而混凝土的强度也随着提高。但搅拌时间超过某一限度后，混凝土的匀质性便无显著的改进了，混凝土的强度也增加很少。故搅拌时间过长，不但会影响搅拌机的生产率，而且对混凝土强度的提高也无益处。甚至由于水分的蒸发和较软弱骨料颗粒经长时间的研磨破碎变细，还会引起混凝土工作性能的降低，影响混凝土的质量。混凝土搅拌的最短时间与搅拌机的类型和容量等因素有关，应符合相关的规定。该最短时间是按一股常用搅拌机的回转速度确定的，不允许用超过混凝土搅拌机说明书规定的回转速度进行搅拌以缩短搅拌延续时间。原因是当自落式搅拌机搅拌筒的转速达到某一极限时，筒内物料所受的离心力等于其重力，物料就粘在筒壁上不会落下而不能产生搅拌作用。

（2）投料顺序

按照原材料加入搅拌筒内投料顺序的不同，常用的有一次投料法和二次投料法等。

一次投料法是将砂、石、水泥装入料斗，一次投入搅拌机内，同时加水进行搅拌。为了减少水泥的飞扬和粘罐现象，对自落式搅拌机，常采用的投料顺序是：先倒砂子（或石子），再倒水泥，然后倒人石子（或砂子），将水泥夹在砂、石之间，最后加水搅拌。

二次投料法又分为预拌水泥砂浆法和预拌水泥净浆法。预拌水泥砂浆法是先将水泥、砂和水加入搅拌筒内进行搅拌，成为均匀的水泥砂浆后，再加入石子搅拌成均匀的混凝土，预拌水泥净浆法是先将水泥和水充分搅拌成均匀的水泥净浆后，再加入砂和石子搅拌成混凝土。试验表明，二次投料法的混凝土与一次投料法相比，混凝土强度可提高约 15%。在强度相同的情况下，要节约水泥约 15% ~ 20%。

二、混凝土的运输

1．对混凝土运输的要求

混凝土由拌制地点运往浇筑地点有多种运输方法。选用时应根据建筑物的结构特点，混凝土的总运输量与每日所需的运输量，水平及垂直运输的距离，现有设备的情况以及气候、地形与道路条件等因素综合考虑。不论采用何种运输方式，都应满足下列要求：

（1）在运输过程中应保持混凝土的均匀性，避免产生分离、泌水、砂浆流失、流动性减小等现象。混凝土运至浇筑地点，应符合浇筑时规定的坍落度（表4–8）。当有离析现象时，必须在浇筑前进行二次搅拌。

表 4–8　混凝土浇筑时的坍落度（mm）

结构种类	坍落度
基础或地面等的垫层、无配筋的大体积结构（挡土墙、基础等）或配筋稀疏的结构	10 ~ 30
板、梁和大型及中型截面等	30 ~ 50
配筋密集的结构（薄壁、斗仓、筒仓、细柱等）	50 ~ 70
配筋特密结构	70 ~ 90

（2）混凝土应以最少的转载次数和最短的时间，从搅拌地点运至浇筑地点，使混凝土在初凝前浇筑完毕；混凝土的运输应保证混凝土的灌筑量。对于采用滑升模板施工的工程和不允许留施工缝的大体积混凝土的浇筑，混凝土的运输必须保证其浇筑工作能连续进行。

2. 混凝土的运输方法

混凝土运输分为地面运输、垂直运输和楼面运输三种情况。

混凝土地面运输如果采用预拌（商品）混凝土，运输距离较远时，多采用自卸汽车或混凝土搅拌运输车。混凝土如来自工地搅拌站，则多用载重1t的小型机动翻斗车，近距离亦用双轮手推车，有时也用皮带运输机。

混凝土垂直运输多采用塔式起重机、混凝土泵、快速提升斗和井架等。用塔式起重机时，混凝土多放在吊斗中，这样可直接浇筑。

混凝土楼面运输一般以双轮手推车为主，也可用小型机动翻斗车。如用混凝土泵，则用布料杆布料。

常用的双轮手推车容积为0.07 ~ 0.1m^3，载重约200kg。当用于楼面水平运输时，由于已立好模板，扎好钢筋，因此需铺设手推车行走的跳板。跳板应用木制或钢制马凳架空，以免压弯钢筋，跳板的布置应与混凝土浇筑的方向相配合，应使小车尽可能达到楼面各点，一面浇筑，一面拆除，直到整个楼面混凝土浇完为止。

混凝土搅拌运输车是长距离运输混凝土的工具。混凝土搅拌运输车是在载重汽车或专用运输底盘上安装混凝土搅拌筒的组合机械，兼有运送和搅拌混凝土的双重功能，可以在运送混凝土的同时对其进行搅拌或扰动，从而保证了所运送混凝土的均匀性，并可适当地延长运距（或运输时间）。在运输过程中慢速转动进行拌合。运至浇筑地点后，搅拌筒反转即可卸出混凝土。

干料运输和半干料运输主要应用于运输距离长、浇筑作业面分散的工程，以免由于运输时间过长而对混凝土质量产生不利的影响。

塔式起重机既能完成混凝土的垂直运输，又能完成一定的水平运输，在其工作幅度内，能直接将混凝土从装料地点吊升到浇筑地点送入模板内，中间不转运，在现浇混凝土工程施工中应用广泛。用塔式起重机运输混凝土时，应配以混凝土浇灌料斗联合使用。浇灌料斗的形式多样，按其形状分，有圆形、圆弧形和方形；按装料时的工作方式分，有立式和卧式。确定料斗容量大小时，应考虑到机动翻斗车或混凝土搅拌运输车的容量、混凝土的浇筑速度等因素，结合目前施工现场常用混凝土搅拌机的容量和塔式起重机的起重能力（最大幅度时的起重量）等，常配有容量为 0.4、0.8、1.2、1.6m^3 四种料斗。要求斗门的开关必须灵活方便，斗门敞开的大小可自由调节，以便控制混凝土的出料数量。

采用井架作垂直运输时，常把混凝土装在双轮手推车内推送到井架升降平台上（每次可装 2 ~ 4 台手推车，提升到楼层上，再将手推车沿铺在楼面上的跳板推到浇筑地点。

3. 混凝土泵运输

混凝土泵是在压力推动下沿管道输送混凝土的一种设备。它能一次连续完成混凝土的水平运输和垂直运输，配以布料杆还可以进行混凝土的浇筑。它具有工效高、劳动强度低、施工现场文明等特点，是发展较快的一种混凝土运输方法。

（1）泵送混凝土的主要设备

混凝土泵按其机动性，可分为固定式泵、装有行走轮胎可牵引转移的混凝土泵（拖式混凝土泵）和装在载重汽车底盘上的汽车式混凝土泵。目前一般采用液压柱塞式混凝土泵。

混凝土输送管是混凝土泵送设备的重要组成部分。管道配置与敷设是否合理，直接影响到泵送效率，有时甚至影响泵送作业的顺利完成。泵送混凝土的输送管道由耐磨锰钢无缝钢管制成，包括直管、弯管、接头管及锥形管（过渡管）等各种管件，有时在输送管末端配有软管，以利于混凝土浇筑和布料。

混凝土布料杆是完成输送、布料、摊铺混凝土入模的最佳机具，它具有能使劳动消耗量减少、生产效率提高、劳动强度降低和浇筑施工速度加快等特点。

混凝土布料杆可分为汽车式布料杆（混凝土泵车布料杆）和独立式布料杆两种。

1）汽车式布料杆是把混凝土泵和布料杆都装在一台汽车的底盘上，工作特点是转移灵活，工作时不需另铺管道。

2）独立式布料杆种类较多，大致分为移置式布料杆、管柱式布料杆或塔架式布料杆以及附装在塔吊上的布料杆。目前在高层建筑施工中应用较多的是移置式布料杆，其次是管柱式布料杆。

移置式布料杆是一种两节式布料杆，由底架支腿、转台、平衡臂、平衡重、臂架、水平管、变管等组成。

管柱式布料杆是由多节钢管组成的立柱、三节式臂架、泵管、转台、回转机构、操作平台、爬梯、底座等构成。

（2）混凝土泵送设备和管道的布置

混凝土泵的布置场地应平整坚实，道路通畅，供料方便，其位置应靠近浇筑地点，方便布管，接近排水设施。保证供水、供电方便。在混凝土泵的作业范围内不得有高压线等障碍物。

混凝土输送管应根据工程和施工场地特点、混凝土浇筑方案进行布置。管线长度宜短，少用弯管和软管，以减少压力损失。输送管的铺设应保证安全施工，便于清洗管道、排除故障和装拆维修。在同一条管线中，应采用相同管径的混凝土输送管。

在垂直向上配管时，为防止管中混凝土在重力作用下产生反流现象，应在混凝土泵和垂直管之间设置一段地面水平管，其长度不小于垂直管长度的1/4，且不宜小于15m，或遵守产品说明书的规定。在泵机Y形管出料口3 ~ 6m处的输送管根部尚应设置截止阀。

向地下泵送混凝土时，混凝土在重力作用下向下移动，容易产生离析，堵塞管道。所以，泵送施工地下结构物时，地上水平管轴线应与Y形管出料口轴线垂直。在倾斜向下配管时，应在斜管上端设排气阀，当高差大于20m时，应在斜管下端设5倍高差长度的水平管；如条件限制，可增加弯管或环形管，满足5倍高差长度的要求。

（3）泵送混凝土对原材料及配合比的要求

混凝土能否在输送管内顺利流通，是泵送工作能否顺利进行的关键，故混凝土必须具有良好的被输送性能。混凝土在输送管道中的流动能力称为可泵性。可泵性好的混凝土与管壁的摩擦阻力小，在泵送过程中不会产生离析现象，混凝土的性能不会发生改变。为使混凝土拌合物能在泵送过程中不产生离析和堵塞，具有足够的匀质性和胶结能力，具有良好的可泵性，在选择泵送混凝土的原材料和配合比时，应尽量满足下列要求：

1）粗骨料的选择：当水灰比一定时，宜优先选用卵石。所选用粗骨料的最大粒径与输送管内径 d_{max} 之间应符合以下要求：

对于碎石宜为：$D \geqslant 3d_{max}$

对于卵石宜为：$D \geqslant 2.5 \geqslant d_{max}$

如用轻骨料，则用吸水率小者为宜，并用水预湿，以免在压力作用下强烈吸水，使坍落度降低，而在管道中形成堵塞。

2）砂宜用中砂。通过 0.315mm 筛孔的砂应不小于 15%。砂率宜控制在 40% ~ 50%。如粗骨料为轻骨料时，还可适当提高。

3）水泥用量不宜过少，否则混凝土容易产生离析。最少水泥用量视输送管径和泵送距离而定，一般混凝土中的水泥用量不宜少于 300kg/m^3；混凝土坍落度是影响混凝土与输送管壁间摩阻力大小的主要因素，较低的坍落度不但会增大输送阻力，造成混凝土泵送困难，而且混凝土不容易被吸入泵内，影响泵送效率；过大的坍落度在输送过程中容易造成离析，同时影响浇筑后混凝土的质量。泵送混凝土适宜的坍落度为 8 ~ 18cm，泵送高度大时还可以加大。

4）水灰比的大小对混凝土的流动阻力有较大的影响，泵送混凝土的水灰比宜为 0.5 ~ 0.6；在混凝土中掺外加剂，可以显著提高混凝土的流动性，减少输送阻力，防止混凝土离析，延缓混凝土凝结时间。适于泵送混凝土使用的外加剂有减水剂和加气剂。

4．泵送混凝土施工

（1）在编制施工组织设计和绘制施工总平面图时，应妥善选定混凝土泵或布料杆的合适位置。当与混凝土搅拌运输车配套使用时，要使混凝土搅拌运输车便于进出施工现场，便于就位向混凝土泵喂料，能满足铺设混凝土输送管道的各项具体要求，在整个施工过程中，尽可能减少迁移次数。混凝土泵机的基础应坚实可靠，无坍塌，不得有不均匀沉降，就位后应固定牢靠。

（2）混凝土泵的输送能力应满足施工速度的要求。混凝土的供应必须保证输送混凝土的泵能连续工作，故混凝土搅拌站的供应能力至少应比混凝土泵的工作能力高约 20%。

（3）输送管道的布置原则是尽量使输送距离最短，故输送管线宜直，转弯宜缓，接头应严密。如管道向下倾斜，应防止混入空气，产生阻塞。由于拆管工作简便迅速，故水平输送混凝土时，应尽量先输送最远处的混凝土，使管道随着混凝土浇筑工作的逐步完成而由长变短。垂直输送混凝土时，应先令一段水平管输送后才可向上输送。在垂直管道的底部，应设置混凝土止推座，避免混凝土泵的冲击力传递到管道上。另外，底部还需装设一个截止阀，防止停泵时混凝土倒流。

（4）泵送混凝土前，应先泵送清水清洗管道，再按规定程序试泵，待运转正常后再交付使用。启动泵机的程序是：启动料斗搅拌叶片→将润滑浆（水泥浆）注入料斗→打开截止阀→开动混凝土泵→将润滑浆泵入输送管道→往料斗内装入混凝土并进行泵送。每次泵送完毕时，必须认真做好机械清洗和管道冲洗工作。

（5）在泵送作业过程中，要经常注意检查料斗的充盈情况，不允许出现泵空的现象，以免空气进入泵内，防止活塞出现干磨现象。要注意检查水箱中的水位，检查液压系统的密封性，拧紧有泄露的接头。发现有骨料卡住料斗中的搅拌器或有堵塞现象时（泵机停止工作），液压系统压力达到安全极限即进行短时间的反泵。若反泵不能消除堵塞时，应立即停泵，查找堵塞部位并加以排除。

三、混凝土的浇筑与捣实

混凝土的浇筑工作包括布料摊平、捣实、抹平修整等工序。浇筑工作的好坏对于混凝土的密实性与耐久性，结构的整体性及构件外形的正确性，都有决定性的影响，因此是混凝土工程施工中保证工程质量的关键性工作。

1．混凝土浇筑的一般规定

混凝土浇筑前，应检查模板的标高、位置、尺寸、强度和刚度是否符合要求，接缝是否严密；检查钢筋和预埋件的位置、数量和保护层厚度等，并将检查结果填入隐蔽工程记录表中；清除模板内的杂物和钢筋上的油污；木模板的缝隙和孔洞应予堵严，对木模板应浇水湿润，但不得有积水。

作地基或基土上浇筑混凝土时，应清除淤泥和杂物，并应有排水和防水措施。对干燥的非黏性土，应用水湿润；对未风化的岩石，应用水清洗，但其表面不得留有积水。

在降雨雪时，不宜露天浇筑混凝土。当需浇筑时，应采取有效措施，确保混凝土质量。混凝土的浇筑，应由低处往高处分层浇筑。每层的厚度应根据捣实的方法、结构的配筋情况等因素确定，且不应超过表 4–9 的规定。

表 4–9　混凝土浇筑层厚度

<table>
<tr><th colspan="2">捣实混凝土的方法</th><th>淺筑层的厚度（mm）</th></tr>
<tr><td colspan="2">插入式振捣</td><td>振捣器作用部分长度的 1.25 倍</td></tr>
<tr><td colspan="2">表面振动</td><td>200</td></tr>
<tr><td rowspan="3">人工捣固</td><td>在基础、无筋混凝土或配筋稀疏的结构中</td><td>250</td></tr>
<tr><td>在梁、墙板、柱结构中</td><td>200</td></tr>
<tr><td>在配筋密集的结构中</td><td>150</td></tr>
<tr><td rowspan="2">轻骨料混凝土</td><td>插入式振捣</td><td>300</td></tr>
<tr><td>表面振动（振动时需加荷）</td><td>200</td></tr>
</table>

在浇筑竖向结构混凝土前，应先在底部填以 50 ~ 100mm 厚与混凝土内砂浆成分相同的水泥砂浆；浇筑中不得发生离析现象；当浇筑高度超过 3m 时，应采用串筒、溜管或振动管使混凝土下落。

在一般情况下，梁和板的混凝土应同时浇筑。较大尺寸的梁（梁的高度大于 1m）、拱和类似的结构，可单独浇筑。在浇筑与柱和墙连成整体的梁和板时，应在柱和墙浇筑完毕后停歇 1 ~ 1.5h，使混凝土拌合物初步沉实后，再继续浇筑上面梁板结构的混凝土。

在混凝土浇筑过程中，应经常观察模板、支架、钢筋、预埋件和预留孔洞的情况，当发现有变形、移位时，应及时采取措施进行处理。混凝土浇筑后，必须保证混凝土均匀密实，充满模板整个空间；新、旧混凝土结合良好；拆模后，混凝土表面平整光洁。

为保证混凝土的整体性，浇筑混凝土应连续进行。当必须间歇时，其间歇时间宜缩短，并应在前层混凝土凝结之前将次层混凝土浇筑完毕。间歇的最长时间与所用的水泥品种、混凝土的凝结条件以及是否掺用促凝或缓凝型外加剂等因素有关。混凝土连续浇筑的允许间歇时间则应由混凝土的凝结时间而定。混凝土运输、浇筑及间歇的允许时间不得超过表 4–10 的规定，否则应留设施工缝。

表 4–10 混凝土运输、浇筑和间歇的允许时间（min）

混凝土强度等级	气温	
	不高于 25℃	高于 25℃
不高于 C30	210	180
高于 C30	180	150

2. 施工缝的留置

如果由于技术上的原因或设备、人力的限制，混凝土的浇筑不能连续进行，中间的间歇时间如超过混凝土的初凝时间，则应留置施工缝。施工缝的留设位置应事先确定，该处新旧混凝土的结合力较差，是结构中的薄弱环节，因此，施工缝宜留置在结构受剪力较小且便于施工的部位。施工缝的留设位置应符合下列规定：

柱的施工缝宜留置在基础的顶面、梁和吊车梁牛腿的下面、吊车梁的上面、无梁楼板柱帽的下面。

与板连成整体的大截面梁，施工缝应留置在板底面以下 20 ~ 30mm 处。当板下有梁托时，施工缝应留置在梁托下部。

对于单向板，施工缝可留置在平行于板的短边的任何位置。

有主次梁的楼板宜顺着次梁方向浇筑，施工缝应留置在次梁跨度的中间 1/3 范围内。

墙的施工缝留置在门洞口过梁跨中 1/3 范围内，也可留在纵横墙的交接处。双向受力板、大体积混凝土结构、拱、穹拱、薄壳、蓄水池、斗仓、多层钢架及其他结构复杂的工程，施工缝的位置应按设计要求留置。施工缝所形成的截面应与结构所产生的轴向压力相垂直，以发挥混凝土传递压力好的特性。

所以，柱、梁的施工缝截面应垂直于结构的轴线，板、墙的施工缝应与板面、墙面垂直，不得留斜槎。

在施工缝处继续浇筑混凝土时，为避免使已浇筑的混凝土受到外力振动而破坏其内部已形成的凝结结晶结构，必须待已浇筑混凝土的抗压强度不小于 $1.2N/mm^2$ 时才可进行。

继续浇筑前，在已硬化的混凝土表面上，应清除水泥薄膜和松动石子以及软弱混凝土层，并充分湿润和冲洗干净，且不得有积水，先在施工缝处铺一层水泥浆或与混凝土内成分相同的水泥砂浆，即可继续浇筑混凝土。混凝土应细致捣实，使新旧混凝土紧密结合。

3. 混凝土的捣实

混凝土的捣实就是使入模的混凝土完成成型与密实的过程，从而保证混凝土结构构件外形正确，表面平整，混凝土的强度和其他性能符合设计要求。

混凝土浇筑入模后应立即进行充分的振捣，使新入模的混凝土充满模板的每一角落，排出气泡，使混凝土拌合物获得最大的密实度和均匀性。

混凝土的振捣分为人工振捣和机械振捣。

人工振捣是利用捣棍或插钎等用人力对混凝土进行夯、插，使之密实成型。只有在采用塑性混凝土，而且缺少机械或工程量不大时才采用人工捣实。人工捣实的劳动强度大，而且混凝土的密实性较差。因此，必须特别注意分层浇筑，并增加捣插次数，插匀、插全。重点捣好主钢筋的下面、钢筋密集处、粗骨料多的地点、模板的阴角处、钢筋与模板间等部位。

采用机械捣实混凝土，早期强度高，可以加快模板的周转，提高生产率，并能获得高质量的混凝土，应尽可能采用。

振动捣实机械按其工作方式不同可分为内部振动器、表面振动器、外部振动器等几种。

内部振动器又称插入式振动器，施工现场使用最多的一种，适用于基础、柱、梁、墙等深度或厚度较大结构构件的混凝土捣实。

根据振动棒激振原理的不同，插入式振动器分为偏心轴式和行星滚锥式（简称行星式）两种。

偏心轴式内部振动器，是利用安装在振动棒中心具有偏心质量的轴，将在作高速旋转时所产生的离心力，通过轴承传递给振动棒壳体，使振动棒产生圆振动。目前，为提高效率，要求振动器的振动频率达 10000 次 /min 以上。偏心轴式内部振动器靠齿轮加速，则软轴和轴承的寿命将显著降低，因此已逐渐被行星滚锥式振动器所取代。

行星滚锥式内部振动器，是利用振动棒中一端空悬的转轴，在它旋转时，除自转外还使其下垂端的圆锥部分沿棒壳内的圆锥面作公转滚动，从而形成滚锥体的行星运动而驱动棒体产生圆振动。转轴滚锥沿滚道每公转一周，振动棒壳体即可产生一次振动。

使用插入式振动器时，要使振动棒垂直插入混凝土中。为使上下层混凝土结合成整体，振动棒插入下层混凝土的深度不应小于 5cm。振动棒插点间距要均匀排列，以免漏振。振实普通混凝土的移动间距，不宜大于振捣器作用半径的 1.5 倍；捣实轻骨料混凝土的移动间距，不宜大于其作用半径；振捣器与模板的距离，不应大于其作用半径的 1/2，并避免碰撞钢筋、模板、芯管、吊环、预埋件等。各插点的布置方式有行列式与交错式两种。振动棒在各插点的振动时间应视混凝土表面呈水平不显著下沉，不再出现气泡，表面泛出水泥浆为止。

表面振动器又称平板振动器，是由带偏心块的电动机和平板组成。平板振动器是放在混凝土表面进行振捣，适用于振捣楼板、地面、板形构件和薄壳等薄壁构件。当采用表面振动器时，要求振动器的平板与混凝土保持接触，其移动间距应保证振动器的平板能覆盖已振实部分的边缘，以保证衔接处混凝土的密实性。

外部振动器又称附着式振动器，它直接固定在模板上，利用带偏心块的振动器产生振动力，通过模板传递给混凝土，达到振实的目的。适用于振捣断面较小或钢筋较密的柱、梁、墙等构件。附着式振动器的振动效果与模板的重量、刚度、面积及混凝土构件的厚度有关。当采用附着式振动器时，其设置间距应通过试验确定。

四、混凝土的养护

混凝土的养护方法很多，常用的是对混凝土试块标准条件下的养护，对预制构件的热养护，对一般现浇混凝土结构的自然养护。

五、混凝土的质量检查

1. 混凝土在拌制、浇筑和养护过程中的质量检查

首次使用的混凝土配合比应进行开盘鉴定，其工作性能应满足设计要求，开始时应至少留置一组标准养护试件做强度试验，以验证配合比；混凝土组成材料的用量，每工作班至少抽查两次，要求每次称量偏差符合要求；每工作班混凝土拌制前，

应测定砂、石含水率，并根据测试结果调整材料用量，提出施工配合比；混凝土的搅拌时间，应随时检查；在施工过程中，还应对混凝土运输浇筑及间歇的全部时间、施工缝和后浇带的位置、养护制度进行检查。

2. 混凝土强度检查

为了检查混凝土强度等级是否达到设计要求，或混凝土是否已达到拆模、起吊强度及预应力构件混凝土是否达到张拉、放张预应力筋时所规定的强度，应制作试块，做抗压强度试验。

3. 现浇混凝土结构的外观检查

（1）外观质量的一般规定。现浇结构的外观质量缺陷，应由监理（建设）单位、施工单位等各方根据其对结构性能和施工性能影响的严重程度，按表 4–11 确定。

表 4–11　现浇结构外观的主要质量缺陷

名称	现象	严重缺陷	一般缺陷
露筋	构件内钢筋未被混凝土包裹而外露	纵向受力钢筋有露筋	其他部位有少量露筋
蜂窝	混凝土表面缺少水泥砂浆，石子外露	构件主要受力部位有蜂窝	其他部位有少量蜂窝
孔洞	混凝土中孔穴深度和长度均超过保护层厚度	构件主要受力部位有孔洞	其他部位有少量孔洞
夹渣	混凝土中夹有杂物且深度超过保护层厚度	构件主要受力部位有夹渣	其他部位有少量夹渣
疏松	混凝土中局部不密实	构件主要受力部位有疏松	其他部位有少量疏松
裂缝	缝隙从混凝土表面延伸至内部	构件主要受力部位有影响结构性能或使用功能的裂缝	其他部位有少量不影响结构性能或使用功能的裂缝
连接部位缺陷	构件连接处混凝土缺陷及连接钢筋、连接件松动	连接部位有影响结构传力性能的缺陷	连接部位有基本不影响结构传力性能的缺陷
外形缺陷	缺棱掉角、棱角不直、翘曲不平、飞边凸肋等	清水混凝土构件有影响使用功能或装饰效果的外形缺陷	其他混凝土构件有不影响使用功能的外形缺陷
外表缺陷	构件表面麻面、掉皮、起砂、沾污等	具有重要装饰效果的清水混凝土构件有外表缺陷	其他混凝土构件有不影响使用功能的外表缺陷

（2）外观质量。现浇结构的外观质量不应有严重缺陷。对已出现的严重缺陷，应由施工单位提出技术处理方案，并经监理（建设）单位认可后进行处理。对经处理的部位，应重新检查验收。现浇结构的外观质量不宜有一般缺陷。对已出现的一般缺陷，应由施工单位按技术处理方案进行处理，并重新检查验收。

（3）尺寸偏差。现浇结构不应有影响结构性能和使用功能的尺寸偏差。混凝土设备基础不应有影响结构性能和设备安装的尺寸偏差。

对超过尺寸允许偏差且影响结构性能和安装、使用功能的部位，应由施工单位提出技术处理方案，并经监理（建设）单位认可后进行处理。对经处理的部位，应重新检查验收。

（4）现浇结构常见外观质量缺陷原因与处理方法

现浇结构常见外观质量缺陷原因与处理方法，见表4-12。

表4-12　现浇结构常见外观质量缺陷原因与处理方法

质量缺陷	原因与处理方法
蜂窝	蜂窝是指结构构件表面混凝土由于砂浆少，石子多，局部出现酥松，石子之间出现孔隙类似蜂窝状的孔洞。造成蜂窝的主要原因是：材料计量不准确，造成混凝土配合比不当；混凝土搅拌时间不够，未拌合均匀，和易性差，振捣不密实或漏振，或振捣时间不够；下料不当或下料过高，未设串筒使石子集中，使混凝土产生离析等。如混凝土出现小蜂窝，可用水洗刷干净后，用1：2或1：2.5的水泥砂浆抹平压实；对于较大的蜂窝，应凿去蜂窝处薄弱松散的颗粒，刷洗干净后，再用比原混凝土强度等级高一级的细骨料混凝土填塞，并仔细捣实；较深的蜂窝，如清除困难，可埋压浆管、排气管，表面抹砂浆或灌注混凝土封闭后，进行水泥压浆处理
露筋	露筋是指混凝土内部主筋、副筋或箍筋局部裸露在结构构件表面，产生露筋的原因是：钢筋保护层垫块过少或漏放，或振捣时位移，致使钢筋紧贴模板；结构构件截面小，钢筋过密，石子卡在钢筋上，使水泥浆不能充满钢筋周围，混凝土配合比不当，产生离析，靠模板部位缺浆或漏浆；混凝土保护层太小或保护层处混凝土漏振或振捣不实；木模板未浇水润湿，吸水粘结或拆模过早，以致缺棱、掉角，导致露筋。修整时，对表面露筋，应先将外露钢筋上的混凝土残渣及铁锈刷洗干净后，在表面抹1：2或1：2.5的水泥砂浆，将露筋部位抹平；当露筋较深时，应凿去薄弱混凝土和凸出的颗粒，洗刷干净后，用比原混凝土强度等级高一级的细石混凝土填塞压实，并加强养护
裂缝	在施工过程中由于各种原因在结构构件上产生纵向的、横向的、斜向的、竖向的、水平的、表面的、深进的或贯穿的各类裂缝。裂缝的深度、部位和走向随产生的原因而异，裂缝宽度、深度和长度不一，无规律性，有的受温度、湿度变化的影响闭合或扩大。裂缝的修补方法，按具体情况而定，对于结构承载力无影响的一般性细小裂缝，可将裂缝部位清洗干净后，用环氧浆液灌缝或表面涂刷封闭；如裂缝开裂较大时，应沿裂缝凿八字形凹槽，洗净后用1：2或1：2.5的水泥砂浆抹补，或干后用环氧胶泥嵌补；由于温度、干燥收缩、徐变等结构变形变化引起的裂缝，对结构承载力影响不大，视情况采用环氧胶泥或防腐蚀涂料涂刷裂缝部位，或加贴玻璃丝布进行表面封闭处理；对有结构整体、防水防渗要求的结构裂缝，应根据架缝宽度、深度等情况，采用水泥压力灌浆或化学注浆的方法进行裂缝修补，或表面封闭与注浆同时使用；严重裂缝将明显降低结构刚度，应根据情况采用预应力加固或用钢筋混凝土围套、钢套箍或结构胶粘剂贴钢板加固等方法处理

续表

质量缺陷	原因与处理方法
孔洞	孔洞是指混凝土结构内部有尺寸较大的空隙，局部没有混凝土或蜂窝特别大，钢筋局部或全部裸露。产生孔洞的原因是：混凝土严重离析，砂浆分离，石子成堆，严重跑浆，又未进行振捣，混凝土一次下料过多、过厚，下料过高，振动器振动不到，形成松散孔洞；在钢筋较密的部位，混凝土下料受阻，或混凝土内掉入工具、木块、泥块、冰块等杂物，混凝土被卡住。混凝土若出现孔洞，应与有关单位共同研究，制定补强方案后方可处理。一般修补方法是将孔洞周围的松散混凝土和软弱浆膜凿除，用压力水冲洗，充分润湿后用比原混凝土强度等级高一级的细石混凝土仔细浇灌、捣实。为避免新旧混凝土接触面上出现收缩裂缝，细石混凝土的水灰比宜控制在 0.5 以内，并可掺入水泥用量万分之一的铝粉

第四节　特殊条件下的混凝土施工

一、大体积混凝土施工工艺

土木工程大体积混凝土的特点：结构厚实，混凝土量大，工程条件复杂，钢筋分布集中，管道与埋设件较多，整体性要求高，一般都要求连续浇筑，不留施工缝、水泥水化热使结构产生温度和收缩变形，应采取相应的措施，尽可能减少温度变形引起的开裂，因此，大体积混凝土经常出现的问题不是力学上的结构强度，而是控制混凝土温度变形裂缝，从而提高混凝土的抗渗、抗裂、抗侵蚀性能，而提高土木结构的耐久年限。

1．大体积混凝土的温度裂缝

大体积混凝土的温度裂缝分为两种：表面裂缝和贯穿裂缝。

混凝土随着温度的变化而发生膨胀或收缩，称为温度变形。对大体积混凝土施工阶段来说，裂缝是由于温度变形而引起的，在混凝土浇筑初期，水泥产生大量的水化热，使混凝土的温度很快上升。而大体积混凝土结构物一般断面较厚，且表面散热条件好，热量可向大气中散发；而混凝土内部由于散热条件较差，水化热聚集在内部不易散失，因此产生内外温度差，形成内约束，结梁在混凝土内部产生压应力，面层产生拉应力。当拉应力超过混凝土该龄期的抗拉强度时，混凝土表面就产生裂缝。工程实践表明，混凝土内部的最高温度多数发生在混凝土浇筑后最初的 3 ~ 5d。大体积混凝土常见的裂缝大多数发生在早期不同深度的表面裂缝。

混凝土浇筑数日后，水泥水化热基本释放完，混凝土从最高温度逐渐降温。降温的结果引起混凝土的收缩，同时由于混凝土中多余水分的蒸发等引起的混凝土体积收缩变形，受到地基和结构边界条件的约束不能自由变形，而导致产生较大的外部约束拉应力。当该温度应力超过混凝土该龄期的抗拉强度时，则从约束面开始向上开裂成收缩裂缝。据有关资料介绍，由外约束应力产生的裂缝常为垂直裂缝，且发生在结构断面的中点，并靠近基岩，说明水平拉应力是引起这种裂缝的主要应力。若水平拉应力过大，严重时可能导致混凝土结构产生贯穿裂缝，破坏结构的整体性、耐久性和防水性，影响正常使用。为此，应尽一切可能杜绝贯穿裂缝的发生。

2. 防止大体积混凝土裂缝的技术措施

（1）合理选择混凝土的配合比

尽量选用水化热低的水泥（如矿渣水泥、火山灰水泥等），并在满足设计强度要求的前提下，尽可能减少水泥的用量，以减少水泥的水化热。

（2）骨料

混凝土中粗细骨料级配的好坏，对节约水泥和保证混凝土具有良好的和易性关系很大。粗骨料采用碎石和卵石均可，应采用连续级配或合理的掺配比例。其最大粒径不得大于钢筋最小净距的 3/4。细骨料宜选用中砂或粗砂。对砂、石料的含泥量必须严格控制不超过规定值。否则会增加混凝土的收缩，引起混凝土抗拉强度降低，对混凝土的抗裂不利，因此，石子的含泥量不得超过 1%，砂子的含泥量不得超过 3%。

（3）外加剂的应用

在混凝土中掺入外加剂或外掺料可以减少水泥用量，降低混凝土的温度，改善混凝土的和易性和坍落度，满足可泵性的要求。常用的外加剂有木质素磺酸钙，它属于阴离子表面活性剂，对水泥颗粒有明显的分散效应，并能使水的表面张力降低而引起加气作用。在泵送混凝土中掺入水量 0.2% ~ 0.3% 的外掺加剂，不仅使混凝土的和易性有明显的改善，同时可减少 10% 的拌合水，节约 10% 左右的水泥，从而降低了水化热。在混凝土中掺入少量磨细的粉煤灰（粉煤灰的掺量一般以 15% ~ 25% 为宜），可以减少水泥的用量，并可改善混凝土的和易性，对降低混凝土的水化热有良好的作用，同时，还有明显的经济效益。

如在混凝土中掺入适量的微膨胀剂或膨胀水泥，可使混凝土得到补偿收缩，减少混凝土的温度应力。

（4）大体积混凝土的浇筑

应根据整体连续浇筑的要求，结合结构尺寸的大小、钢筋疏密、混凝土供应条件等具体的情况，合理分段分层进行，常选用以下三种方案：

1）全面分层。在整个模板内，将结构分成若干个厚度相等的浇筑层，浇筑区的面积即为结构平面面积。浇筑混凝土时从短边开始，沿长边方向进行浇筑，要求在逐层浇筑过程中，第二层混凝土要在第一层混凝土上初凝前浇筑完毕。为此要求每层浇筑都要有一定的速度（称浇筑强度），其浇筑强度可按下式计算：

$$\frac{HF}{T_1 \quad T_2}$$

式中 Q——混凝土浇筑强度（m^3/h）；

H——混凝土分层浇筑时的厚度（m）；

F——混凝土浇筑区的面积（m^3）；

T_1——混凝土的初凝时间（h）；

T_2——混凝上的运输时间（h）。

如果按上式计算所得的浇筑强度很大，相应需要配备的混凝土搅拌机、运输、振捣设备也较大。所以，全面分层方案一般适用于平面尺寸不大的结构。

2）分段分层。当采用全面分层方案时浇筑强度很大，现场混凝土搅拌机、运输和振捣设备均不能满足施工要求时，可采用分段分层方案，浇筑混凝土时结构沿长边方向分成若干段，分段绕筑。每一段浇筑工作从底层开始，当第一层混凝土浇筑一段长度后，便回头浇筑第二层，与第二层浇筑一段长度后，回头浇筑第三层，如此向前呈阶梯形推进。分段分层方案适于在结构厚度不大而面积或长度较大时采用。

3）斜面分层。采用斜面分层方案时，混凝土一次浇筑到顶，由于混凝土自然流淌而形成斜面。混凝土振捣工作从浇筑层下端开始逐渐上移。斜面分层方案多用于长度较大的结构。

（5）混凝土浇筑温度

大体积混凝土的浇筑应在室外气温较低时进行，混凝土浇筑温度不宜超过28℃。混凝土表面和内部温度差，应控制在设计要求的温差之内，如设计无明确要求时，温差不宜超过25℃。根据施工季节的不同，大体积混凝土的施工可分别采用降温法和保温法施工。夏季主要用降温法施工，即在搅拌混凝土时掺入冰水，一般温度可控制在5 ~ 10℃。在浇筑混凝土后采用冷水养护降温，但要注意水温和混凝土温度之差不超过20℃，或采用覆盖材料养护。冬季可以采用保温法施工，利用保温模板和保温材料防止冷空气侵袭，以达到减少混凝土内外温差的目的。

（6）混凝土测温

为了掌握大体积混凝土的升温和降温的变化规律，以及各种材料在各种条件下的温度影响，需要对混凝土进行温度监测和控制。必须选择具有代表性和可比性的位置布置测温点，并且应制定严格的测温制度，进行混凝土内部不同深度和表面温度的测量，测温时宜采用热电偶或半导体液晶显示温度计。在测温过程中，当发现混凝土内外温差超过 25℃时，应及时加强保温或延缓拆除保温材料，以防止混凝土产生过大的温差应力和裂缝。

二、混凝土冬期施工

根据当地多年气温资料，室外日平均气温连续 5d 稳定低于 5℃时，混凝土结构工程应采取冬期施工措施，并应及时采取气温突然下降的防冻措施。

1. 混凝土冬期施工原理

混凝土强度的高低和增长速度，取决于水泥水化反应的程度和速度。水泥的水化反应必须在有水和一定的温度条件下才能进行，其中温度决定着水化反应速度的快慢。混凝土的强度只有在正温养护条件下，才能持续不断地增长，并且随着温度的增高，混凝土强度的增长速度加快，当温度降低时，水化反应变慢，混凝土强度增长将随温度的降低而逐渐变缓。试验表明，只要混凝土中有液相水存在，即使在负温条件下，水泥的水化反应也没有停止，只是速度大大降低。新浇筑的混凝土内，当温度为 -1℃时，大约有 80% 的水处于液相状态，-3℃时大约还有 10% 的水处于液相，而当温度低于 -10℃时，液相水极少，水化反应接近于停止状态。在负温下，随着温度的降低，混凝土中大量的水要转变为冰，使体积膨胀约 9%，混凝土结构有遭受冻害的可能。

混凝土的早期受冻是指混凝土浇筑后，在硬化中的初龄期，混凝土的早期受冻而损害了混凝土的一系列性能。混凝土在浇筑后如早期遭受冻害，恢复正温养护后，其强度会继续增长，但与同龄期标准养护条件下的混凝土相比，其强度会有不同程度的降低，强度损失的大小因其浇筑后遭受冻害的程度不同而异。

标准养护 1d 后受冻害的混凝土，已获得早期强度为 12% 左右的设计强度等级，其强度损失为 60% 左右的强度等级；标准养护 5d 后遭受冻害的混凝土，已获得早期强度为 40% 左右的设计强度等级，其强度损失为 30% 左右的设计强度等级；标准养护 7d 后遭受冻害的混凝土已获得早期强度为 60% 左右的强度等级，其强度损失为 20% 左右的设计强度等级。

混凝土遭受冻害前，如果具备了能抵抗冻胀应力的强度，混凝土的强度损失就较小，甚至不损失，其内部结构不至于遭到破坏，因此，混凝土在冬期施工中，如果不可避免地会遭受冻结时，则必须采取措施，防止其浇筑后立即受冻，应使其在冻结前能先经过一定时间的预养护，保证其达到足以抵抗冻害的“临界强度”后才遭冻结。混凝土允许受冻临界强度是指新浇筑混凝土在受冻前达到的某一初始强度值，然后遭到冻害，当恢复正温养护后，混凝土强度仍会继续增长，经 28d 后，其后期强度可达设计强度95%以上，这一受冻前的初始强度值叫作混凝土允许受冻临界强度。

根据大量试验资料，经综合分析计算后，规定了冬期浇筑的混凝土受冻前，其抗压强度不得低于混凝土的抗冻临界强度规定值。硅酸盐水泥或普通硅酸盐水泥配制的混凝土，为设计的混凝土强度标准值的30%；矿渣硅酸盐水泥配制的混凝土，为设计的混凝土强度标准值的40%；C15混凝土，不得小于5.0N/mm^2。

2．混凝土冬期施工方法的选择

混凝土冬期施工方法分三类：混凝土养护期间不加热方法、混凝土养护期间加热方法和综合方法。混凝土养护期间不加热的方法包括蓄热法、掺化学外加剂法；混凝土养护期间加热的方法包括电热法、蒸汽加热法和暖棚法；综合方法即把上述两种方法综合应用，如目前最常用的综合蓄热法，即在蓄热法基础上掺合外加剂（早强剂或防冻剂），或进行短时加热等综合措施。

混凝土冬期施工方法是保证混凝土在硬化过程中，为杜绝早期受冻，要考虑自然气温、结构类型和特点、原材料、工期限制、能源条件和经济指标。对工期不紧和无特殊限制的工程，从节约能源和降低冬期施工费用考虑，应选用养护期间不加热的施工方法或综合方法；在工期紧、施工条件不允许时才考虑用混凝土养护期间加热的方法，一般要经过技术经济比较确定。

3．混凝土冬期施工对材料的要求

混凝土冬期施工对材料的要求，见表4–13。

表4–13 混凝土冬期施工对材料的要求

材料名称	要求
骨料	冬期施工中，对骨料除要求没有冰块、雪团外，还要求清洁、级配良好、质地坚硬，不应含有易被冻裂的矿物质，在掺用含有钾、钠离子防冻剂的混凝土中，不得混有活性骨料
拌合水	搅拌水中不得含有导致延缓水泥正常凝结硬化及引起钢筋和混凝土腐蚀的离子，凡是一般饮用的自来水及洁净的天然水，都可以作做拌制混凝土用水
外加剂	混凝土中掺入适量外加剂，能改善混凝土的工艺性能，提高混凝土的耐久性，并保证其在低温期的早强及负温下的硬化，防止早期受冻，可以减少混凝土的用水，阻止钢筋锈蚀。目前，冬期施工中常用的外加剂有定型产品和现场自行配制两种，有防冻剂、早强剂、减水剂、阻锈剂和引气剂等
水泥	混凝土所用水泥品种和性能取决于混凝土养护条件、结构特点和结构在使工期量所处的环境。为了缩短养护时间，一般应选用硅酸盐水泥或普通硅酸盐水泥，用蒸汽养护混凝土时，应选用硅酸盐水泥。水泥的强度等级不宜低于42.5，最小水泥用量不宜少于300kg/m^3，水灰比不应大于0.6，并加入早强剂

4．混凝土材料的加热

冬期施工混凝土原材料一般需要加热，加热时应优先采用加热水的方法，加热温度根据热工计算确定，但不得超过表 4–14 的规定。如将水加热到最高温度还不能满足混凝土温度的要求，再考虑加热骨料。从材料的热学特点看，水的热容量比砂、石大得多，因此加热水是最经济、最有效的方法，在自然气温不低于 –8℃时，为减少加热工作量，一般只加热水就能满足拌合物的温度要求。

表 4–14　拌合水及骨料最高温度（℃）

项目	拌合水	骨料
强度等级小于 52.5 的普通硅酸盐水泥、矿渣硅酸盐水泥	80	60
强度等级等于及大于 52.5 的硅酸盐水泥、普通硅酸盐水泥	60	40

在任何情况下均不准加热水泥。水泥在使用前应存放在棚内保温，对混凝土达到规定的温度是有利的。

5．混凝土的搅拌、运输和浇筑

（1）冬期施工时，为了加强搅拌效果，宜选择强制式搅拌机。为确保混凝土的质量，还必须确定适宜的搅拌制度。冬期搅拌混凝土的合理投料顺序应与材料加热条件相适应。一般是先投入骨料和加热的水，待搅拌一定时间后，水温降低到 40℃左右时，再投入水泥继续搅拌到规定时间，要绝对避免水泥假凝，投料量要与搅拌机的规格、容量相匹配，在任何情况下均不宜超载。为满足各组成材料间的热平衡，冬期拌制混凝土的时间可适当延长，拌制有外加剂的混凝土时，搅拌时间应取正常温度搅拌时间的 1.5 倍。

对搅拌好的混凝土，应经常检查其温度及和易性，若有较大差异，应检查材料加热温度、投料顺序或骨料含水率是否有误，以便及时调整。

（2）混凝土拌合物出机后应及时运到浇筑地点，在运输过程中要注意防止混凝土热量散失、表面冻结、混凝土离析、水泥砂浆流失、坍落度变化等现象。在运输距离长、倒运次数多的情况下，要改善运输条件，加强运输工具的保温覆盖，运输途中混凝土温度不能降低过快。如混凝土从运输到浇筑过程中发生冻结现象时，必须在浇筑前进行人工二次加热拌合。为防止混凝土坍落度的变化，运输工具除保温防风外，还必须严密、不漏浆、不吸水，并应经常清除容器中粘附的硬化混凝土残渣，及时清除冰雪冻块。混凝土拌合物出机运输到浇筑地点，温度会逐渐降低，通过热工计算可求出运输中混凝土温度降低值。

（3）混凝土的浇筑要保证混凝土的匀质性和密实性，要保证结构的整体性，尺寸准确，钢筋、预埋件位置正确，拆模后混凝土表面要平整、光洁。

冬期不得在强冻胀性地基土上浇筑混凝土，在弱冻胀性地基土上浇筑时，基土应进行保温，以免遭冻。

用人工加热养护的整体式结构，其浇筑程序及施工缝的设置，应能防止较大的温度应力，如混凝土的加热温度超过 40℃时，应采取相应措施。

浇筑基础大体积混凝土时，施工前要对地基进行保温以防止冻胀。新拌混凝土的入模温度以 7 ~ 12℃为宜，混凝土内部温度与表面温度之差不得超过 20℃，必要时应做保温覆盖。

浇筑装配式结构接头的混凝土（或砂浆），应先将结合处的表面加热到正温。浇筑后的接头混凝土（或砂浆）在温度不超过 45℃的条件下，应养护至设计要求强度，当设计无要求时，其强度不得低于设计的混凝土强度标准值的 75%。

6. 混凝土的蓄热养护法

混凝土的蓄热养护法就是利用加热原材料（水泥除外）或混凝土所获得的热量及水泥水化释放出来的热量，通过适当的保温材料覆盖，防止热量过快散失，延缓混凝土的冷却速度，保证混凝土能在正温环境下硬化并达到抗冻临界强度或预期强度要求的一种施工方法。

蓄热养护法需对原材料进行加热，混凝土结构本身不需加热，施工简便，易于控制，不需外加热源，造价低，是混凝土工程冬期施工中应用最为广泛的方法。

当室外最低温度不低于 -15℃时，地面以下的工程或表面系数（结构冷却的表面积 [（m^2）与其全部体积（m^3）的比值］不大于 $15m^{-1}$ 的结构，应优先采用蓄热法养护；只有当混凝土在一定龄期内采用蓄热法养护达不到要求时，可考虑采用蒸汽法、暖棚法、电热法等其他养护方法。

当施工条件（结构尺寸、材料配比、浇筑后的温度和养护期间的预测气温）确定以后，先初步选定保温材料的种类、厚度和构造，然后计算出混凝土冷却到 0℃的延续时间和混凝土在此期间的平均温度。在混凝土中掺用早强型外加剂，可尽早使混凝土达到临界强度；加热混凝土原材料，提高混凝土的入模温度，既可延缓冷却时间，又可提高混凝土硬化速度；采用高效保温材料，如聚苯乙烯泡沫塑料和岩棉；采用快硬早强水泥，以提高混凝土的早期强度等措施都可应用于蓄热法施工中，以增强其养护效果。

7. 综合蓄热法施工

综合蓄热法的主要工艺是通过高效能的保温围护结构，使加热拌制的混凝土缓慢冷却，并利用水泥水化热和掺入相应的外加剂来提高混凝土的早期强度，增强减水和防冻效果；或采用短时加热等综合措施，使混凝土温度在降至冰点前达到预期强度。

按照施工条件，综合蓄热法可分为低蓄热养护和高蓄热养护两种形式。低蓄热养护主要以使用早强水泥或掺低温早强剂或防冻剂等冷法施工，使混凝土在缓慢冷却至0℃前达到临界强度；高蓄热养护则除掺外加剂外，还进行短期的外加热，使混凝土在养护期间达到临界强度或设计要求强度。

综合蓄热法施工适用于在日平均气温不低于 -10℃或极端最低气温不低于 -16℃的条件下施工。

高层建筑的剪力墙、大模工艺、滑模工艺，框架结构的梁、板、柱，混合结构的圈梁、组合柱以及厚大体积的地下结构等，均可采用综合蓄热法施工。具体选用低蓄热养护还是高蓄热养护则由施工条件和气温条件决定。

8. 混凝土的加热养护方法

当混凝土在一定龄期内采用蓄热法养护达不到要求时，可采用加热养护等其他养护方法。加热养护的方法很多，有蒸汽加热法、电热法等。

（1）蒸汽加热法，就是在混凝土浇筑以后在构件或结构的四周通以压力不超过700kPa的低压饱和蒸汽进行养护。混凝土在较高温度和湿度条件下，可迅速达到要求强度。

养护时，应均匀加热，以免产生温度应力。同时，须注意排除大量的凝结水，因凝结水侵入将对结构产生不利影响，还须防止冷凝水结冰。对于掺有引气型外加剂的混凝土，也不应采取蒸汽养护，因这种混凝土难以导热。采用蒸汽加热的具体方法有暖棚法、加热模板法等。

（2）电热法，就是通过电加热混凝土的方法来进行养护，常用的有电极法和电热器法。

电极法是在混凝土浇筑时插入电极（ϕ6 ~ ϕ12 钢筋），通以交流电，利用混凝土作导体,将电能转变为热能,对混凝土进行养护。为保证施工安全,防止热量散失,应在混凝土表面覆盖后进行电加热。加热时，混凝土的升、降温速度和最高温度不得超过表 4-15 的规定。

表 4-15 电热法养护混凝土的最高温度（℃）

水泥强度等级	结构表面系数（m^{-1}）		
	<10	10 ~ 15	>15
42.5	40		35

混凝土内部电阻随着混凝土强度的提高而增长，当强度较高时，加热效果不好，故混凝土采用电热法养护时仅应加热到设计的混凝土强度标准值的50%，且电极的

布置应保证混凝土受热均匀。加热时的电极电压宜为 50 ~ 110V，在素混凝土和每立方米混凝土含钢量不大于 50kg 的结构中，可采用 120 ~ 200V 的电压加热。加热过程中，应经常观察混凝土表面的湿度，当表面开始干燥时，应先停电，浇温水湿润混凝土表面，待温度有所下降后，再继续通电加热。电热法具有施工方便、设备简单、能耗小、适应范围广等优点，但在加热过程中需耗费大量电能，成本较高，不太经济，故只在其他养护方法不能满足要求的情况下采用。

9. 负温混凝土

负温混凝土是指在负温条件下施工的混凝土。其工艺特点是将拌合水预先加热，必要时砂子也加热，使经过搅拌后的混凝土于出机时具有一定的零上温度。混凝土浇筑后不再加热，仅做保护性覆盖以防止风雪侵袭，混凝土终凝前本身温度已降至0℃。并迅速与环境气温平衡，混凝土就在负温中硬化，达到抗冻临界强度或受荷强度。

负温混凝土可用于零星的、不易蓄热保温也不易采取加热措施，并对强度增长速度要求不高的结构，如圈梁、过梁、挑檐、雨篷、地面和梁柱接头等。硬化时混凝土本身温度在 0 ~ 10℃之间。掺外加剂的负温混凝土所用的负温外加剂一般由防冻剂（如亚硝酸钠、硝酸钠、尿素、乙酸钠、碳酸钾、氯化钠等）、早强制（如硫酸钠、三乙醇铵等）、减水剂（如木质素磺酸钙）和阻锈剂等多元物质复合而成。

10. 冬期施工混凝土质量检查

混凝土工程的冬期施工，除按常温施工的要求进行质量检查外，尚应检查以下项目：外加剂的质量和掺量；水和骨料的加热温度；混凝土在出机时、浇筑后和硬化过程中的温度；混凝土温度降至 0℃时的强度（负温混凝土则为温度低于外加剂规定温度时的强度）。

混凝土的温度测量，应按有关规定进行。测温人员应同时检查覆盖保温情况，并应了解结构物的浇筑日期、要求温度、养护期限等。若发现混凝土温度有过高或过低现象，应立即通知有关人员，及时采取有效措施。

在混凝土施工过程中，要在浇筑地点随机取样制作试件，每次取样应同时制作 3 组试件。1 组在 20℃标准条件下养护 28d 试压，得强度 f_{28}；1 组与构件在同条件下养护，在混凝土温度降至 0℃时（负温混凝土为温度降至防冻剂的规定温度以下）试压，用以检查混凝土是否达到抗冻临界强度；1 组与构件同条件养护至 14d，然后转入 20℃标准条件下继续养护 21d，在总龄期为 35d 时试压，得强度 f_{14+21}。如果 $f_{14+21} \geq f_{28}$，则可证明混凝土未遭冻害，可以将 f_{28} 作为强度评定的依据。

第五章　结构安装工程

第一节　起重机具

一、索具

1．滑轮组

滑轮组由一定数量的定滑轮和动滑轮组成，它既能省力又可以改变力的方向。滑轮组中共同负担构件重量的绳索根数称为工作线数，也就是在动滑轮上穿绕的绳索根数。滑轮组起重省力的多少，主要取决于工作线数和滑动轴承的摩阻力大小。

滑轮组的绳索跑头可分为从定滑轮引出和从动滑轮上引出两种。

2．卷扬机

施工中常用的电动卷扬机有快速和慢速两种。慢速卷扬机主要用于吊装结构、冷拉钢筋和张拉预应力钢筋；快速卷扬机主要用于垂直运输和水平运输以及桩基施工作业。卷扬机在使用时必须用地锚固定，以防作业时产生滑动或倾覆，固定卷扬机的方法有螺栓锚固法、水平锚固法、立桩锚固法和压重锚固法四种。

3．钢丝绳

钢丝绳是由直径相同的光面钢丝捻成钢丝股，再由 6 股钢丝股和 1 股绳芯搓捻而成，钢丝绳按每股钢丝的根数可分为三种规格：

（1）6×19+1：即 6 股钢丝股，每股 19 根钢丝，中间加 1 根绳芯。这种钢丝粗、硬且耐磨，不易弯曲，一般用作缆风绳；

（2）6×37+1：即 6 股钢丝股，每股 37 根钢丝，中间加 1 根绳芯。这种钢丝细、较柔软，用于穿滑车组和作吊索；

（3）6×61+1：即 6 股钢丝股，每股 6L 根钢丝，中间加 1 根绳芯。这种钢丝质地软，用于重塑起重机械。

按钢丝和钢丝股搓捻方向不同，钢丝绳可分为顺捻绳和反捻绳两种。

二、履带式起重机

1. 概述

履带式起重机是一种通用的起重机械，它由行走装置、回转机构、机身及起重臂等部分组成。行走装置为链式履带，以减少对地面的压力；回转机构为装在底盘上的转盘，使机身可固转 360° ；机身内部有动力装置、卷扬机及操纵系统；起重臂是用角钢组成的格构式杆件接长，其顶端设有两套滑轮组（起重滑轮组及变幅滑轮组），钢丝绳通过滑轮组连接到机身内部的卷扬机上。

履带式起重机具有较大的起重能力和工作速度，在平整坚实的道路上还可持荷行走；但其行走时速度较慢，因履带对路面的破坏性较大，故当进行长距离转移时，需用平板拖车运输。常用的履带式起重机的起重量为 100 ~ 500kN，目前最大的起重量达 3000kN，最大起重高度可达 135m，广泛应用于单层工业厂房、陆地桥梁等结构安装工程以及其他吊装工程。

2. 技术性能

履带式起重机的主要技术性能参数是起重量 Q、起重半径 R 和起重高度 H。起重量 Q 是指起重机安全工作所允许的最大起重物的质量，一般不包括吊钩的重量；起重半径 R 是指起重机回转中心至吊钩的水平距离；起重高度 H 是指起重吊钩中心至停机面距离。

起重量 Q、起重半径 R 和起重高度 H 这三个参数之间存在相互制约的关系，且与起重臂的长度 L 和仰角 α 有关。当臂长一定时，随着起重臂仰角的增大，起重量 Q 增大，起重半径 R 减小，起重高度 H 增大；当起重臂仰角一定时，随着起重臂臂长的增加，起重量 Q 减小，起重半径 R 增大，起重高度 H 增大。

三、汽车式起重机

汽车式起重机是把起重机构安装在普通载重汽车或专用汽车底盘上的一种自行式起重机，其行驶的驾驶室与起重操纵室是分开的。

汽车式起重机的优点是行驶速度快，转移方便，对路面损伤小，特别适用于流动性大，经常变换施工地点的起重作业。其缺点是起重作业时必须将可伸缩的支腿落地，且支腿下需安放枕木，以增大机械的支撑面积，保证必要的稳定性。这种起重机不能持荷行驶，也不适于在松软或泥泞的地面上工作。汽车式起重机主要应用于构件运输、装卸作业和结构安装工程等。

四、轮胎式起重机

轮胎式起重机是把起重机构安装在加重型轮胎和轮轴组成的特制底盘上的一种

全回转式起重机，其上部构造与履带式起重机基本相同，但行走装置为轮胎。起重机设有四个可伸缩的支腿，在平坦地面上进行小重量吊装时，可不用支腿并吊物低速行驶，但一般情况下均使用支腿以增加机身的稳定性，并保护轮胎。

与汽车式起重机相比，轮胎式起重机的优点有横向尺寸较宽、稳定性较好、车身短、转弯半径小等。但其行驶速度较汽车式慢，故不宜作长距离行驶，也不适于在松软或泥泞的地面上工作。轮胎式起重机主要适用于作业地点相对固定而且作业量较大的场合。

五、塔式起重机

1. 概述

塔式起重机简称塔吊，是一种塔身直立、起重臂安装在塔身顶部并可作 360° 回转的起重机械。塔式起重机除用于结构安装工程外，还广泛应用于多层和高层建筑的垂直运输。

2. 塔式起重机的类塑

塔式起重机按其在工程中使用和架设方法的不同，可分为轨道式起重机、固定式起重机、附着式起重机和内爬式起重机四种。

（1）轨道式塔式起重机。起重机在直线或曲线轨道上均能运行，且可持荷运行，生产效率高，作业面大，覆盖范围为长方形空间，适合于一字形建筑物或其他结构物。轨道式塔式起重机塔身的受力状况较好、造价低、拆装快、转移方便、无须与结构物拉结，但其占用施工场地较多，且安装工作量大，因而台班费用较高。

（2）固定式塔式起重机。起重机的塔身固定在混凝土基础上，安装方便，占用施工场地小，但起升高度不大，一般在 50m 以内，适合于多层建筑的施工。

（3）附着式塔式起重机。起重机的塔身固定在建筑物或构筑物近旁的混凝土基础上，且每隔 20m 左右的高度用系杆与近旁的结构物用锚固装置连接起来。附着式塔式起重机稳定性好，起升高度大，一般为 70 ~ 100m，有些型号可达 160m 高。起重机依靠顶升系统，可随施工进程自行向上顶升接高；占用施工场地很小，特别适合在较狭窄工地施工，但因塔身固定，服务范围受到限制。

（4）内爬式塔式起重机。起重机安装在建筑物内部的结构构件上（常利用电梯井、楼梯间等空间），借助于爬升机构随建筑物的升高而向上爬升，一般每隔 1 ~ 2 层楼爬升一次。由于此类起重机塔身短，用钢量省，因而造价低，不占用施工场地，不需要轨道和附着装置，但须对结构进行一定的加固，且不便拆卸，内爬式塔式起重机适用于施工场地非常狭窄的高层建筑的施工；当建筑平面面积较大时，也可采用内爬式起重机扩大服务范围。

各类塔式起重机共同的特点是：塔身高度大，臂架长，作业面大，可以覆盖广阔的安装空间；能吊运各类施工用材料、制品、预制构件及设备，特别适合吊运超长、超宽的重大物体；能同时进行起升、回转及行走动作，同时完成垂直运输和水平运输作业，且有多种工作速度，因而生产效率高；可通过改变吊钩滑轮组钢丝绳的倍率，来提高起重量，较好地适应各种施工的需要；设有较齐全的安全装置，运行安全可靠；驾驶室设在塔身上部，司机视野好，便于提高生产率和保证安全。

3．塔式起重机的选用

选用塔式起重机时，首先应根据施工对象确定所要求的各工艺参数。塔式起重机的主要参数有起重幅度、起重量、起重力矩和起重高度。

4．安装塔式起重机的注意事项

安装塔式起重机前认真阅读说明书，做到安装作业心中有数。

塔式起重机安装顺序：立底座→安装平衡臂→安装起重臂、安装塔帽→穿绳、接电源→安装配重顶升→安装标准节→顶升→调试→安装完毕，验收合格后使用。在初期安装底座、平衡臂、起重臂时，需用汽吊配合。

底座与塔吊基础连接必须牢固，配重安置在底座上必须平稳。平衡臂、起重臂需在现场组装，然后用汽吊配合安装，组装场地需经过平整。待底座、平衡臂、起重臂、塔帽安装完毕后，开始顶升，安装标准节，顶升停止后起重臂需吊起一节标准节作为配重使用。顶升时要注意液压设备的平稳。标准节及各部位的连接件、插销要连接牢固，用钢卡卡好。

六、桅杆式起重机

桅杆式起重机具有制作简单、装拆方便、起重量较大（可达 100t 以上）、受地形限制小的优点，能用于其他起重机械不能安装的一些特殊结构和设备的吊装。但其服务半径小，移动困难，需要拉设较多的缆风绳，故一般仅用于安装工程量集中的工程。

桅杆式起重机按其构造不同，可分为独脚拔杆、人字拔杆、悬臂拔杆和牵缆式桅杆起重机等几种。

第二节　构件吊装工艺

一、构件吊装准备

结构构件吊装前的准备工作包括清理场地，铺设道路，构件的运输、堆放、拼装、加固、检查、弹线、编号，基础的准备等。

1. 构件的运输与堆放

在工厂制作或在施工现场集中制作的构件，吊装前要运到吊装地点就位。构件的运输一般采用载重汽车、半托式或全托式的平板拖车。

构件在运输过程中必须保证构件不倾倒、不变形、不破坏，为此有如下要求：当设计无具体要求时，构件的强度不得低于混凝土设计强度标准值的75%；构件的支垫位置要正确，数量要适当，装卸时吊点位置要符合设计要求；运输道路要平整，有足够的宽度和转弯半径。

构件应按平面图规定的位置堆放，避免二次搬运。

2. 构件的拼装与加固

为了便于运输和避免扶直过程中损坏构件，天窗架及大跨度屋架可制成两个半榀，分别运到现场后拼装成整体。

构件的拼装分为平拼和立拼两种。平拼时将构件平放拼装，拼装后扶直，一般适用于天窗架等小跨度构件。立拼适用于侧向刚度较差的大跨度屋架，构件拼装时在吊装位置呈直立状态，可减少移动和扶直工序。

对于一些侧向刚度较差的天窗架、屋架，在拼装、焊接、翻身扶直及吊装过程中，为了防止变形和开裂，一般都用横杆进行临时加固。

3. 构件的质量检查

在吊装之前应对所有构件进行全面检查，检查的主要内容如下：

构件的外观：包括构件的型号、数量、外观尺寸（总长度、截面尺寸、侧向弯曲）、预埋件及预留洞位置以及构件表面有无空洞、蜂窝、麻面、裂缝等缺陷。

构件的强度：当设计无具体要求时，一般柱子要达到混凝土设计强度的75%，大型构件（大孔洞梁、屋架）应达到100%，预应力混凝土构件孔道灌浆的强度不应低于15MPa。

4. 构件的弹线与编号

构件在质量检查合格后，即可在构件上弹出吊装的定位墨线，作为吊装时定位、校正的依据。

（1）在柱身的三个面上弹出几何中心线，此线应与基础杯口顶面上的定位轴线相吻合，此外，在牛腿面和柱顶面弹出吊车梁和屋架的吊装定位线。

（2）屋架上弦顶面弹出几何中心线，并延至屋架两端下部，再从屋架中央向两端弹出天窗架、屋面板的吊装定位线。

（3）吊车梁应在梁的两端及顶面弹出吊装定位准线。

在对构件弹线的同时，应依据设计图纸对构件进行编号，编号应写在明显的部位，对上下、左右难辨的构件，还应注明方向，以免吊装时出错。

5．基础准备

装配式混凝土柱的基础一般为杯形基础，基础准备工作的内容主要包括杯口弹线和杯底抄平。

杯口弹线是在杯口顶面弹出纵、横定位轴线，作为柱对位、校正的依据。

杯底抄平是为了保证柱牛腿标高的准确，在吊装前需对杯底的标高进行调整（抄平）。调整前先测量出杯底原有标高，小柱可测中点，大柱则测四个角点；再测量出柱脚底面至牛腿顶面的实际距离，计算出杯底标高的调整值；然后用水泥砂浆或细石混凝土填抹至需要的标高。杯底标高调整后，应加以保护，以防杂物落入。

二、构件吊装工艺

1．柱子的吊装

（1）柱及基础弹线、杯底抄平

1）弹线

柱应在柱身的三个面上弹出安装中心线、基础顶面线、地坪标高线。矩形截面柱安装中心线按几何中心线；工字形截面柱除在矩形部分弹出中心线外，为便于观测和避免视差，还应在翼缘部位弹一条与中心线平行的基准线；在柱顶和牛腿顶面还要弹出屋架及吊车梁的安装中心线。基础杯口顶面弹线要根据结构的定位轴线测出，并应与柱的安装中心线相对应，以作为柱安装、对位和校正时的依据。

2）杯底抄平

杯底抄平是对杯底标高进行检查和调整，以保证柱吊装后牛腿顶面标高准确无误。

杯底抄平调整步骤是：①测出杯底的实际标高 h_1，量出柱底至牛腿顶面的实际长度 h_2；②根据牛腿顶面的设计标高 h 与杯底实际标高 h_1 之差，可得柱底至牛腿顶面应有的长度 h_3（$h_3=h-h_1$）③将柱底至牛腿顶面应有的长度（h_3）与量得的实际长度（h_2）相比，得到施工误差，即杯底标高应有的调整值 Δh（$\Delta h=h_3-h_2=h-h_1-h_2$），并在杯口内标出；④施工时，用1∶2水泥砂浆或C20细石混凝土将杯底抹平至标志处；⑤为使杯底标高调整值（Δh）为正值，柱基施工时，杯底标高控制值一般均要低于设计值50mm。

（2）柱的绑扎

钢筋混凝土柱一般均在现场就地预制，用混凝土或夯实的灰土作底模平卧生产，侧模可用木模或组合钢模。在制作底模和浇筑混凝土之前，就要确定绑扎方法、绑扎点数目和位置，并在绑扎点预埋吊环或预留孔洞，以便在绑扎时穿钢丝绳。柱的绑扎方法、绑扎点数目和位置，要根据柱的形状、断面、长度、配筋以及起重机的起重性能确定。

1）绑扎点数目与位置

柱的绑扎点数目与位置应按起吊时由自重产生的正负弯矩绝对值基本相等且不超过柱允许值的原则确定，以保证柱在吊装过程中不折断、不产生过大的变形。中、小型柱大多可绑扎一点，对于有牛腿的柱，吊点一般在牛腿下200mm处。重型柱或配筋少而细长的柱（如抗风柱），为防止起吊过程中柱身断裂，需绑扎两点，且吊索的合力点应偏向柱重心上部。必要时，需验算吊装应力和裂缝宽度后，再确定绑扎点数目与位置。工字形截面柱和双肢柱的绑扎点应选在实心处，否则应在绑扎位置用方木垫平。

2）绑扎方法

①斜吊绑扎法：柱子在平卧状态下绑扎，不需翻身直接从底模上起吊；起吊后，柱呈倾斜状态，吊索在柱子宽面一侧，起重钩可低于柱顶，起重高度较小，但对位不方便，柱身宽面要有足够的抗弯能力。

②直吊绑扎法：吊装前需先将柱子翻身再绑扎起吊；起吊后，柱呈直立状态，起重机吊钩要超过柱顶，吊索分别在柱两侧，一般需要铁扁担，起重高度较大；柱翻身后刚度较大，抗弯能力增强，吊装时柱与杯口垂直，对位容易。

（3）柱的吊升

柱的吊升方法应根据柱的重量、长度、起重机的性能和现场条件确定。根据柱在吊升过程中运动的特点，一般选用一台起重机，吊升方法可分为旋转法和滑行法两种，对于重型柱，可选用两台起重机进行双机抬吊。

1）单机旋转法

柱吊升时，起重机边升钩边回转，使柱身绕柱脚（柱脚不动）旋转直到竖直，起重机将柱子吊离地面后稍微旋转起重臂使柱子处于基础正上方，然后将其插入基础杯口。旋转法吊升柱受振动小，生产效率较高，但对平面布置要求高，对起重机的机动性要求高。当采用自行杆式起重机时，宜采用此法。

2）单机滑行法

柱吊升时，起重机只升钩不转臂，使柱脚沿地面滑行，柱子逐渐直立，起重机将柱子吊离地面后稍微旋转起重臂，使柱子处于基础正上方，然后插入基础杯口。滑行法吊升柱受振动大，但对平面布置要求低，对起重机的机动性要求低。滑行法一般用于：柱较重、较长而起重机在安全荷载下回转半径不够时；现场狭窄无法按旋转法排放布置时；以及采用桅杆式起重机吊装柱时等情况。为了减小柱脚与地面的摩阻力，宜在柱脚处设置托木、滚筒等。

3）重型柱吊装

如果用双机抬吊重型柱，仍可采用旋转法（两点抬吊）和滑行法（一点抬吊）。滑行法中，为了使柱身不受振动，且避免在柱脚加设防护措施的烦琐，可在柱下端增设一台起重机，将柱脚递送到杯口上方，成为三机抬吊递送法。

（4）柱的对位、临时固定

如柱采用直吊法时，柱脚插入杯口后，应悬离杯底适当距离进行对位。如用斜吊法，可在柱脚接近杯底时，于吊索一侧的杯口中插入两个楔子，再通过起重机固转进行对位。对位时应从柱四周向杯口放入 8 个钢质楔块，并用撬棍拨动柱脚，使柱的吊装中心线对准杯口上的吊装准线，并使柱基本保持垂直。

柱对位后，应先把楔块略微打紧，再放松吊钩，检查柱沉至杯底后的对正情况，若符合要求，即可将楔块打紧作柱的临时固定，然后起重钩便可脱钩。

吊装重塑柱或细长柱时除需按上述进行临时固定外，必要时应增设缆风绳拉锚。

（5）柱的校正、最后固定

柱的校正包括平面位置、标高和垂直度的校正，因为柱的标高校正在基础杯底抄平时已进行,平面位置校正在临时固定时已完成,因此柱的校正主要是垂直度校正。

柱的垂度检查采用两台经纬仪从柱的相邻两面观察柱的安装中心线是否垂直。垂立偏差的允许值：柱高 $H \leqslant 5$m 时为 5mm；柱高 $H>5$m 时为 10mm，当柱高 $H \geqslant 10$m 时为 1/1000 柱高，且不大于 20mm。

当垂直偏差值较小时，可用敲打楔块的方法或用钢钎来校正柱；当垂盘偏差值较大时，可用千斤顶校正法、钢管撑杆斜顶法及缆风绳校正法等。

柱校正后应立即进行固定，其方法是在柱脚与杯口的空隙中浇筑比柱混凝土强度等级高一级的细石混凝土。混凝土浇筑应分两次进行，第一次浇至楔块底面，待混凝土强度达 25% 时拔去楔块，再将混凝土浇满杯口。待第二次浇筑强度达 70% 后，方能吊装上部构件。

2．吊车梁的吊装

吊车梁的吊装必须在基础杯口二次灌浆的混凝土强度达到 75% 以上后方可进行。

吊车梁绑扎时，两根吊索要等长，起吊后吊车梁能基本保持水平，在梁的两端需用溜绳控制，就位时应缓慢落钩，争取一次对好纵轴线，避免在纵轴方向撬动吊车梁而导致柱偏斜。一般吊车梁在就位时用垫铁垫平后即可脱钩，不采用临时固定措施。但当梁的高与底宽之比大于 4 时，可用 8 号铁丝将梁捆于柱上，以防倾倒。

吊车梁的校正应在厂房结构固定后进行，以免屋架安装引起柱变形而造成吊车梁新的偏移。吊车梁校正的内容主要为垂直度和平面位置，垂直度可通过铅锤检查，并在梁与牛腿时之间插入斜垫铁来纠正偏差，允许偏差为5mm。平面位置的校正包括直线度（使同一纵轴上各梁中线在一条直线上）和跨距两项，校正的方法有仪器放线法和拉钢丝法。

吊车梁校正完毕后，用电弧焊将预埋件焊牢，并在吊车梁与柱的空隙处灌注细石混凝土。

3．屋架的吊装

屋架结构一般是以节间为单位进行综合吊装，即每安装好一榀屋架，随即将这一节间的其他构件全部安装上去，再进行下一节间的安装。

屋架吊装的施工顺序是：绑扎、扶直就位、吊升、对位、临时固定、校正和最后固定。

（1）屋架的绑扎

屋架在扶直就位和吊升两个施工过程中，绑扎点均应选在上弦节点处，左右对称。绑扎吊索内力的合力作用点（绑扎中心）应高于屋架重心，这样屋架起吊后不宜转动或倾翻。绑扎吊索与构件水平面所呈夹角，扶直时不宜小于60°，吊升时不宜小于45°，具体绑扎点数目及位置与屋架的跨度及形式有关，其选择方式应符合设计要求。

一般钢筋混凝土屋架跨度小于或等于18m时，采用两点绑扎；屋架跨度大于18m时，采用两根吊索，四点绑扎；屋架的跨度大于或等于30m时，为了减少屋架的起吊高度，应采用横吊梁（减少吊索高度）。

（2）屋架的扶直与就位

钢筋混凝土屋架或预应力混凝土屋架一般均在施工现场平卧叠浇。因此，屋架在吊装前要扶直就位。即将平卧制作的屋架扶成竖立状态，然后吊放在预先设计好的地面位置上，准备起吊。

起重机位于屋架下弦一边时为正向扶直；起重机位于屋架上弦一边时为反向扶直。两种扶直方法的不同点在于，扶直过程中，前者边升钩边起臂，后者则边升钩边降臂。由于升臂较降臂易操作，且较安全，所以在现场预制平面布置中应尽量采用正向扶直方法。

屋架扶盘后应吊住柱边就位，用铁丝或通过木杆与已安装的柱子绑牢，以保持稳定。屋架就位位置应在预制时事先加以考虑，以便确定屋架的两端朝向及预埋件位置。当与屋架预制位置在起重机开行路线同一侧时，叫同侧就位；当与屋架预制位置分别在起重机开行路线各一侧时，叫异侧就位。

（3）屋架的吊升、对位与临时固定

屋架的吊升方法有单机吊装和双机抬吊，双机抬吊仅在屋架重量较大，一台起重机的吊装能力不能满足吊装要求的情况下采用。

单机吊装屋架时，先将屋架吊离地面 500mm，然后将屋架吊至吊装位置的下方，升钩将屋架吊至超过柱顶 300mm，然后将屋架缓降至柱顶，进行对位。屋架对位应以建筑物的定位轴线为准，对位前应事先将建筑物轴线用经纬仪投放在柱顶，对位以后立即临时固定，然后将起重机脱钩。

应十分重视屋架的临时固定，因为屋架对位后是单片结构，侧向刚度较差。第一榀屋架的临时固定，可用四根缆风绳从两边拉牢。若先吊装抗风柱时可将架与抗风柱连接。第二榀屋架以及其后各榀屋架可用屋架校正器（工具式支撑）临时固定在前一榀屋架上。每榀屋架至少用两个屋架校正器。

（4）屋架的校正与最后固定

屋架的校正内容是检查并校正其垂直度，用经纬仪或垂球检查，用屋架校正器或缆风绳校正。

用经纬仪检查屋架垂直度时，在屋架上弦安装三个卡尺（一个安装在屋架中央，两个安装在屋架两端），自屋架上弦几何中心线量出 500mm，在卡尺上作出标志。然后，在距屋架中线 500mm 处的地面上，设一台经纬仪，用其检查一个卡尺上的标志是否在同一垂直面上。

用垂球检查屋架垂直度时，卡尺标志的设置与经纬仪检查方法相同，标志距屋架几何中心线的距离取 300mm。在两端卡尺标志之间连一通线，从中央卡尺的标志处向下挂垂球，检查三个卡尺的标志是否在同一垂直面上。屋架校正无误后，应立即与柱顶焊接固定。应在屋架两端的不同侧同时施焊，以防因焊缝收缩而导致屋架倾斜。

4. 天窗架和屋面板的吊装

屋面板一般有预埋吊环，用带钩的吊索勾住吊环即可吊装。大型屋面板有四个吊环，起吊时，应使四根吊索拉力相等，屋面板保持水平。为充分利用起重机的起重能力，提高工效，也可采用一次吊升若干块屋面板的方法。

屋面板的安装顺序，应自两边檐口左右对称地逐块铺向屋脊，避免屋架受荷不均匀。屋面板对位后，应立即电焊固定。天窗架的吊装应在天窗架两侧的屋面板吊装后进行。其吊装方法与屋架基本相同。

第六章　建筑结构施工

第一节　砖混结构施工

一、砖混结构概述

砖混结构是指以砖、砌块等砌筑的墙体为竖向承重体系，以现浇（或预制）钢筋混凝土楼板为水平承重构件，现浇钢筋混凝土楼梯作为上下通道所形成的房屋结构。砖混结构广泛应用于多层住宅、办公楼、宿舍等建筑。

砖混结构通常采用天然地基；在软土地区，通常采用砂石地基、GRC 桩复合地基等；在湿陷性黄土地区，多采用灰土地基、灰土或素土挤密桩地基等地基处理方式；结合条形砖基础、条形毛石基础、混凝土条形基础、片筏基础等基础形式，如果采用条形砖基础，则多采用烧结普通黏土砖配合水泥砂浆作为砌筑材料。

砖混结构的上部结构墙体多采用承重多孔砖（或其他承重砌块，如混凝土小型空心砌块等）配合混合砂浆作为砌筑材料，在墙体转角、部分门窗洞口等部位设置构造柱，在一层地面、各楼层处设置圈梁，在门窗洞口上部设置过梁；当用作住宅建筑时，通常还有外挑阳台等悬挑混凝土构件。

砖混结构房屋具有就地取材、施工简单、造价低廉、耐火、保温、隔热性好等优点，但也具有自重大、强度低、砌筑工作量大、抗震性能差、土地资源消耗较大等缺点。

砖混结构施工的内容主要包括：与基础相关的土方开挖工程、地基处理工程，与承重结构相关的砌筑工程、钢筋混凝土工程、模板工程，与装饰及施工安全相关的外脚手架工程，与材料垂直运输相关的垂直运输机械等项目。

其中的砌筑工程、钢筋混凝土工程、模板工程等在其他相关章节介绍，本节仅对砖混结构的施工程序进行介绍。

二、砖混结构施工程序

砖混结构通常按照下面的程序进行施工：

（1）施工控制点（平面坐标、高程基准点）的引进与布设。

（2）锥坑（槽）开挖放线，基坑（槽）开挖，验槽。

（3）地基处理施工。

（4）基础放线。

（5）基础混凝土垫层浇筑，基础砌筑，地圈梁钢筋绑扎与混凝土浇筑。

（6）预制门窗洞口过梁。

砖混结构的门窗洞口通常需设置过梁，其截面尺寸及配筋、混凝土强度等级等在施工图上会有所标注。为了在主体结构施工阶段不影响进度，在工程允许的情况下应尽早预制好门窗洞口及一些电洞、水洞的过梁。

（7）房心土回填、基坑（槽）回填。

砖混结构房屋由于采用墙体承重，一般内墙较多，在地圈梁浇筑后应及时进行房心土回填，若等到主体结构施工到一定程度才开始回填房心土，则填土必须要从窗洞进入室内，只能通过人工进行，劳动量将大量增加，同时，由于房间划分问题。夯实时的施工用电也变得复杂，劳动效率大大降低。

基坑（槽）土方回填应与房心土回填同步进行，主要是为了外脚手架搭设的需要。由于砖混结构本身的特点，通常只能搭设落地式外脚手架，这需要较为坚实的脚手架基础。

（8）一层结构放线，确定墙体、门窗洞口位置等。

（9）绑扎一层构造柱钢筋。

（10）砌筑一屋墙体。

墙体砌筑时，应特别注意下面几个问题：

门窗洞门的位置及窗洞底面标高的确定。通常情况下，窗洞底面及顶面标高是在皮数杆上刻画的。

构造柱马牙槎从每层楼地面往上，应严格遵守“先退后进”的原则。

（11）支设构造柱模板，砌筑一屋构造柱混凝土。

（12）搭设外脚手架，其高度应比一层顶高出至少一步，并在一层顶处满铺架板。

（13）安装一层圈梁钢筋及模板（对现浇混凝土楼板，则同时支设二层楼板模板，绑扎楼、板钢筋）。

（14）在浇筑一层圈梁混凝土的同时安装二层楼板（对现浇混凝土楼板，则同时浇筑楼板混凝土），并进行混凝土养护。

（15）二层结构放线，确定墙体、门窗洞口位置等。

（16）重复步骤（8）~（14），直到结构封顶。

在以上步骤中，下列问题还需要强调：

严格控制房心回填土及基坑（槽）回填土的施工质量，否则将引起一楼室内地面在交工后空鼓、下沉，室外散水下沉开裂等质量问题；门窗洞口的位置、标高等应进行复核，防止造成大面积返工；充分重视构造柱混凝土模板及浇筑振捣，由于其箍筋弯钩、墙体拉结筋锚固等的影响，经常出现构造柱漏振、蜂窝麻面严重、底部漏浆等现象；对混凝土楼板上的堆载（主要是砌筑墙体用的砖、砌块等）应严加控制，防止对结构造成破坏。

三、砖混结构施工运输机械的选用

砖混结构施工运输机械主要包括垂直运输机械和水平运输机械。其中水平运输机械是指在地面和楼面运输建筑材料(如砖块、砂浆、楼板、钢筋、混凝土等)的机械，主要有架子车、双轮手推车等；而垂直运输机械则是指在垂直方向运送建筑材料及构配件的机械，主要有塔式起重机、龙门架等。

若采用龙门架进行垂直运输，则首先应确定每台龙门架所能满足的施工范围。通常情况下，龙门架按照施工流水段设置，每个流水段设置一台。在这种情况下，通常钢筋绑扎是采用从远到近的方式，即先绑扎远离龙门架口处的钢筋，再逐渐向架口收缩，这样可以减少绑扎过程中对已绑扎好的成品钢筋的踩踏。浇筑楼板混凝土时，若采用由远及近的方式，一定要在钢筋面上用竹架板或模板材料铺设马道对钢筋成品进行保护。通常，应在作为马道面层的竹架板或模板下边支设专门用较粗钢筋焊接而成的支架。当然，对楼板混凝土浇筑也可以采用从龙门架口由近及远的办法，这时，马道架板可直接铺设在刚浇筑的混凝土面上，同时，还应保证在最初浇筑的混凝土达到初凝前完成整个流水段混凝土的浇筑工作。若采用预制楼板，则一般是先安装龙门架口所在开间的楼板，而且是从龙门架口开始，由近及远进行安装，这样，可以利用刚铺设好的楼板作为通道进行其他楼板的安装。

采用龙门架施工时，楼面运输通常需穿过若干道内墙，因此在砖混结构内墙上需预留施工洞。需要注意，按照规范要求，应做到：

临时施工洞口侧边离交接处墙面不应小于500mm，洞口净宽度不应超过1m；抗震设防烈度为9度地区建筑物的临时施工洞口位置，应会同设计单位确定；洞口顶部应设置过梁；洞口侧边处应留槎，并留设拉结钢筋。

在砖混结构施工中，垂直运输机械无论是采用塔式起重机还是龙门架，其安装时间均是在基础工程后期，土方工程完成后才开始，以减少对土方工程施工机械的影响。

四、砖混结构施工中的脚手架工程

砖混结构施工中的脚手架通常分为外脚手架和里脚手架两类。

1．里脚手架的搭设

里脚手架主要用于内外墙高度在 1.6m 以上部分的砌筑，在该高度以上，操作工人因够不着而经常出现劳动效率低下甚至无法施工等情形。里脚手架一般由支架和架板两部分构成。支架的形式主要有：折叠式、支柱式、门架式等；为配合不同高度部位的砌筑施工，有些里脚手架的支架设计成两步，或高度可调的形式。无论采用哪种形式，一般不会在墙体上形成脚手眼。

角钢折叠式里脚手架主要用 L40 × 30 角钢焊接而成，可搭设成两步架，以适用不同高度处的砌筑施工。

钢筋里脚手架用 ϕ20 钢筋焊接而成，钢管里脚手架用 ϕ36 × 2.5 钢管焊接而成，其高度及构造相近。

套管式支架主要由立管和插管构成，插管插入立管之中，用销孔及销子调节脚手架高度，插管顶部的支托可搁置方木或钢管以铺设脚手板。

实际施工中，施工人员也采用类似于单排外脚手架的方式搭设里脚手架，这时应注意搭在墙上一端应满足单排外脚手架横向水平杆搭设要求中的内容。

2．外脚手架的搭设

由于砖混结构采用墙体承重，很少有承重梁，楼板厚度一般也较薄，因此通常不做悬挑脚手架，而采用落地式外脚手架。

第二节　现浇混凝土结构施工

一、图纸会审

图纸会审是建筑施工过程中一项必不可少的程序，做好图纸会审工作对减少图纸差错、提高施工质量及效率、保证施工顺利进行具有重要意义。

（1）图纸会审程序

图纸会审一般包括下面几个阶段（见表 6–1）。

表 6–1　图纸会审程序

步骤	主要内容
学习领会设计意图	在拿到正式设计图纸后，参与建设的各方（施工、监理、建设等）相关专业工程师应首先熟悉图纸，了解工程内容及设计意图，明确技术及质量要求

续表

步骤	主要内容
各专业工程师的初步审核	在学习领会设计意图的基础上，各专业工程师应对本专业相关图纸进行检查，尽可能地发现图纸中的错误、矛盾、交代不清楚、设计不合理等问题，并做好详细记录
施工方、监理方、建设方内部的图纸预审	由本方项目技术负责人召集本项目相关各专业人员，对各专业发现的问题进行书面汇总，对图纸上各专业之间的矛盾进行协商。最后，应由施工方或监理方将各方发现的问题汇集成正式的书面报告，通过建设方提前提交给设计方
图纸会审会议	图纸会审（也叫图纸交底、设计交底）会议通常由建设方或监理方主持，首先由设计方介绍设计意图及施工注意事项，再由设计方各专业人员同施工、监理、建设方对应专业人员分组对提出的问题进行解答。各方应对解答进行记录，会后，由施工单位根据记录整理出设计交底会议纪要（或叫图纸会审记录），由参会各方会签，作为本工程设计图纸的补充

（2）图纸审核的内容

图纸审核过程中，各方的专业工程师应主要对图纸中下列问题进行检查：

图纸的完整性；尺寸、标高是否正确一致；水、暖、电及设备安装等各专业图纸之间、前后图之间是否有矛盾；预留洞、预埋件是否错漏，构造作法是否交代清楚；材料选用是否合理，设计是否能满足质量要求；建筑物基础与设备基础、地沟等是否相碰；建筑图与结构图是否一致，标准图、详图是否正确；室内各项装修作法是否协调，门窗、构件的尺寸、规格、数量是否相符等。

二、主要材料用量的确定

现浇混凝土结构施工所涉及的材料主要包括：混凝土、钢筋、模板及其支架等，还涉及外脚手架。所有这些材料，在结构施工前均应做到心中有数，且在每一施工段的施工中有充分的供应。

（1）混凝土材料数量的确定

一栋建筑物中，混凝土材料通常有若干个等级，一般每层墙柱混凝土为同一个等级，而梁板混凝土则为同一等级，地下室筏板及外墙的混凝土还会有抗渗要求。随着建筑物层数的提高，不同层之间混凝土的强度等级也会有所变化。每一强度等级的混凝土使用量在正常情况下可以从该工程的工程量清单中获得。从建筑施工角度，还需要按照结构施工图，将每一结构层各施工段墙拄、梁板的混凝土用量按照强度等级分别计算出来，以方便每次混凝土浇筑时订购或现场搅拌混凝土原材料需要量的确定。

（2）钢筋材料数量的确定

在现浇混凝土结构施工中，常用的钢材直径可能从6mm到32mm，钢筋级别也可能从HPB235级到HRB400级。钢筋必须按照图纸要求加工成构件所示的尺寸及形状，并绑扎成钢筋网片或钢筋笼，这是混凝土结构施工中最为复杂的一部分。在工程量清单中，只能反映出钢筋的总需求量（不计损耗），无法详细反映出各具体规格的钢筋消耗。因此，在施工准备阶段，应计算出建筑物每层所需的各规格钢筋，以方便钢筋采购及现场加工、安装控制。

（3）模板及其支架、脚手架等周转材料需要量的确定

模板及其支架是混凝土成型的基础。目前，模板支架多采用脚手架钢管及扣件、门式脚手架、碗扣式脚手架等支架形式，在建筑施工中这些材料损耗很少，属于周转性材料。对于模板，除定型钢模板外，目前常用的模板形式在使用过程中都不同程度存在着损耗，每拆安一次都必须补充一些新的面板材料。合理估算每层模板的需要量，并根据材料质量确定合理的周转次数，不仅对施工质量、施工进度有重要意义，从降低施工成本角度看也很有必要。模板支架及脚手架材料的需要量应根据企业定额或施工方案具体确定。

三、材料供应方的选择与确定

混凝土材料施工中，所涉及的材料供应方可能包括：混凝土材料供应方、钢筋供应方、模板及其支架、脚手架材料供应方。

（1）混凝土材料供应方的选择

混凝土供应通常有两种选择：采用预拌商品混凝土或现场搅拌混凝土。目前，在一般省会级城市，均强制使用预拌商品混凝土；而在一般城镇，现场搅拌混凝土成本相对低廉，但有时由于施工现场狭小等原因而无法搅拌。因此，现场施工中，究竟采用哪种混凝土供应方式，应同时考虑到经济、现场环境条件、当地建设法规的要求等因素。

（2）钢筋供应方的选择

钢筋供应方的选择比较简单，主要考虑两个因素：一是其供应的钢筋必须是合同规定的合格正规厂家生产的产品，避免假冒钢筋进入施工现场；二是该钢筋供应方应有足够的资金实力，因为钢筋价格高昂，占用资金量大。实际施工中，建筑材料的结算都是在施工方按照施工合同得到工程进度款后才能与钢筋供应方作阶段结算。

（3）模板及其支架、脚手架钢管供应方的选择

采用定型钢模板的情形，这种定型钢模板通常主要用于剪力墙结构或框架—剪

力墙结构的竖向构件，如墙、柱等，在建筑平面比较规则的条件下有时也采用梁板快拆模板体系。这种情形中，模板的供应方式有两种：一种情况是施工企业已购买有这种模板体系，由模板生产厂家根据施工图纸要求，对已有的模板进行有偿改装；另一种情形则是施工企业采用有偿租赁方式从定型模板生产或租赁企业租赁这类模板，满足图纸要求则是模板生产或租赁企业的责任。

对于一般的散支散拆模板，模板面板材料大多为多层板、竹胶板或小钢模板、钢框竹胶模板等，这类模板面板多由施工企业根据施工项目特点，确定所需的模板周转次数，并选用相应档次的面板材料。模板支架则采用自有模板支架或从租赁公司租用扣件式钢管脚手架材料或门式脚手架材料作为模板支架。

四、材料试验与检验

现浇混凝土结构施工所涉及的试验与检验主要是在混凝土和钢筋两种材料上。试验与检验的内容在前面章节已有所介绍，此处强调检测实验室的选择。在选择检测实验室时，应注意以下内容：

该检测实验室应具有营业执照；本工程所涉及的所有检验及试验项目应在其检测资质范围内；遵守当地质量安全监督部门关于指定检测实验室强制送检比例的规定。

此外，还应按照当地相关管理规定，落实混凝土试件现场标养及同条件养护的相关要求及设施，配备好必要的现场检测器具，如坍落度检测仪、混凝土试模等。

五、主要劳务供应方的选择与确定

按照我国现行建筑业管理体制，工程总包单位一般只派出项目管理机构，现场施工所需的大量劳动力需要从劳务公司获得。在选择劳务公司时，应考虑下面一些因素：

（1）尽量选择具有多项资质（如同时具有混凝土浇筑、钢筋工程、模板工程、脚手架工程等）的劳务公司，这样可减少施工现场劳务公司之间的协调工作量。

（2）尽量选择有过合作经历且合作愉快、有实力的劳务公司。现场施工过程中，项目部与劳务公司方面合作的融洽程度直接影响到施工进度和质量。

（3）签署规范的劳务分包合同，并按当地的相关规定办理合同登记手续，接受相关部门的监督管理。国家工商行政管理总局已颁布有规范的“劳务分包合同”示范文本，可以作为签订劳务分包合同的基础；为劳务供应方修建必需的生产生活设施，如食堂、浴室、厕所、娱乐室等设施。

六、主要施工机械的进场与安装

现浇混凝土工程涉及的施工机械主要有：塔吊、钢筋加工机械（如钢筋调直机、弯曲机、切断机、闪光对焊机、直螺纹加工车床等）、混凝土搅拌机、混凝土泵、混凝土布料机、混凝土振捣机械、模板拼装所需的木工机械等。

通常情况下，钢筋加工机械大多是劳务公司自带的设备，也有由建筑公司提供的情形；塔吊、混凝土搅拌机、振捣棒等可能归属于建筑公司，也可能是建筑公司从建筑机械租赁公司租赁来的；混凝土泵，在采用商品混凝土时，通常都是商品混凝土厂家提供并安装的，但若采用现场自拌混凝土，则可能是建筑公司自有的或租赁的。

应当注意，塔吊属于特种起重机械，其安装、拆卸均需要专门的资质。安装完成在投入使用前应经过相关部门的专门检测验收，并获取相应的合格证明，再按照当地相关管理法规到建设行政主管部门完成备案登记并报监理方同意后才可正式投入使用。

现场的其他设备，通常在安装完成后经过建筑公司安全管理部门相关人员的检查验收，并报监理方许可后才可使用。

七、相关验收及审批手续的办理

在混凝土浇筑前，还应完成下列验收及审批手续：

本浇筑段模板及其支架验收，并完成相关技术资料签署；本浇筑段钢筋工程验收，并完成相关技术资料签署；采用商品混凝土时，拿到商品混凝土质量保证资料，包括砂石含泥量试验报告、粗骨料级配及压碎值试验报告、水泥强度及安定性试验报告、配合比试验报告、各种外加剂合格证明、粉煤灰实验报告等。采用自拌混凝土时，上述资料应通过检测实验室出具；完成混凝土（开盘）浇筑申请表签署；对大体积混凝土、混凝土冬期施工及高温季节施工等，还应编制专门的施工方案，经建筑公司技术部门审批并报送监理方审批同意后才可开盘浇筑。

第三节 单层厂房结构安装

一、起重机的选择

起重机是结构吊装施工中的核心主导机械，它决定着结构吊装方案中的其他因素，如构件的吊装方法、起重机开行路线与停机点位置、构件平面布置等。

起重机的选择主要包括：起重机类型的选择、起重机工作参数的选择、起重机数量的确定、起重机的稳定性验算等内容。

（1）起重机类型的选择

起重机的类型取决于厂房跨度、构件重量、尺寸、安装高度及施工现场条件等因素。一般中小型厂房的吊装多采用自行杆式起重机，如履带式起重机等；对高度及跨度均较大且构件较重的重型厂房，可选用大型自行杆式起重机，也可选用塔式起重机；在缺乏自行杆式起重机以及自行杆式起重机难以到达的地方，可采用拔杆吊装。

（2）起重机工作参数的选择

起重机工作参数包括起重量、起重高度、起重半径等。

1）起重机的起重量 Q 应满足下式要求：

$$Q \geqslant Q_1+Q_2$$

式中 Q_1——构件质量（t）；

Q_2——索具质量（t）。

2）起重机的起重高度 H 应满足所安装构件的高度要求（图 6–1），即

$$H \geqslant h_1+h_2+h_3+h_4$$

式中 H——起重机的起重高度（m），从停机面至吊钩的垂直距离；

h_1——安装支座表面高度（m），从停机面算起；

h_2——安装间隙，视具体情况而定，但一般不小于 0.2m；

h_3——绑扎点距构件吊起后底面的距离（m）；

h_4——索具高度（m），自绑扎点至吊钩面，不小于 1m。

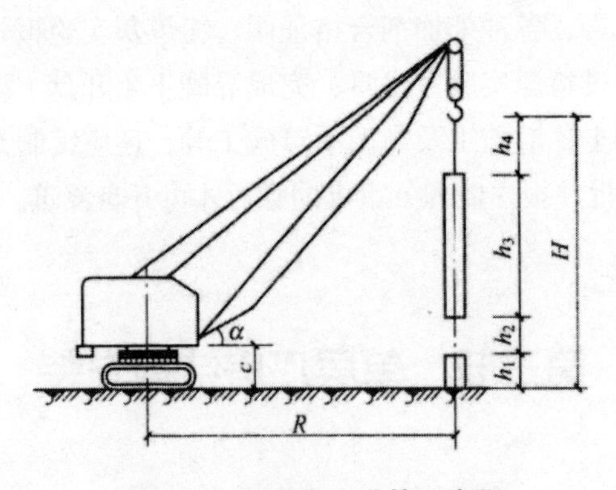

图 6–1　起重高度计算示意图

3）对某些安装就位条件差的中重型构件，起重机不能直接开到构件吊装位置附近，吊装时还应计算起重半径 R，再根据 Q、H、R 三个参数查阅起重机的性能曲线

或性能表来选择起重机的型号。

当起重机的起重臂需跨过已安装好的构件去吊装构件时（跨过屋架或天窗架吊装屋面板），为了不使起重臂与已安装好的构件相碰，还需根据起重半径选择起重臂的长度。起重臂最小长度的确定方法有数解法和图解法两种，一般采用数解法（图6–2）。

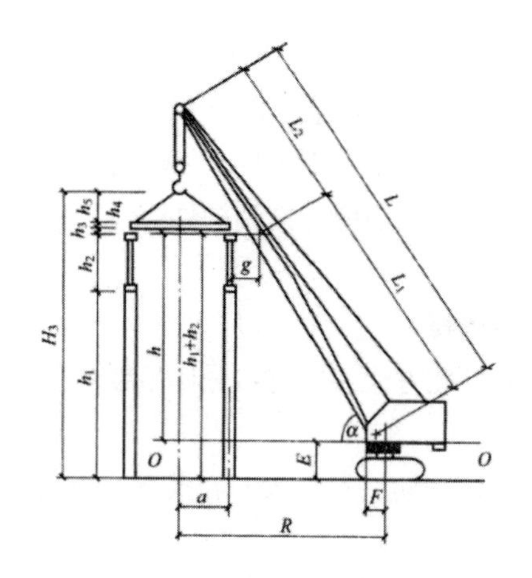

图 6–2　确定吊车臂长的数解法

用数解法求解起重臂最小长度时：

$$L = l_1 + l_2 = \frac{h}{\sin\alpha} + \frac{a+g}{\cos\alpha}$$

式中 L——起重臂长度（m）；

h——起重臂下铰至吊装构件支座顶面的高度（m）；

a——起重机吊钩需跨过已安装好构件的水平距离（m）；

g——起重臂轴线与已安装好构件的水平距离，至少取 1m；

α——起重臂仰角。

为了获得最小臂长，可对该式进行微分，令 $\frac{dL}{da}$ =0，可得到：

$$a = \arctan\sqrt[3]{h/(a+g)}$$

将求得的 a 带入上式，即可得到最小臂长。

（3）起重机数量的确定

起重机数量根据工程量、工期和起重机的台班产量确定，按下式计算：

$$N=\frac{1}{TCK}\sum\frac{Q_i}{P_i}$$

式中 N——起重机台数；

T——工期（d）；

C——每天工作班数；

K——时间利用系数，一般取 0.8 ~ 0.9；

Q_i——每种构件的安装工程量（件或 t）；

P_i——起重机的台班产量定额（件 / 台班或 t/ 台班）。

此外，确定起重机数量时，还应考虑到构件运输、拼装工作的需要。

二、结构吊装方法的选择

单层工业厂房结构的安装方法主要有：分件吊装法、节间吊装法和综合吊装法。

1．分件吊装法

起重机在单位吊装工程内每开行一次只吊装一种或几种构件。通常分三次完成全部构件安装。

第一次开行：安装全部柱子，并对柱子进行校正和最后固定；

第二次开行：安装吊车梁和连系梁及柱间支撑等；

第三次开行：分节间吊装屋架、天窗架、屋面板及屋面支撑等。

这种吊装方法的优点是每次只安装同类型构件，施工内容单一，不需更换索具，安装速度快，能充分发挥起重机的工作能力。其缺点是不能及时形成稳定的承载体系。

2．节间吊装法

起重机在吊装工程内一次开行中，分节间吊装完各种类型的全部构件或大部分构件。开始吊装 4 ~ 6 根柱子，立即进行校正和最后固定，然后吊装该节间内的吊车梁、连系梁、屋架、屋面板等构件；依次循环直到完成整个厂房结构吊装。

节间吊装法的优点是：起重机只需一次开行，行走路线短；一次完成该节间全部构件安装，可及早按节间为下道工序创造工作面。主要缺点是：要求选用起重量较大的起重机，其起重臂长度要一次满足吊装全部构件的要求；各类构件均须运至现场堆放，吊装索具更换频繁，管理工作复杂。一般只有采用桅杆式起重机时才考虑采用这种方法。

3．综合吊装法

综合吊装法是指一部分构件采用分件吊装法，另一部分构件则采用节间吊装法。一般采用分件吊装法吊装柱、柱间支撑、吊车梁等构件；采用节间吊装法吊装屋盖的全部构件。

三、构件的平面布置

构件的平面布置与起重机性能、构件吊装方法、构件制作方法等众多因素有关，结合选用的起重机型号、吊装方法，并根据现场情况会同土建、吊装施工人员共同研究确定。

1．预制阶段构件的平面布置

很多构件，如柱、屋架等，由于重量、尺寸均较大，运输困难，一般在现场进行预制，且该位置就是构件吊装时的平面布置位置。

（1）柱子的预制布置

柱子的现场布置有斜向布置和纵向布置两种方式。

斜向布置：当柱以旋转法起吊时，应按三点共弧斜向布置，其步骤如图6–3所示。

首先确定起重机开行路线与柱基轴线的距离 a，其值不得大于起重半径 R，也不宜太靠近坑边，以免引起起重机失稳。这样，可以在图上画出起重机的开行路线。

其次确定起重机的停机位置。以柱基中心 M 为圆心，起重半径 R 为半径，画弧与开行路线交于 O 点，O 点即为吊装该柱时的停机点。再以 O 为圆心，R 为半径画弧，在该弧上选择靠近柱基的一点 K 为柱脚的中心位置。又以 K 为圆心，以柱脚到起吊点的距离为半径画弧，该弧与以 O 为圆心，以 K 为半径画出的弧交于 S，该 S 即为吊点位置。以 K、S 为基础，即可以作出该柱的模板图。

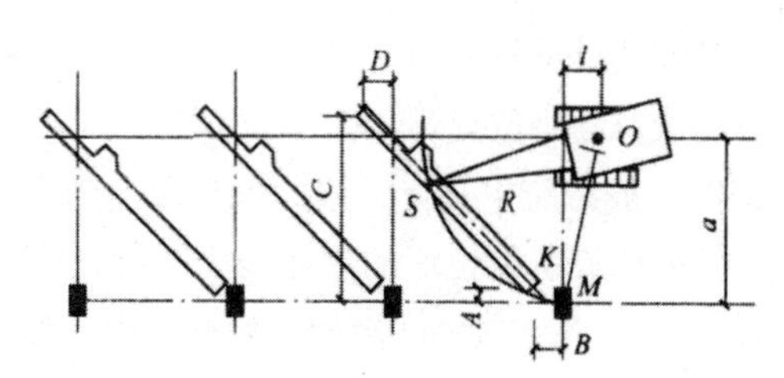

图6–3　柱子斜向布置方式之一（三点共弧）

布置柱子时应注意：当柱子布置在跨内时，牛腿应朝向起重机，反之，则应背向起重机。

当受现场条件限制，无法做到三点共弧时，也可按两点共弧进行布置，如图6–4所示。将柱脚与柱基放在起重半径 R 的圆弧上，而将吊点放在起重半径 R 之外。吊装时先用较大的起重半径 R' 吊起柱子，并升起起重臂，当起重半径由 R 变为 R' ；时，停止升起重臂，按旋转法吊装柱子。

当柱子采用滑行法吊装时，常采用柱基与吊点两点共弧，吊点靠近基础，柱子可以纵向布置。

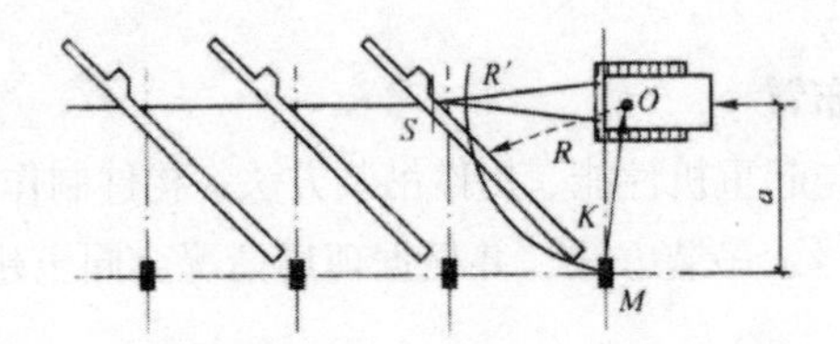

图 6–4　柱子斜向布置方式之一（两点共弧）

（2）屋架的布置

屋架一般安排在跨内平卧叠浇预制，每叠 3 ~ 4 榀，布置方式有三种：斜向布置、正反斜向布置和正反纵向布置。一般应优先采用斜向布置，以便于屋架扶正。在布置时，屋架之间应留 1m 的间隙，以方便支模和混凝土浇筑。布置时还应考虑屋架扶直就位要求和扶直的先后顺序，先扶直的安排在上层制作，并按轴线编号，对屋架两端朝向也应作出编号。

2. 吊装阶段构件的排放布置

吊装阶段构件的排放布置是指柱已吊装就位完毕后屋架的扶直排放，吊车梁、屋面板的运输排放等。

（1）屋架的排放

屋架的排放方式有两种：靠柱边斜向排放和靠柱边成组纵向排放。

1）屋架的斜向排放

斜向排放主要用于跨度及重量较大的屋架，可按下列步骤确定其排放位置。

①确定起重机开行路线及停机位置

起重机在吊装屋架时一般沿跨中开行，据此可在图上画出开行路线。然后将吊装某轴线（如②轴线）的屋架安装就位后的中点作为圆心，以起重半径 R 为半径，画弧交开行路线于 O_2，O_2 即为吊装②轴线屋架的停机位置，如图 6–5 所示。

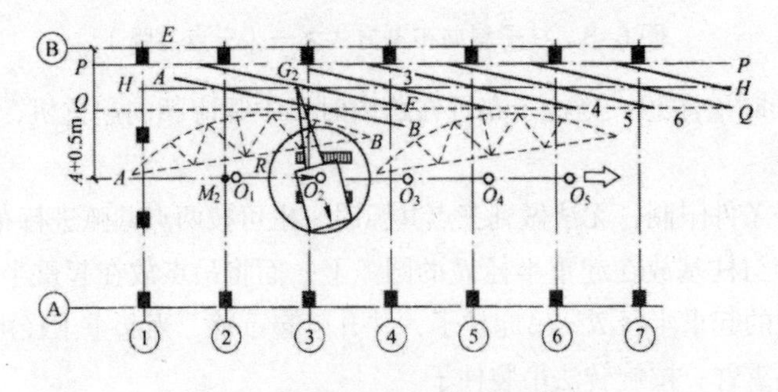

图 6–5　屋架的斜向摆放示意图

②确定屋架的排放范围

屋架一般靠柱边摆放，并以柱作为支撑，距柱不得小于200mm。这样，可以定出屋架摆放的外边线 *P–P*。起重机回转时不得碰到屋架，因此，以距开行路线 *A*+0.5m（*A* 为起重机尾部至其回转中心的距离）做一平行于开行路线的直线 *Q–Q*。*P*、*Q* 两线之间即为屋架的排放范围。

③确定屋架的排放位置

作直线 *P–P* 和 *Q–Q* 间距离的平分线 *H–H*，以停机点 O_2 为圆心，以 *R* 为半径，画弧交 *H–H* 于 *G*，*G* 即为②轴线屋架排放时的中心。以 *G* 为圆心，以屋架长度的一半为半径画弧，交 *P–P* 和 *Q–Q* 两线于 *E*、*F*，*E*、*F* 即是②轴线屋架的排放位置。

2）屋架的成组纵向排放

屋架纵向排放时，一般以4 ~ 5榀为一组靠柱边顺轴线纵向排放。屋架与柱之间、屋架之间的净距应大于200mm，相互之间用铅丝及支撑拉紧撑牢。每组屋架之间应留3m左右的间距作为横向通道。为防止吊装时与已装好的屋架相互碰撞，每组屋架摆放的中心应位于该组屋架倒数第二榀吊装轴线之后约2m处。

（2）吊车梁、连系梁、屋面板现场摆放

一般情况下，运输困难的柱、屋架等构件在现场预制，而吊车梁、屋面板、连系梁等构件则在构件厂预制，然后由运输车辆运至现场。这些构件应按施工组织设计中规定的位置，按吊装顺序及编号进行排放或堆放，梁式构件叠放通常为2 ~ 3层，屋面板不超过6 ~ 8层。

吊车梁、连系梁一般排放于吊装位置的柱列线附近，跨内跨外均可。当条件允许时，也可直接从运输车辆上吊装至设计的结构部位，以免现场过于拥挤。屋面板排放于跨内时，应向后退3 ~ 4个节间，排放于跨外时，应向后退1 ~ 2个节间。

第四节　多层装配式结构安装

一、起重机械的选择与布置

1. 起重机械的选择

起重机的选择主要考虑下列因素：结构高度、结构类型、建筑物的平面形状及尺寸、构件的尺寸及重量等。

一般5层以下的民用建筑及高度在18m以下的工业厂房，可选用履带式起重机或轮胎式起重机；多层厂房和10层以下的民用建筑多采用轨道式塔式起重机或轻型塔式起重机；高层建筑（10层以上）可采用爬升式或附着式塔式起重机。

2．起重机械的布置

起重机械的布置方案主要考虑建筑物的平面形状、构件的重量、起重机性能及施工现场地形等因素。通常塔式起重机的布置方式有跨外单侧布置、跨外双侧（环形）布置、跨内单行布置、跨内环形布置四种。各种布置方式的适用范围如表6–2所示。

表6–2　塔式起重机的布置与适用范围

布置方式		起重半径 R	适用范围
跨外	单侧	$R \geqslant b+a$	房屋宽度较小（15m左右）、构件重量较轻（20kN左右）
	环形	$R \geqslant b/2+a$	建筑物宽度较大（$b \geqslant 17$m）、构件较重、起重机不能满足最远端构件的吊装要求
跨内	单行	$R \leqslant b$	施工场地狭窄，起重机不能布置在建筑物外侧或布置在建筑物外侧时不能满足构件的吊装要求
	环形	$R \leqslant b/2$	构件较重，跨内单行布置时不能满足构件的吊装要求，同时起重机又不能跨外环形布置

二、构件的平面布置和堆放

多层装配式框架结构涉及大量的结构构件，这些构件中，除柱在现场预制外，其他构件大多在预制场生产，再运至现场堆放。由于构件数量、种类均较多，解决好构件的平面布置及堆放，对提高生产效率有重要意义。

（1）预制柱的平面布置

由于柱子一般在现场预制，因此在安排平面布置时应优先考虑。

使用轨道式塔式起重机进行吊装时，按照柱子与塔吊轨道的相对位置，其布置方式有三种：平行布置、倾斜布置、垂直布置。

平行布置时可以将几层柱通长预制，并可减少柱子的长度误差；倾斜布置时可以旋转起吊，适用于较长的柱；起重机在跨内开行时，垂直布置可以使柱的吊点在起吊半径之内。

采用履带式起重机跨内开行进行吊装时，一般使用综合吊装方案将各层构件一次吊装到顶，柱子多斜向布置在中跨基础旁，分两层叠浇。使用自升式塔式起重机吊装时，较重的构件（如柱子）通常需要二次搬运至距塔吊较近的位置。

（2）其他构件的平面布置

其他构件如梁、楼板等，由于重量较轻，大多是在预制场制作后运至现场堆放。这些构件在照顾到重型构件的前提下，也应尽量堆放在其安装位置附近，以减少起重机械的移动。有时候，甚至用运输车辆将其拉入跨内，直接从车辆上进行吊装。

三、构件吊装方法与吊装顺序

与单层厂房结构安装类似，多层装配式框架结构的吊装方法也分为分件吊装法和综合吊装法。

第七章　隧道工程

第一节　隧道工程施工的特点与原则

一、隧道工程特点

在进行隧道施工时，必须充分考虑隧道工程的特点，才能在保证隧道安全的条件下优质、快速、低价地建成隧道建筑物。隧道工程的特点，可归纳如下：

（1）整个工程埋设于地下，因此工程地质和水文地质条件对隧道施工的成败起着重要的甚至是决定性的作用；

（2）公路隧道是一个形状扁平的建筑物，正常情况下只有进、出口两个工作面，相对于桥梁、线路工程来说，隧道的施工速度比较慢，工期也比较长，使一些长大隧道往往成为控制新建公路通车的关键工程；

（3）地下施工环境较差，甚至在施工中还可能使之恶化，例如爆破产生有害气体等；公路隧道大多穿越崇山峻岭，因此施工工地一般都位于偏远的深山峡谷之中，往往远离既有交通线，运输不便，供应困难，这些也是规划隧道工程时应当考虑的问题之一；公路隧道埋设于地，一旦建成就难以更改，所以，除了事先必须审慎规划和设计外，施工中还要做到不留后患。

当然，隧道工程也有很多有利的方面，例如施工可以不受或少受昼夜更替、季节变换、气候变化等自然条件改变的影响。

二、隧道施工应遵循的基本原则

（1）因为岩体是隧道结构体系中的主要承载单元，所以在施工中必须充分保护岩体，尽量减少对它的扰动，避免过度破坏岩体的强度。为此，施工中断面分块不宜过多，开挖应当采用光面爆破、预裂爆破或机械掘进。

（2）为了充分发挥岩体的承载能力，应允许并控制岩体的变形。一方面允许变形，使围岩中能形成承载环；另一方面又必须限制它，使岩体不致过度松弛而丧失或大大降低承载能力。为此，在施工中应采用能与围岩密贴、及时砌筑又能随时加强的柔性支护结构，例如喷锚支护等。这样，就能通过调整支护结构的强度、刚度和参与工作的时间（包括底拱闭合时间）来控制岩体的变形。

（3）为了改善支护结构的受力性能，施工中应尽快使之闭合，成为封闭的筒形结构。另外，隧道断面形状要尽可能地圆顺，以避免拐角处的应力集中；在施工的各个阶段，应进行现场量测监视，及时提供可靠的、数量足够的信息，如坑道周边的位移或收敛、接触应力等，及时反馈用来指导施工和修改设计；为了敷设防水层，或为了承受由于锚杆锈蚀，围岩性质恶化、流变、膨胀所引起的后续荷载，采用复合式衬砌。

三、隧道施工方法及其选择

隧道施工方法分成为：矿山法、掘进机法、沉管法、顶进法、明挖法等。矿山法因最早应用于矿石开采而得名。在这种方法中，多数情况下都需要采用钻眼爆破进行开挖，故又称为钻爆法。

掘进机法，包括隧道掘进机法和盾构掘进机法。前者应用于岩石地层，后者则主要应用于土质围岩，尤其适用于软土、流砂、淤泥等特殊地层。

沉管法、顶进法、明挖法等则是用来修建水底隧道、地下铁道、城市市政隧道以及埋深很浅的山岭隧道。

选择施工方案时要考虑的因素有如下几方面：工程的重要性，隧道所处的工程地质和水文地质条件，施工技术条件和机械装备状况，施工中动力和原材料供应情况，工程投资与运营后的社会效益和经济效益，施工安全状况，有关污染、地面沉降等环境方面的要求和限制。

第二节　隧道施工方法

一、新奥法

1．新奥法施工特点

新奥法施工的特点，见表 7–1。

2．新奥法理论要点及施工要点

（1）新奥法与传统施工方法的区别

传统方法认为巷道围岩是一种荷载，应用厚壁混凝土支护松动围岩。而新奥法认为围岩是一种承载机构，构筑薄壁、柔性、与围岩紧贴的支护结构（以喷射混凝土、锚杆为主要手段），并使围岩与支护结构共同形成支撑环来承受压力，并最大限度地保持围岩稳定，而不致松动破坏。

表 7–1　新奥法施工的特点

特点	主要内容
封闭性	由于喷锚支护能及时施工，而且是全面密粘的支护，因此能及时有效地防止因水和风化作用造成围岩的破坏和剥落，制止膨胀岩体的潮解和膨胀，保护原有岩体强度。巷道开挖后，围岩由于爆破作用产生新的裂缝，加上原有地质构造上的裂缝，随时都有可能产生变形或塌落。喷射混凝土支护以较高的速度射向岩面，能很好地充填围岩的裂隙、节理和凹穴，大大提高了围岩的强度。同时喷锚支护起到了封闭围岩的作用，隔绝了水和空气同岩层的接触，使裂隙充填物不致软化、解体而使裂隙张开，导致围岩失去稳定
及时性	新奥法施工采用喷锚支护为主要手段，可以最大限度地紧跟开挖作业面施工，因此可以利用开挖施工面的时空效应，以限制支护前的变形发展，阻止围岩进入松动的状态，在必要的情况下可以进行超前支护，加之喷射混凝土的早强和令面粘结性，因而保证了支护的及时性和有效性。在巷道爆破后立即施以喷射混凝土支护，能有效地制止岩层变形的发展，并控制应力降低区的伸展而减轻支护的承载，增强了岩层的稳定性
柔性	由于喷锚支护具有一定柔性，可以和围岩共同产生变形，在围岩中形成一定范围的非弹性变形区，并能有效控制允许围岩塑性区适度的发展，使围岩的自承能力得以充分发挥。另一方面，喷锚支护在与围岩共同变形中受到压缩，对围岩产生越来越大的支护反力，能够抑制围岩产生过大变形，防止围岩发生松动破坏
粘结性	喷锚支护同围岩能全面粘结，这种粘结作用可以产生三种作用：连锁作用、复合作用和增加作用

新奥法将围岩视为巷道承载构件的一部分，因此，施工时应尽可能全断面掘进，以减少巷道周边围岩应力的扰动，并采用光面爆破、微差爆破等措施工减少对围岩的振动，以保证其整体性。同时注意巷道表面尽可能平滑，避免局部应力集中。新奥法将锚杆、喷射混凝土适当进行组合，形成比较薄的衬砌层，即用锚杆和喷射混凝土来支护围岩，使喷射层与围岩紧密结合，形成围岩支护系统，保持两者的共同变形，可以最大限度地利用围岩本身的承载力。

（2）保护巷道围岩自身的承载能力

新奥法施工在巷道开挖后采取了一系列综合性措施，如构筑防水层，围岩巷道排水；选择合理的断面形状尺寸；给支护留变形余量；开巷后及时做好支护，封闭围岩等。采取上述措施是为保护巷道围岩的自身承载能力，把围岩的扰动影响控制在最小范围内，并加固围岩，提高围岩强度，使其与人工支护结构共同承受巷道压力。

允许围岩有一定量的变形，以利于发挥围岩的固有强度，同时巷道的支护结构也应具有预定的可缩量，以缓和巷道压力。

（3）新奥法施工过程中量测工作的特殊性

量测结果可以作为施工现场分析参数和修改设计的依据，因而能够预见事故和险情，以便及时采取措施，防患于未然，提高施工的安全性。

3. 新奥法的主要支护手段与施工顺序

新奥法是以喷射混凝土、锚杆支护为主要支护手段。锚杆喷射混凝土支护形成柔性薄层，与围岩紧密粘结形成可缩性支护结构，允许围岩有一定的变形协调，而不使支护结构承受过大的压力。

施工顺序可以概括为：开挖→第一次支护→第二次支护。

（1）开挖

开挖作业的内容依次包括：钻孔、装药、爆破、通风、出渣等。开挖作业与第一次支护作业同时交叉进行，为保护围岩的自身支撑能力，第一次支护工作应尽快进行。为了充分利用围岩的自身支撑能力，开挖应采用光面爆破（控制爆破）或机械开挖，并尽量采用全断面开挖，地质条件较差时可以采用分块多次开挖。一次开挖长度应根据岩质条件和开挖方式确定。一般在中硬岩中长度约为 2 ~ 2.5m，在膨胀性地层中大约为 0.8 ~ 1.0m。

（2）第一次支护

第一次支护作业包括：一次喷射混凝土、打锚杆、联网、立钢拱架、复喷混凝土。

在巷道开挖后，为争取时间，应尽快喷一薄层混凝土（厚度 3 ~ 5mm），在较松散的围岩掘进中第一次支护作业是在开挖的渣堆上进行的，待把未被渣堆覆盖的开挖面的一次喷射混凝土完成后再出渣。

按一定系统布置锚杆，加固深度围岩，在围岩内形成承载拱，由喷层、锚杆及岩面承载拱构成外拱，起临时支护作用，同时又是永久支护的一部分。复喷后应达到设计厚度（10 ~ 15mm），并要求将锚杆、金属网、钢拱架等覆裹在喷射混凝土内。

在地质条件非常差的破碎带或膨胀性地层（如风化花岗岩）中开挖巷道，为了延长围岩的自稳时间，为了给等一次支护争取时间，需要在开挖工作面的前方围岩进行超前支护（预支护），然后再开挖。在安装锚杆的同时，在围岩和支护中埋设仪器或测点，进行围岩位移和应力的现场测量，依据测量得到的信息来了解围岩的动态以及支护抗力与围岩的相适应程度。

（3）第二次支护

第一次支护后，在围岩变形趋于稳定时，进行第二次支护和封底，即永久性的支护（补喷射混凝土或浇筑混凝土内拱），起到提高安全度和增强整个支护承载能力的作用，而此支护时机可以由监测结果得到。底板不稳、底鼓变形严重，必然牵动侧墙及顶部支护不稳，所以应尽快封底，形成封闭式的支护，以确保围岩的稳定。

4. 新奥法适用范围

新奥法适用于：具有较长自稳时间的中等岩体；弱胶结的砂和石砾以及不稳定的砾岩；强风化的岩石；刚塑性的黏土泥质灰岩和泥质灰岩；坚硬黏土，也有带坚硬夹层的黏土；微裂隙的，但很少黏土的岩体；在很高的初应力场条件下，坚硬的和可变坚硬的岩石。

二、隧道掘进机法

1. 岩石隧道掘进机法基本概念

岩石隧道掘进机法是利用岩石隧道掘进机在岩石地层中暗挖隧道的一种施工方法。所谓岩石地层是指该地层有硬岩、软岩、风化岩、破碎岩等类，在其中开挖的隧道称为岩石隧道。施工时所使用的机械通常称为岩石隧道掘进机。岩石掘进机是利用回转刀盘又借助推进装置的作用力，使刀盘上的滚刀切割（或破碎）岩面以达到破岩开挖隧道(洞)的目的。按岩石的破碎方式，大致分为挤压破碎式与切削破碎式，前者是将大的推力给予刀具，通过刀具的楔子作用进行岩石的挤压破碎，后者是利用旋转扭矩在刀具的切线方向及垂直方向上进行切削的方式。按刀具切削头的旋转方式，可分为单轮旋转式与多轴旋转式两种。

2. 岩石隧道掘进机法的主要特点

利用掘进机开挖隧道与常规的钻爆法相比，主要有以下特点：

(1)掘进效率高。掘进机开挖时，可以实现连续作业，从而可以保证破岩、出渣、支护一条龙作业。在钻爆法施工中，钻眼、放炮、通风、出渣等作业是间断性的，因而开挖速度慢、效率低。掘进效率高是掘进机发展较快的主要原因。

(2)掘进机开挖施工质量好，且超挖量少。掘进机开挖的隧道（洞）内壁光滑，不存在凹凸现象，从而可以减少支护工程量，降低工程费用。而钻爆法开挖的隧道内壁粗糙、凹凸不平，且超挖量大，衬砌厚，支护费用高。

(3)对岩石的扰动小。掘进机开挖施工可以大大改善开挖面的施工条件，而且周围岩层稳定性较好，从而保证了施工人员的健康和安全。

(4)掘进机对多变的地质条件（断层、破碎带、挤压带、涌水及坚硬岩石等）的适应性较差。但近年来随着技术进步，采用了盾构外壳保护型的掘进机，施工既可以在软弱和多变的地层中掘进，又能在中硬岩层中开挖施工；由于掘进机结构复杂，对材料的要求较高，零部件的耐久性要求高，因而制造的价格较高。

3. 岩石隧道掘进机的分类

（1）按切削方式分类

目前使用较多的隧道掘进机分为全断面切削方式和部分断面切削方式两类，部分断面切削方式是挖掘煤炭用的机械在隧道挖掘施工上的应用，全断面切削方式一般开挖的断面是圆形的。

（2）按开挖地层分类

一般分为土质隧道掘进机和岩石隧道掘进机两种。

4. 罗宾斯回合掘进机的分类

罗宾斯掘进机可分为三大类：桁架式掘进机，常用于软岩开挖；撑板式掘进机，用于开挖不易塌落或密实的岩石；盾构式掘进机，适用于混合型地层（部分硬的黏土或坚实的砂土层）。

5. 岩石隧道掘进机的适用范围

由于岩石隧道掘进机的断面外径大的可达 10m 多，小的仅 1.8m，并且岩石掘进机和辅助施工技术日臻完善，现代高科技成果的广泛应用（液压新技术、电子技术和材料科学技术等），大大提高了岩石掘进机对各种困难条件的适应性。

（1）从地层岩性条件看适用范围

掘进机一般只适用于圆形断面隧道，只有铣削滚筒式掘进机在软岩层中可掘削成非圆形隧道（自由断面隧道）。开挖隧道直径在 1.8 ~ 12m 之间，以 3 ~ 6m 直径为最成熟。一次性连续开挖隧道长度不宜短于 1km，也不宜长于 10km，以 3 ~ 8km 最佳。

（2）从隧道的形状、选址条件看适用范围

开挖成圆形面时，对水工隧道是适用的，对铁路、公路隧道，由于不需要断面增多且不经济，因此在设计断面时，必须对开挖直径、开挖位置充分研究。

第三节 隧道支护和衬砌

一、隧道支护

1. 隧道支护概述

施工支护是隧道开挖时，对围岩稳定能力不足的地段，加设支护使其稳定的措施。其中，开挖后除围岩完全能够自稳而无须支护以外，为维护围岩稳定而进行的支护称为初期支护。若围岩完全不能自稳，表现为随挖随坍甚至见挖即坍，则须先支护后开挖，称为超前支护。必要时还须先进行注浆加固围岩和堵水，然后才能开挖，称为地层改良。为了保证在运营期间的安全、耐久，减少阻力和美观，设计中一般采用混凝土或钢筋混凝土内层衬砌，称为二次支护。

2. 锚喷支护

（1）锚喷支护的特点

1）灵活性锚喷支护是由喷射混凝土、锚杆、钢筋网等支护部件进行适当组合的支护形式。它们既可以单独使用，也可以组合使用，可以用于局部加固，也易于进行整体加固，既可以一次完成，也可以分次完成。锚喷支护能充分体现“先柔后刚，按需提供”的原则。

2）及时性锚喷支护能在施作后迅速发挥其对围岩的支护作用。这不仅体现在时间上，即早期强度高的特性，能提供早期支护作用，而在空间上也能使锚喷在最大限度地紧跟开挖面施工，甚至可以利用锚杆进行超前支护。

3）密贴性喷射混凝土能与坑道周边的围岩全面、紧密地粘贴，因而可以抵抗岩块之间沿节理的剪切和张裂。从整体结构来看，喷射混凝土填补了洞壁的凹穴，使洞壁变得圆顺，从而减少了应力集中。

4）协同性锚杆能深入围岩体内部一定深度，对围岩起约束作用。由于系统锚杆在围岩中形成一定厚度的锚固区，使锚杆和岩体形成一个协同作用的整体，其承载能力和稳定能力显著增强；锚喷支护属于柔性支护，它可以较便利地调节围岩变形，允许围岩作有限的变形，即允许在围岩塑性区有适应的发展，以发挥围岩的自承能力；封闭性喷射混凝土能全面及时地封闭围岩，这种封闭不仅阻止了洞内潮气和水对围岩的侵蚀作用，减少了膨胀性岩体的潮解软化和膨胀，而且能够及时有效地阻止围岩变形，使围岩较早地进入变形收敛状态。

（2）锚喷支护的设计

锚喷支护的设计方法有三种：工程类比法、理论计算法和现场监控法。

三种方法的并用是今后发展的方向，其设计程序是：用工程类比法先行初步隧道设计；再根据工程实际的情况，选择适当的理论计算方法，分析洞室稳定性，验算初步设计的支护参数；然后在施工中对“围岩—支护”结构体系的力学动态进行必要而有效的现场监控量测，以期提供信息和围岩地质详勘结果，把原设计和施工中与实际不符部分予以变更，使之与实际情况相符。

（3）锚杆的施工

1）普通水泥砂浆锚杆

普通水泥砂浆锚杆是以普通水泥砂浆作为胶粘剂的全长粘结式锚杆。

2）早强水泥砂浆锚杆

早强水泥砂浆锚杆的构造、设计和施工与普通水泥砂浆锚杆基本相同，所不同的是早强水泥浆的胶粘剂是由硫铝酸盐早强水泥、砂、Ⅱ型早强剂和水组成。因此，它具有早期强度高、承载快、不增加安装困难等优点，弥补了普通水泥砂浆锚杆早期强度低、承载慢的不足。尤其是在软弱、破碎、自稳时间短的围岩中显示出其一定的优越性，但要注意的是注浆作业开始或中途停止超过 30mm 时，应测定砂浆坍落度，其值小于 10mm 时，不得注入罐内使用。

3）早强药包锚杆

早强药包锚头锚杆是以快硬水泥卷、早强砂浆卷或树脂卷作为内锚固剂的内锚头锚杆。

（4）喷射混凝土

喷射混凝土是使用混凝土喷射机，按一定的混合程序，将掺有速凝剂的细石混凝土喷射到岩壁表面上，并迅速固结成一层支护结构，从而对围岩起到支护作用。

喷射混凝土是一种新型的支护结构，又是一种新的工艺。因为其灵活性很大，可以根据需要分次追加厚度,所以可以作为隧道工程类围岩的永久支护和临时支护，也可以与各种类型的锚杆、钢纤维、钢拱架、钢筋网等构成复合式支护。随着喷射混凝土技术的进步和发展，特别是原材料、速凝剂及其他外加剂、施工工艺、机械的研究和应用，喷射混凝土的使用将有广阔的发展前景。

（5）钢拱架

无论是采用喷射混凝土还是锚杆（加长、加密锚杆），或是在混凝土中加入钢筋网、钢纤维，都主要是利用其柔性和韧性，而对其整体刚度并没有过多要求。这对支护不太破碎的围岩（Ⅲ类硬岩至Ⅴ类围岩）使其稳定是可行的。当围岩软弱破碎严重（Ⅲ类软岩至Ⅰ类围岩），其自稳性差，开挖后要求早期支护具有较大的刚度，以阻止围岩的过度变形和承受部分松弛荷载。

二、隧道衬砌

为了保证隧道工程的长期使用，确保隧道的安全，要对开挖好的隧道进行衬砌，其形式有三种：整体式衬砌、复合式衬砌和锚喷衬砌。

整体式衬砌主要在传统的矿山法施工时运用。

复合式衬砌是由初期支护和二次支护组成的。初期支护在前面介绍的锚喷就是其代表形式，它是帮助围岩达到施工期间的初步稳定，二次支护则是提供安全储备或承受后期围岩压力。

锚喷衬砌就是只用锚喷手段对围岩支护增加一定的安全储备量，主要适用于Ⅳ

类及以上围岩条件。

1. 模筑衬砌

模筑衬砌也就是采用模筑混凝土作为衬砌材料进行内层衬砌。多采用顺作法，即按由下而上，先墙后拱的顺序连续灌筑。在隧道纵向需分段进行，一般每段为 9 ~ 12m。要求配存足够的混凝土连续生产能力和便于装卸和就位的拼装式模板。其施工程序简化，衬砌整体性和受力条件较好。

2. 模板类型

模筑衬砌要有一个装卸和就位方便的模板，其类型有：整体移动式模板台车、穿越式（分体移动）模板台车和拼装式拱架模板。

（1）整体移动式模板台车

整体移动式模板台车主要适用于全断面一次开挖成形或大断面开挖成形的隧道衬砌施工。它是采用大块模板、机械式脱模、背附式振捣设备集装成整体，并在轨道上走行，有的还设有自行设备，从而缩短立模时间，墙拱连续浇筑，加快衬砌施工速度。

模板台车的长度即一次模筑段长度，应根据施工进度要求、混凝土生产能力和灌注技术要求以及曲线隧道的曲线半径等条件来确定。整体移动式模板台车的生产能力大，可配合混凝土输送泵联合作业。它是较先进的模板设备，但其尺寸大小比较固定，可调范围较小，影响其适用性，且一次性设备投资较大。

（2）穿越式（分体移动）模板台车

这种台车的走行机构与整体模板之间是可以分离的，因此可用一套行走机构与几套模板配合，提高行走机构的利用率，用时可以多段衬砌同时施作，提高衬砌速度。

（3）拼装式拱架模板

拼装式拱架模板就是采用型钢制作或现场用钢筋加工成桁架式拱架，配合采用厂制定型组合钢模板拼装组合成的衬砌模板。其拱架为便于安装和运输，常将整榀拱架分解为 2 ~ 4 节，进行现场组装，其组装连接方式有夹板连接和端板连接两种形式。为减少安装和拆卸工作量，可以做成简易移动式拱架，即将几榀拱架连成整体，并安设简易滑移轨道。

3. 衬砌施工

（1）施工前准备

隧道衬砌施工时，其中线、标高、断面尺寸和净空大小均须符合设计要求。

1）断面检查

根据隧道中线和水平测量，检查开挖断面是否符合设计要求，欠挖部分按规范要求进行修凿，并做好断面检查记录。

复核隧道工程地质和水文地质情况，分析围岩稳定性特点，根据地质情况的变化及围岩的稳定状态，制定施工技术措施或变更施工方法。

对已完成支护地段，应继续观察隧道稳定状态，注意支护的变形、开裂、侵入净空等现象，及时记录，作长期稳定性评价。

2）模板就位

根据隧道中线、标高及断面尺寸，测量确定衬砌立模位置。

采用整体移动式模板台车时，实际是确定轨道的位置。轨道铺设应稳固，其位移和沉降量均应符合施工误差要求。轨道铺设和台车就位后，都应进行位置、尺寸检查。为了保证衬砌不侵入建筑限界，须预留误差量和沉落量，且要注意曲线加宽。使用拼装式拱架模板时，立模前应在洞外样台上将拱架和模板进行试拼，检查其尺寸、形状，不符合要求的应予修整。配齐配件，模板表面要涂抹防锈剂。洞内重复使用时亦应注意检查修整。拱架模板尺寸应按计算的施工尺寸放样到放样台上。

使用整体移动式模板台车时，在洞外组装并调试好各机构的工作状态，检查好各部尺寸，保证进洞后投入正常使用，每次脱模后应予检修。根据放线位置，架设安装拱架模板或模板台车就位。安装和就位后，应做好各项检查，包括位置、尺寸、方向、标高、坡度、稳定性等。

（2）浇筑模筑混凝土

由于洞内狭小，混凝土的拌合多在洞外拌制好后，用运输工具运送到工作面灌筑，因此要求尽快浇筑。浇筑时应使混凝土充满所有角落并进行充分捣固。混凝土运送时，原则上应采用混凝土搅拌运输车，采用其他方法运送时，应确保混凝土在运送中不产生离析、损失及混入杂物。已达初凝的混凝土不得使用。

第八章　工程项目管理规划

第一节　工程项目管理规划的概念、作用和要求

一、工程项目管理规划的概念

规划是指一项综合性的、完整的、全面的总体计划，包含目标、政策、程序、任务的分配、采用的步骤、使用的资源及为完成既定行动所需要的其他因素。

工程项目管理规划是对工程项目管理的各项工作进行的综合性的、完整的、全面的总体计划，主要内容包括工程项目管理目标的研究与目标的细化、工程项目的范围管理和工作结构分解、工程项目管理实施组织策略的制定、工程项目管理工作程序、工程项目管理组织和任务的分配、工程项目管理所采用的步骤和方法、工程项目管理所需资源的安排和其他问题的确定等。

二、工程项目管理规划的作用

规划实质上就是计划，因此规划的作用就是计划的作用。与传统的计划不同，工程项目管理规划的范围更大，综合性更强，所以它有更为特殊的作用。

（1）工程项目管理规划是对工程项目构思、工程项目目标更为详细的论证。在工程项目的总目标确定后，通过工程项目管理规划可以分析研究总目标能否实现，总目标确定的费用、工期、功能要求能否得到保证，能否够达到综合平衡。

（2）规划结果是许多更细、更具体的目标的组合，是明确各个阶段的责任和中间决策的依据。

（3）工程项目管理规划是工程项目管理实际工作的指南和工程项目实施控制的依据，即工程项目管理规划是对工程项目管理实施过程进行监督、跟踪和诊断的依据，是评价和检验工程项目管理实施成果的尺度，是对各层次工程项目管理人员业绩评价和奖励的依据；工程项目管理规划为业主和工程项目的其他方面（如投资者）提供需要了解和利用的工程项目管理规划信息。在现代工程项目中，没有周密的工程项目管理规划，或工程项目管理规划得不到贯彻和保证，就不可能取得工程项目

的成功。

三、工程项目管理规划的要求

工程项目管理规划作为对工程项目管理的各项工作进行的综合性、完整的、全面的总体计划，应符合目标的研究与分解要求、实际要求、全面性要求、内容的完备性和系统性要求、集成化要求、有弹性并留有余地要求、风险分析要求等。

1. 目标的研究与分解要求

目标的研究与分解要求是工程项目管理最基本的要求。工程项目管理规划是为保证实现工程项目管理总目标而做的各种安排，因此目标是规划的灵魂，必须详细地分析工程项目总目标，弄清总任务，并与各相关方就总目标达成共识。如果对目标和任务的理解有误或不完全，则必然会导致工程项目管理规划的失误。

2. 实际要求

在工程项目管理规划的制定和执行过程中应进行充分的调查研究，以保证工程项目管理规划的科学性和实用性。

（1）符合环境条件：大量的环境调查和充分利用调查结果，是制定正确工程项目管理规划的前提条件。

（2）反映工程项目本身的客观规律：按工程项目规模、质量水平、复杂程度、工程项目自身的逻辑性和规律性做工程项目管理规划，不能过于强调压缩工期、降低费用和提高质量。

（3）反映工程项目管理相关各方的实际情况：包括业主的支付能力、设备供应能力、管理和协调能力；承包商的施工能力、劳动力供应能力、设备装备水平、生产效率和管理水平、过去同类工程项目的经验；承包商现有在手工程项目的数量，对本工程项目能够投入的资源数量；设计单位、供应商、分包商等完成相关任务的能力和组织能力等。

3. 全面性要求

工程项目管理规划必须包括工程项目管理的各个方面和各种要素，必须对工程项目管理的各个方面做出安排，提供各种保证，形成一个非常周密的多维的系统。特别要考虑工程项目的设计和运行维护，考虑工程项目的组织及工程项目管理的各个方面。与工程项目计划和项目的规划不同，工程项目管理规划更多地考虑工程项目管理的组织、工程项目管理系统、工程项目的技术定位、工程项目的功能策划、工程项目的运行准备和工程项目的运行维护，以使工程项目目标能够顺利实现。由于规划过程又是资源分配的过程，为了保证工程项目管理规划的可行性，还必须注意工程项目管理规划与工程项目规划和企业计划的协调。

4. 内容的完备性和系统性要求

由于工程项目管理对工程项目实施和运营具有重要作用，工程项目管理规划的内容十分广泛，涉及工程项目管理的各个方面，通常包括工程项目管理的目标分解、环境调查、工程项目范围管理和工作结构分解、工程项目实施策略、工程项目组织和工程项目管理组织设计，以及对工程项目相关工作的总体安排（如功能策划、技术设计、实施方案和组织、建设、融资、交付、运行的全部）等。

5. 集成化要求

工程项目管理规划所涉及的各项工作之间应有很好的接口。工程项目管理规划应反映规划编制的基础工作、规划的各项工作，以及规划编制完成后相关工作之间的系统联系。相关工作之间的系统联系主要包括以下内容：

各个相关计划的先后次序和工作过程关系；相关计划之间的信息流程关系；与计划相关的各个职能部门之间的协调关系；工程项目各参加者（如业主、承包商、供应商、设计单位等）之间的协调关系。

6. 有弹性并留有余地要求

由于工程项目管理规划在执行过程中会受到许多因素的干扰，编制工程项目管理规划时要留足空间，出现以下情况需要做出调整：

受市场变化、环境变化、气候的影响，使原目标和工程项目管理规划内容不符合实际；投资者情况的变化、新的主意、新的要求；其他方面的干扰，如政府部门的干预、新的法律的颁布；可能存在计划、设计考虑不周、错误或矛盾，造成工程量的增加、减少或方案的变更，以及由于工程质量不合格而引起返工。

7. 风险分析要求

工程项目管理规划中必须包括相应的风险分析的内容，对可能发生的困难、问题和干扰做出预测，并提出预防措施。

第二节 工程项目管理规划的内容

一、工程项目管理规划的具体内容

在工程项目中，不同的管理者进行不同内容、范围、层次和对象的工程项目管理工作，他们的工程项目管理规划的内容会有一定的差别，但这些工程项目管理规划都是针对工程项目管理工作过程的，因此在性质上应该具有一致性，主要内容有许多共同点。

1. 工程项目管理目标分析

工程项目管理目标分析的目的是确定适合工程项目特点和要求的工程项目目标体系，工程项目管理规划是为了保证工程项目管理目标的实现，目标是工程项目管理规划的灵魂。

工程项目立项后，工程项目的总目标已经确定。对总目标进行研究和分解，即可确定阶段性的工程项目管理目标。进行工程项目管理目标分析时，还应确定编制工程项目管理规划的指导思想或策略，使各方面的人员在工程项目管理规划的编制和执行过程中有总的指导方针。

2. 工程项目实施环境分析

工程项目实施环境分析是工程项目管理规划的基础性工作。在规划工作中，掌握相应的工程项目环境信息，是开展各项工作的前提。通过环境调查，确定工程项目管理规划的环境因素和制约条件，搜集影响工程项目实施和工程项目管理规划执行的宏观和微观的环境因素的资料，特别要注意尽可能利用以前同类工程项目的总结和反馈信息。

3. 工程项目范围的划定和工作结构分解

（1）根据工程项目管理的目标，分析和划定工程项目的范围。

（2）对工程项目范围内的工作进行研究和分解，即进行工作结构分解。

工作结构分解在国外称为 WBS，是指把工作对象作为一个系统，将其分解为相互独立、相互影响（制约）和相互联系的活动（或过程）。进行工作结构分解，有助于工程项目管理人员更精确地把握工程项目的系统组成，并为建立工程项目组织、进行工程项目管理目标的分解、安排各种职能管理工作提供依据。进行工程施工和工程项目管理（包括编制计划、计算造价、工程结算等），应进行工作结构分解；进行工程项目目标管理，也必须进行工作结构分解。编制工程项目管理规划的前提就是工程项目工作结构分解。

4. 工程项目实施方针和组织策略的制定

工程项目实施方针和组织策略的制定就是确定工程项目实施和管理模式总的指导思想和总体安排，包括以下内容：

如何实施该工程项目，业主如何管理工程项目，控制到什么程度；采用的发包方式，采取的材料和设备供应方式；由业主内部完成的管理工作，由承包商或委托管理公司完成的管理工作，准备投入的管理力量。

5. 工程项目实施总计划

工程项目实施总计划包括以下内容：

工程项目总体的时间安排、重要的里程碑事件安排；工程项目总体的实施顺序；

工程项目总体的实施方案，如施工工艺、设备、模板方案，给（排）水方案等；各种安全和质量的保证措施；采购方案；现场运输和平面布置方案；各种组织措施等。

6. 工程项目组织设计

工程项目组织设计的主要内容是确定工程项目的管理模式和工程项目实施的组织模式，建立建设期工程项目组织的基本架构和责、权、利关系的基本思路。

（1）工程项目实施组织策略

工程项目实施组织策略的主要内容包括采用的分标方式、采用的工程承包方式、工程项目可采用的管理模式。

（2）工程项目分标策划

对工程项目工作结构分解得到的工程项目活动进行分类、打包和发包，考虑哪些工作由工程项目管理组织内部完成，哪些工作需要委托出去。

（3）招标和合同策划工作

招标和合同策划工作的主要内容包括招标策划和合同策划两个部分。

（4）工程项目管理模式确定

工程项目管理模式的确定的主要内容是确定业主所采用的工程项目管理模式，如设计管理模式、施工管理模式，确定是否采用监理制度等。

（5）工程项目管理组织设置

1）按照工程项目管理的组织策略、分标方式、管理模式等构建工程项目管理组织体系。

2）部门设置。管理组织中的部门，是指承担一定管理职能的组织单位，是某些具有紧密联系的管理工作和人员的集合，分布在工程项目管理组织的各个层次上。部门设置的过程，实质上就是进行管理工作的组合过程，即按照一定的方式，遵循一定的策略和原则，将工程项目管理组织的各种管理工作加以科学分类、合理组合，进而设置相应的部门来承担，同时授予该部门从事这些管理业务所必需的各种职权。

3）部门的职责分工。绘制工程项目管理责任矩阵，针对工程项目组织中某个管理部门，规定其基本职责、工作范围、拥有权限、协调关系等，并配备具有相应能力的人员以适应工程项目管理的需要。

4）管理规范的设计。为了保证工程项目组织结构能够按照设计要求正常地运行，需要设计工程项目管理规范，这是工程项目组织设计中制度化和规范化的过程。管理规范包含的内容较多，在大型项目管理规划阶段，管理规范设计主要着眼于工程项目管理组织中各部门的责任分工及工程项目主要管理工作的流程设计。

5）主要管理工作的流程设计。工程项目中的管理工作流程，按照其涉及的范围大小，可以划分为不同的层次。在工程项目管理规划中，主要研究部门之间在具体管理活动中的流程关系。流程设计的成果是各种主要管理工作的工作流程图。工作流程图的种类很多，有箭头图、矩阵框图（表格式）和程序图等。

6）工程项目管理信息系统的规划。

对新的大型项目，必须对工程项目管理的信息系统做出总体规划。

二、不同层次的工程项目管理规划

在工程项目中，不同的对象有不同层次、内容、角度的工程项目管理，对工程项目的实施和管理最重要和影响最大的是业主、承包商和监理工程师，他们都需要做相应的工程项目管理规划，但他们编制的工程项目管理规划的内容、角度和要求是不同的。

1．业主的工程项目管理规划

业主的任务是对整个工程项目进行总体的控制。在工程项目被批准立项后，业主应根据工程项目任务书对工程项目的管理工作进行规划，以保证全面完成工程项目任务书规定的各项任务。

业主的工程项目管理规划的内容、详细程度、范围，与业主所采用的工程项目管理模式有关。

（1）采用“设计—施工—供应”总承包模式，则工程项目管理规划就比较宏观、粗略。

（2）采用分专业分阶段平行发包模式，则必须做比较详细、具体、全面的工程项目管理规划。

业主的工程项目管理规划是大纲性质的，对整个工程项目管理有规定性，而监理单位（或工程项目管理公司）和承包商的工程项目管理规划就可以看作是业主的工程项目管理规划的细化。业主的工程项目管理规划可以由咨询公司协助编制。

2．监理单位（或工程项目管理公司）的工程项目管理规划

监理单位（或工程项目管理公司）为业主提供工程项目的咨询和管理工作。监理单位（或工程项目管理公司）经过投标，与业主签订合同，承接业主的监理（工程项目管理）任务。按照我国的《建设工程监理规范》，监理单位在投标文件中必须提出本建设工程的监理大纲，在中标后必须按照监理大纲和监理合同的要求编制监理规划。由于监理单位是为业主进行工程项目管理，所以监理单位所编制的监理大纲就是相关工程项目的管理规划大纲，监理规划就是工程项目管理实施规划。

3．承包商的工程项目管理规划

承包商与业主签订工程项目承包合同，承接业主的工程项目施工任务，则承包商就必须承担该合同范围内的施工项目的管理工作。按照我国的《建设工程项目管

理规范》，施工项目管理规划也包括规划大纲和实施规划两类文件。

（1）施工项目管理规划大纲。施工项目管理规划大纲必须在施工项目投标前由投标人编制，用以指导投标人进行施工项目投标和签订施工合同。

（2）施工项目管理实施规划。施工项目管理实施规划必须由施工项目经理组织施工项目经理部在工程开工之前编制完成，用以策划施工项目目标、管理措施和实施方案，以保证施工项目合同目标的实现。

三、项目管理规划目标的落实

1. 目标管理程序

工程项目管理应用目标管理方法，可大致分为以下几个阶段。

（1）确定工程项目组织内各层次、各部门的任务分工，既对完成施工任务提出要求，又对工作效率提出要求。

（2）把工程项目组织的任务转换为具体的目标。该目标有两类：一类是产品成果性目标，如工程质量、进度等；另一类是管理效率性目标，如工程成本、劳动生产率等。

（3）落实制定的目标。落实目标，一是要落实目标的责任主体，即谁对目标的实现负责；二是要明确目标主体的责、权、利；三是要落实对目标责任主体进行检查、监督的上一级责任人及手段；四是要落实目标实现的保证条件。

（4）对目标的执行过程进行调控。监督目标的执行过程，进行定期检查，发现偏差时，要分析产生偏差的原因，及时进行协调和控制，并对目标执行好的主体进行适当的激励；对目标完成的结果进行评价，即把目标执行结果与计划目标进行对比，以评价目标管理的效果。

2. 目标管理点

目标分解以后，要整理成结构分析表，并从中找出目标管理点。目标管理点是指在一定时期内，影响某一目标实现的关键问题和薄弱环节。目标管理点就是重点管理对象。不同时期的目标管理点是不同的，对目标管理点应制订措施和管理计划。

3. 目标落实

目标分解不等于责任落实。落实责任是定出责任人，即定出主要责任人、次要责任人和关联责任人。目标落实要定出检查标准，也要定出实现目标的具体措施、手段和各种保证条件。

4. 工程项目管理层的目标实施和经济责任

工程项目管理层的目标实施和经济责任一般有以下的内容：

根据工程项目承包合同要求，树立用户至上的思想，完成施工任务；在施工过程中，按企业的授权范围处理好施工过程中所涉及的各种外部关系。努力节约各种生产要素，降低工程项目成本，实现施工的高效、安全、文明。努力做好工程项目核算，做好施工任务、技术能力、进度的优化组合和平衡，最大限度地发挥施工潜力，做好原始记录。做好队伍的精神文明建设。及时向企业管理层提供资料和信息。

第三节　工程项目管理规划文件

一、工程项目管理规划大纲

工程项目管理规划大纲是工程项目管理工作中具有战略性、全局性和宏观性的指导文件，显示投标人的技术和管理方案的可行性与先进性，利于投标竞争，应由组织的管理层或组织委托的工程项目管理单位编制。

1. 编制程序

编制工程项目管理规划大纲从明确工程项目目标到形成文件并上报审批的全过程，反映了其形成过程的客观规律。工程项目管理规划大纲的编制程序如下：

明确工程项目目标；分析工程项目环境和条件；搜集工程项目的有关资料和信息；确定工程项目管理组织模式、结构和职责；明确工程项目管理内容；编制工程项目目标计划和资源计划；汇总整理，报送审批。

2. 编制依据

工程项目管理规划大纲应与招标文件的要求相一致，为编制投标文件提供资料，为签订合同提供依据。工程项目管理规划大纲可根据下列资料编制：

可行性研究报告；设计文件、标准、规范与有关规定；招标文件及有关合同文件；相关市场信息与环境信息。

3. 工程项目管理规划大纲的内容

工程项目管理规划大纲的内容包括下列方面（见表8–1），组织应根据需要选定。

表8–1　工程项目管理规划大纲的内容

项目	内容
工程项目概况	应包括工程项目的功能、投资、设计、环境、建设要求、实施条件（合同条件、现场条件、法规条件、资源条件）等，不同的工程项目管理者可根据各自管理的要求确定内容
工程项目管理目标规划	应明确质量、成本、进度和职业健康安全的总目标并进行可能的目标分解

续表

项目	内容
工程项目成本管理规划	应包括管理依据、程序、计划、实施、控制和协调等方面
工程项目范围管理规划	应对工程项目的过程范围和最终可交付工程的范围进行描述
工程项目进度管理规划	应包括管理依据、程序、计划、实施、控制和协调等方面
工程项目职业健康安全与环境管理规划	应包括管理依据、程序、计划、实施、控制和协调等方面
工程项目管理组织规划	应包括组织结构形式、组织构架、确定工程项目经理和职能部门、主要成员人选及拟建立的规章制度等
工程项目采购与资源管理规划	应包括管理依据、程序、计划、实施、控制和协调等方面
工程项目质量管理规划	应包括管理依据、程序、计划、实施、控制和协调等方面
工程项目沟通管理规划	主要指工程项目管理组织就工程项目所涉及的各有关组织及个人相互之间的信息沟通、关系协调等工作的规划
工程项目收尾管理规划	包括工程收尾、管理收尾、行政收尾等方面的规划
工程项目信息管理规划	主要指信息管理体系的总体思路、内容框架和信息流设计等规划
工程项目风险管理规划	主要是对重大风险因素进行预测、估计风险量、进行风险控制、转移或自留的规划

二、工程项目管理实施规划

工程项目管理实施规划应以工程项目管理规划大纲的总体构想和决策意图为指导，具体规定各项管理业务的目标要求、职责分工和管理方法，把履行合同和落实工程项目管理目标责任书的任务贯穿其中，是工程项目管理人员的行为指南，应由工程项目经理组织编制。承包人的工程项目管理实施规划可以用施工组织设计或质量计划代替，但应能够满足工程项目管理实施规划的要求，大中型工程项目应单独编制工程项目管理实施规划。

1．编制程序

工程项目管理实施规划编制的主要内容是组织编制。在具体编制时，各项内容仍存在先后顺序关系，需要统一协调和全面审查，以保证各项内容的关联性。编制工程项目管理实施规划应遵循下列程序：

了解工程项目相关各方的要求；分析工程项目条件和环境；熟悉相关的法规和文件；组织编制；履行报批手续。

2．编制依据

在编制工程项目管理实施规划的依据中，最主要的是工程项目管理规划大纲，应保持二者的一致性和连贯性，其次是同类工程项目的相关资料。工程项目管理实施规划可根据下列资料编制：

工程项目管理规划大纲；工程项目条件和环境分析资料；工程合同及相关文件；同类工程项目的相关资料。

3．工程项目管理实施规划的内容

工程项目管理实施规划应包括的内容如下：

（1）工程项目概况：应在工程项目管理规划大纲的基础上根据工程项目实施的需要进一步细化。

（2）总体工作计划：应明确工程项目管理目标、工程项目实施的总时间和阶段划分，对各种资源的总投入做出安排，提出技术路线、组织路线和管理路线。

（3）组织方案：应编制出工程项目的工程项目结构图、组织结构图、合同结构图、编码结构图、重点工作流程图、任务分工表、职能分工表，并进行必要的说明。

（4）技术方案：主要是技术性或专业性的实施方案，应辅以构造图、流程图和各种表格。

（5）进度计划：应编制出能反映工艺关系和组织关系的计划、可反映时间计划和相应进程的资源（人力、材料、机械设备和大型工具等）需用量计划，并进行相应的说明。

（6）质量计划；职业健康安全与环境管理计划；成本计划；资源需求计划；风险管理计划；信息管理计划；工程项目沟通管理计划；工程项目收尾管理计划：这些内容均应按《建设工程项目管理规范》相应章节的条文及说明编制。为了满足工程项目实施的需求，应尽量细化，尽可能利用图表表示。

各种管理计划（规划）应保存编制的依据和基础数据，以备查询和满足持续改进的需要。在资源需求计划编制前，应与供应单位协商，编制后应将计划提交给供应单位。

（7）工程项目现场平面布置图：按施工总平面图和单位工程施工平面图设计和布置的常规要求进行编制，须符合国家有关标准。

（8）工程项目目标控制措施：应针对目标需要进行制定，具体包括技术措施、经济措施、组织措施和合同措施等。

（9）技术经济指标：应根据工程项目的特点选定有代表性的指标，且应突出实施难点和对策，以满足分析评价和持续改进的需要。

4．实施规划的要求

每个工程项目的工程项目管理实施规划执行完成以后，都应当按照管理的策划、实施、检查、处置（PDCA）循环原理进行认真总结，形成文字资料，并同其他档案资料一并归档保存，为工程项目管理规划的持续改进积累管理资源。工程项目管理实施规划应符合下列要求：

工程项目经理签字后报组织管理层审批；与各相关组织的工作协调一致；进行跟踪检查和必要的调整；工程项目结束后，形成总结文件。

第九章　建筑工程项目招标投标

第一节　建筑工程项目招标投标概述

一、建筑工程项目招标投标的含义

招标投标，实际上是一种特殊商品交易方式。这种交易方式的成本比较高，但具有很强的竞争性。通过竞争，发包方或承包方在得到质量、期限等保证的同时，享受优惠的价格。当交易数量大到一定规模时，较高的交易成本就可忽略不计，因此，招标投标在工程项目承发包和大宗物资的交易中应用十分广泛。特别是建筑工程项目，我国的法律法规明确规定，除不宜招标的建筑工程项目外，都应实行招标发包。

我国从 20 世纪 80 年代初开始逐步实行招标投标制度。目前大量的经常性的招标投标业务主要集中在工程建设、机械成套设备、进口机电设备、利用国外贷款等方面，其中又以工程建设为最。建筑工程项目招标投标是在市场经济条件下，在工程承包市场中围绕建筑工程项目这一特殊商品而进行的一系列交易活动，如项目规划、可行性研究、勘察设计、施工、材料设备采购等。

建筑工程项目招标投标是引入竞争机制订立合同（契约）的一种法律形式。它是指招标人对工程建设、货物买卖、劳务承担等多种交易业务，事先公布选择分派的条件和要求，招引他人承接，若干投标人做出愿意参加业务承接竞争的意思表示，招标人按照规定的程序和方法择优选定中标人的活动。按照我国有关规定，招标投标的标的，即招标投标有关各方当事人权利和义务所共同指向的对象，包括工程、货物、劳务等。

建筑工程项目招标投标兼有经济活动与民事法律行为两种性质。建筑工程项目招标投标的目的是在工程建设中引进竞争机制，择优选定勘察、设计、设备安装、施工、装饰装修、材料设备供应、监理和工程总承包等单位，以保证缩短工期、提高工程质量和节约建设投资。建筑工程项目招标投标应该遵循公开、公平、公正和诚实信用的原则。

二、建筑工程项目招标投标的分类

建筑工程项目招标投标的类型很多，按照不同的标准可对建筑工程项目招标投标进行不同形式的分类。

1．按照行业或专业分类

按照行业或专业的不同，建筑工程项目招标投标可以划分为以下几种类型（见表 9–1）。

表 9–1　建筑工程项目招标投标按照行业或专业分类

类别	内容
勘察设计招标投标	对建筑工程项目的勘察设计任务进行的招标投标
安装工程招标投标	对建筑工程项目的设备安装任务进行的招标投标
土木工程招标投标	对建筑工程项目的土木工程任务进行的招标投标
货物采购招标投标	对建筑工程项目所需的建筑材料和设备采购任务进行的招标投标
工程咨询和建设监理招标投标	对建筑工程项目工程咨询和建设监理任务进行的招标投标
建筑装饰装修招标投标	对建筑工程项目的建筑装饰装修任务进行的招标投标
生产工艺技术转让招标投标	对建筑工程项目生产工艺技术转让进行的招标投标

2．按照工程建设程序分类

按照工程建设程序的不同，建筑工程项目招标投标可以分为以下几类。

（1）建筑工程项目可行性研究招标投标：对建筑工程项目的可行性研究任务进行的招标投标。中标的承包方要根据中标的条件和要求，向发包方提供可行性研究报告，并对其负责。承包方提供的可行性研究报告应获得发包方的认可。

（2）工程勘察设计招标投标：对建筑工程项目的勘察设计任务进行的招标投标。中标的承包方要根据中标的条件和要求，向发包方提供勘察设计成果，并对其负责。

（3）材料设备采购招标投标：对建筑工程项目所需的建筑材料和设备（如电梯、锅炉、空调等）采购任务进行的招标投标。

（4）施工招标投标：对建筑工程项目的施工任务进行的招标投标。中标的承包方必须根据中标的条件和要求提供建筑产品。

3．按照建筑工程项目的构成分类

按照建筑工程项目构成的不同，建筑工程项目招标投标可以分为以下几类（见表 9–2）。

表 9-2　按照建筑工程项目的构成分类

类别	内容
全部工程招标投标	对一个建筑工程项目的全部工程进行的招标投标
单项工程招标投标	对一个建筑工程项目中所包含的若干单项工程进行的招标投标
单位工程招标投标	对一个单项工程所包含的若干单位工程进行的招标投标
分部工程招标投标	对一个单位工程（如土建工程）所包含的若干分部工程（如土石方工程、深基坑工程、楼地面工程、装饰工程等）进行的招标投标
分项工程招标投标	对一个分部工程（如土石方工程）所包含的若干分项工程（如人工挖地槽、挖地坑、回填土等）进行的招标投标

4. 按工程承包的范围分类

（1）项目总承包招标投标：分为两种类型，一种是工程项目实施阶段的全过程招标投标，另一种是工程项目全过程招标投标。前者是在设计任务书审完后，从项目勘察、设计到交付使用进行的一次性招标投标。后者是从项目的可行性研究到交付使用进行的一次性招标投标，业主提供项目投资，提出使用要求及竣工、交付使用期限，其可行性研究、勘察设计、材料和设备采购、施工安装、职工培训、生产准备和试生产、交付使用都由一个总承包人负责承包。

（2）专项工程承包招标投标：在对工程承包招标投标中，对其中某项比较复杂，或专业性强，施工和制作要求特殊的单项工程单独进行的招标投标。

5. 按照工程是否具有涉外因素分类

（1）国内工程招标投标：对本国没有涉外因素的建筑工程项目进行的招标投标。

（2）国际工程招标投标：对有不同国家或国际组织参与的建筑工程项目进行的招标投标。国际工程招标投标，包括本国的国际工程（习惯上称涉外工程）招标投标和国外的国际工程招标投标两个部分。

国内工程招标投标和国际工程招标投标的基本原则是一致的，但在具体做法上有差异。

随着社会经济的发展和国际工程交往的增多，国内工程招标投标和国际工程招标投标在做法上的区别越来越小。

三、工程项目招标的范围

工程项目招标可以是全过程招标，其工作内容可包括可行性研究、勘察设计、物料专供、建筑安装施工乃至使用后的维修；也可以是阶段性建设任务的招标，如勘察设计、项目施工；可以是整个工程项目发包，也可以是单项工程发包。在施工阶段，按照承包内容的不同，工程项目招标的范围可分为包工包料、包工部分包料、包工不包料。进行工程项目招标时，业主必须根据工程项目的特点，结合自身的管理能力，确定工程项目的招标范围。

1. 必须招标的范围

根据《中华人民共和国招标投标法》的规定，在中华人民共和国境内进行的下列工程项目必须进行招标。

（1）大型基础设施、公用事业等关系社会公共利益、公众安全的项目。

（2）全部或者部分使用国有资金投资或者国家融资的项目。

（3）使用国际组织或者外国政府投资贷款、援助资金的项目。

2. 可以不进行招标的范围

按照《中华人民共和国招标投标法》和有关规定，属于下列情形之一的，经县级以上地方人民政府建设行政主管部门批准，可以不进行招标。

涉及国家安全、国家秘密的工程；抢险救灾工程；利用扶贫资金实行以工代赈、需要使用农民工等特殊情况的工程；建筑造型有特殊要求的工程；采用特定专利技术、专有技术进行设计或施工的工程；停建或者缓建后恢复建设的且承包人未发生变更的单位工程；施工企业自建自用的，且施工企业资质等级符合工程要求的工程；在建工程追加的且承包人未发生变更的附属小型工程或者主体加层工程；法律、法规、规章规定的其他情形。

四、各类建筑工程项目招标的条件

1. 建筑工程项目监理招标的条件

初步设计和概算已获批准；建筑工程项目的主要技术工艺要求已确定；建筑工程项目已纳入国家计划或已备案。

2. 建筑工程项目勘察设计招标的条件

设计任务书或可行性研究报告已获批准；具有设计所必需的可靠基础资料。

3. 建筑工程项目施工招标的条件

建筑工程项目具备以下条件才可以进行施工招标：

招标人已经依法成立；初步设计及概算应当履行审批手续，已经批准；有相应资金或资金来源已经落实；有招标所需的设计图纸及技术资料。

4. 建筑工程项目材料、设备供应招标的条件

建设资金（含自筹资金）已按规定落实；具有批准的初步设计或施工图设计所附的设备清单，专用、非标设备应有设计图纸、技术资料等。

五、公开招标

1. 公开招标的概念

公开招标是指招标人（业主或开发商）通过报纸、电视及其他新闻渠道公开发布招标通知，邀请所有愿意参加投标的企业参加投标的招标方式。

2. 公开招标的基本特点

公开招标的特点是采用招标公告的形式，邀请不特定的法人或者其他组织投标。公开招标是国际上最常见的招标方式，最大限度地体现了招标的公平、公正、合理原则。

3. 公开招标的适用范围

公开招标主要适用于各国政府投资或融资的建筑工程项目，使用世界银行、国际性金融机构资金的建筑工程项目，国际上的大型建筑工程项目，我国境内关系到社会公共利益、公众安全的基础设施建筑工程项目，以及公共事业项目等工程项目。

4. 公开招标的优点

公开招标是适用范围广、最有发展前景的招标方式。具体来说，公开招标的优点包括以下几个：

（1）招标人可获得合理的投标报价。由于公开招标是无限竞争性招标，有充分的选择余地，通过投标人之间的竞争，能选出质量好、工期短、价格合理的投标人，获得好的投资效益。

（2）竞争范围广，可借鉴国外的工程技术及管理经验。

（3）可提高承包企业的工程质量、生产率及竞标能力。采用公开招标能够保证所有合格投标人都有机会参加投标，以统一的衡量标准，评价自身的生产条件，使竞标企业能按照国际先进水平来促进自我发展。

（4）能防止招标投标过程中违法违纪情况的发生。公开招标是根据预先制定且众所周知的程序和标准公开进行的，有利于防范操作和监督人员的舞弊现象，为信誉好的承包人创造机会。

5. 公开招标的缺点

（1）公开招标所需费用较大，时间较长。公开招标要遵循一套周密而复杂的程序，按照一套细致且条目繁多的评价标准，从发布招标消息、投标人投标、评标到签约，通常需几个月甚至一年以上的时间，招标人还需支付较多的费用进行各项工作。

（2）公开招标需准备的文件较多，工作量较大且各项工作的具体实施难度较大。

6. 公开招标的要求

在公开招标中，招标方首先应依法发布招标公告；凡愿意参加投标的单位，可以按招标公告中指明的地址领取或购买较详细的介绍资料和资格预审表，资格预审表填好后寄送给招标单位进行审查，合格者可向招标单位购买招标文件参加投标；在规定开标日期、时间、地点（招标机构的所有决策人员和投标人在场的情况下）当众开标，出席人员应在各投标人的每份投标书的报价表上签字，所有报价均不得更改；按照国际惯例，不允许更改技术要求与财务条件，必须按条件投标报价；评标要严格保密，招标机构可以要求投标人回答或澄清其投标书中的问题（投标人答辩会），但不得调整价格。

六、邀请招标

1．邀请招标的概念

邀请招标又称为有限竞争性招标，是指招标人以投标邀请书的方式邀请特定的法人或其他组织投标。

2．邀请招标的基本特点

邀请招标的基本特点是以投标邀请书的方式邀请指定的法人或者其他组织投标。采用这种招标方式不发布招标公告，招标人根据自己的经验和所掌握的各种信息资料，向具备承担该项工程施工能力、资信良好的三个以上承包人发出投标邀请书，收到投标邀请书的单位参加投标，即不公开刊登招标公告而直接邀请某些单位投标。

3．邀请招标的适用范围

邀请招标在大多数国家适用于私人投资的中小型项目。国内规模较小的项目一般都采用邀请招标方式。目前，该方式在建筑工程项目招标中广泛采用，特别为一些实力雄厚、信誉较好的老牌开发商所垂青。

4．邀请招标的优点

邀请招标所需的时间较短，同时节省招标费用。被邀请的投标人是经招标人事先选定、具备投标资格的承包企业，不需要资格预审；被邀请的投标人数量有限，可减少评标阶段的工作量及费用支出，因此邀请招标比公开招标时间短、费用少；目标集中，招标的组织工作容易，程序比公开招标简单；邀请招标的投标人往往为 3 ~ 5 家，比公开招标的人数少，因此评标工作量减少。

5．邀请招标的缺点

不利于招标人获得最优报价和取得最佳投资效益。由于投标人较少，竞争性较差；招标人在选择被邀请人前所掌握的信息不可避免地存在一定的局限性，业主很难了解市场上所有承包人的情况，往往会忽略一些在技术报价上更具竞争力的企业。

6．邀请招标对投标人的要求

投标人当前和过去的财务状况均良好；投标人有较好的信誉；投标人的技术装

备、劳动力素质、管理水平等均符合招标工程的要求；投标人在施工期内有足够的力量承担招标工程的任务。

七、协议招标

1．协议招标的概念

协议招标又称非竞争性招标、指定性招标、议标、谈判招标，是招标人邀请不少于两家的承包人，通过直接协商谈判选择承包人的招标方式。

2．协议招标的基本特点

协议招标不是法定的招标形式，《中华人民共和国招标投标法》也未对其进行规范。这种招标方式不同于直接发包。从形式上看，直接发包没有“标”，而协议招标是有“标”的。协议招标的招标人事先需编制招标文件，有时还要有标底，协议招标的投标人必须有投标文件。

3．协议招标的适用范围

协议招标仅适用于紧急工程、有保密性要求的工程、价格很低的小型工程、零星的维修工程、不宜公开招标或邀请招标的特殊工程，如工程造价较低的工程、工期紧迫的特殊抢险工程、专业性强的工程、军事保密工程等。

4．协议招标的优点

容易迅速开展工作，达成协议，保密性好；能较快速地完成交易。由于承包人不通过竞争过程产生，也无须开标、评标、决标，所以招标人和投标人双方能在短时间内签订合同，进行施工，完成建筑工程项目；节约招标费用。协议招标对招标人的要求很高，通常都要求招标人对建筑工程行业和建筑工程企业的情况有充分了解。因此，一般选定的投标人少而精，招标投标费用低廉。

5．协议招标的缺点

协议招标竞争力差，很难获得有竞争力的报价。由于竞争性较弱，发包人比较、选择的余地小，无法获得合理报价；招标人同时与几个投标人进行谈判，使投标人之间更容易产生不合理竞争，继而使招标人难以选择到有竞争力的企业。

6．协议招标的要求

（1）协议招标必须经过三个基本阶段，即报价阶段、比较阶段和评定阶段。不过有的时候采用单项协议招标的方法也比较多，如小型改造维修工程。

（2）对不宜公开招标或邀请招标的特殊工程，应报主管机构，经批准后才可以协议招标。

八、综合性招标

1．综合性招标的概念

综合性招标是招标人将公开招标和邀请招标结合（有时将技术标和商务标分成两个阶段评选）的招标方式。

2．综合性招标的适用范围

规模大、工期长的工程项目；公开招标时尚不能决定工程内容的项目；招标人缺乏经验的新项目、大型项目；公开招标开标后，投标报价不满足招标人要求的项目。

3．综合性招标的优点

程序严密规范，有利于防范工程风险；评标时间、工作量、费用可控制在合理的范围内；招标人选择范围大，可获得合理报价，提高工程质量。

4．综合性招标的缺点

时间过程比较长；费用比较高；适用范围小。

5．综合性招标的要求

（1）首先进行公开招标，开标后（有时先评技术标）按照一定的标准，淘汰其中不合格的投标人，选出若干家合格的投标人（一般选三四家），再进行邀请招标（有时只评选商务标）。

（2）通过对被邀请投标人投标书的评价，最后决定中标人。

（3）如果同时投技术标和商务标，须将两者分开密封包装。先评审技术标，再评审技术标合格的投标人的商务标。

九、国际竞争性招标

当公开招标或综合性招标的投标人涉及几个国家时，就称为国际竞争性招标。凡是利用世界银行和国际开发协会的贷款兴建的工程项目，按照规定，均须采用国际竞争性招标方式进行招标，而参与投标的，一般应是该组织成员国的承包企业。采用国际竞争性招标方式招标时，必须遵循世界银行规定的三E原则，即Efficiency（效率）、Economy（经济）、Equity（公平）原则。在项目实施中，无论是器材采购还是工程施工，都必须经济实惠，讲求效率；所有成员国都有公平的、均等的机会参与竞争；给借款国本国的承包人和制造商一定的优惠。

十、招标投标的一般程序

一般来说，招标投标需经过招标、投标、开标、评标与定标等程序（见表9-3）。

表 9-3　招标投标的一般程序

步骤	内容
招标	具有招标条件的单位填写建筑工程项目招标申请书，报有关部门审批；获准后，组织招标班子和评标委员会；编制招标文件和标底；发布招标公告；审定投标单位；出售招标文件；组织现场勘察和标前会议；接收投标文件
投标	投标单位根据招标公告或招标单位的邀请，选择符合本单位施工能力的工程，向招标单位提交投标意向，并提供资格证明文件和资料；资格预审通过后，组织投标班子，跟踪投标项目，购买招标文件；参加现场勘察和标前会议；编制投标文件，并在规定时间内将投标文件报送给招标单位
开标	开标应当按照招标文件规定的时间、地点和程序以公开方式进行。开标由招标人或者招标投标中介机构主持，邀请评标委员会成员、投标人代表和有关单位代表参加。投标人检查投标文件的密封情况，确认无误后，由有关工作人员当众拆封、验证投标资格，并宣读投标人名称、投标价格以及其他主要内容。投标人可以对唱标做必要的解释，但所做的解释不得超过投标文件记载的范围或改变投标文件的实质性内容。开标应当做好记录，存档备查
评标	评标应当按照招标文件的规定进行。招标人或者招标投标中介机构负责组建评标委员会。评标委员会应当按照招标文件的规定对投标文件进行评审和比较，并向招标人推荐一至三家中标候选人
定标	招标人应当从评标委员会推荐的中标候选人中确定中标人，发中标通知书，并将中标结果书面通知所有投标人。招标人与中标人应当按照招标文件的规定和中标结果签订书面合同

十一、招标规定

全部使用国有资金投资或者国有资金投资占控股或者主导地位的工程建设项目，应当公开招标，但经国务院发展计划部门或者省、自治区、直辖市人民政府依法批准可以进行邀请招标的重点建设项目除外；其他工程可以实行邀请招标。招标人采用邀请招标方式的，应当向 3 家以上具备承担施工招标项目的能力、资信良好的特定的法人或者其他组织发出投标邀请书。

另外，工程有下列情形之一的，经相关审批部门批准，可以不进行施工招标。

涉及国家安全、国家秘密或者抢险救灾而不宜招标的；属于利用扶贫资金实行以工代赈、需要使用农民工的；施工主要技术采用特定的专利或者专有技术的；施工企业自建自用的工程，且该施工企业资质等级符合工程要求的；在建工程追加的附属小型工程或者主体加层工程，原中标人仍具备承包能力的；法律、法规、规章规定的其他情形。

第二节　建筑工程施工项目招标

一、工程项目招标文件

工程项目招标是指招标人为了选择合适的承包人而设立的一种竞争机制，是对自愿参加某一特定工程项目的投标人进行审查、评比和选定的过程。

1. 招标文件的作用

招标文件的编制是招标准备工作中最重要的环节。招标文件的重要性体现在以下两个方面。

（1）招标文件是提供给投标人的投标依据。施工招标文件中应准确无误地向投标人介绍实施工程项目的有关内容和要求，包括工程基本情况、预计工期、工程质量要求、支付规定等方面的信息，以便投标人据以编制投标书。

（2）招标文件的主要内容是签订合同的基础。招标文件中除"投标须知"外的绝大多数内容将成为合同文件的有效组成部分。尽管在招标过程中招标人可能对招标文件中的某些内容或要求提出补充和修改意见，投标人也会对招标文件提出一些修改要求或建议，但招标文件中对工程施工的基本要求不会有太大变动。由于合同文件是工程实施过程中双方都应该严格遵守的准则，也是发生纠纷时进行判断和裁决的标准，所以招标文件不仅决定发包人在招标期间能否选择一个优秀的承包人，而且关系到工程是否能顺利施工，以及发包人与承包人双方的经济利益。编制一个好的招标文件可以减少合同履行过程中的变更和索赔，意味着工程管理和合同管理成功了一半。

2. 招标文件的主要内容

招标文件一般包括以下内容。

（1）投标邀请书

投标邀请书是发给通过资格预审的投标人的投标邀请函，并请其确认是否参与投标。

（2）投标须知

投标须知是对投标人投标时的注意事项的书面阐述和告知。投标须知包括两个部分：第一部分是投标须知前附表，第二部分是投标须知正文，主要内容包括对总则、招标文件、投标文件、开标、评标、授予合同等方面的说明和要求。投标须知前附表是对投标须知正文的概括和提示，放在投标人须知正文前面，有利于引起投标人注意和便于查阅检索。

3．施工合同通用条款和专用条款

合同条款是招标人与中标人签订合同的基础。投标人将合同条款作为招标文件的内容发给投标人，一方面要求投标人充分了解合同义务和应该承担的风险责任，以便在编制投标文件时加以考虑；另一方面允许投标人对投标文件和在合同谈判时提出不同意见，如果招标人同意也可以对部分条款的内容予以修改。

4．合同格式

合同格式是招标人在招标文件中拟定好的具体格式，在定标后由招标人与中标人达成一致协议后签署，投标人投标时不填写。招标文件中的合同格式，主要有合同协议书、房屋建筑工程质量保修书、承包人履约书、承包人预付款银行保函、发包人支付担保书等。

5．技术规范

技术规范也被称作技术规格书，是招标文件中一个非常重要的组成部分，应包括工程的全面描述、对工程所采用材料的要求、施工质量要求、工程计量方法、验收标准和规定及其他不可预见因素的规定等内容。

在拟定技术规范时，既要满足设计要求，保证工程的施工质量，又不能过于苛刻。因为太苛刻的技术要求必然导致投标人提高投标价格。对国际工程而言，过于苛刻的技术要求往往会影响本国的承包人参加投标的兴趣和竞争力。技术规范是检验工程质量标准和质量管理的依据，招标单位对这部分文件的编写应特别重视。

6．工程量清单与报价表

采用工程量清单招标的，应当提供工程量清单。《建设工程工程量清单计价规范》（GB 50500—2013）规定，工程量清单是载明建设工程分部分项工程项目、措施项目、其他项目的名称和相应数量以及规费、税金项目等内容的明细清单。

7．辅助资料表

辅助资料表主要包括项目经理简历表、主要施工管理人员表、主要施工机构设备表、项目拟分包情况表、劳动力计划表、近3年的资产负债表和损益表、施工方案或施工组织设计、施工进度计划表、临时设施布置及临时用电表等。

8．图纸

图纸是招标文件和合同的重要组成部分，是投标人拟订施工方案、确定施工方法以及提出替代方案、计算投标报价时必不可少的资料。

二、工程项目施工招标程序

1. 公开招标

（1）建筑工程项目报建

工程项目报建是建设单位招标活动的前提。

1）建筑工程项目的立项批准文件或年度投资计划下达后，按照《工程建设项目报建管理办法》规定，具备条件的，需向建设行政主管部门报建备案。

2）工程建设项目报建范围：各类房屋建筑、土木工程、设备安装、管道线路敷设、装饰装修等固定资产投资的新建、扩建、改建以及技改等建设项目。

3）工程建设项目报建内容：工程名称、建设地点、投资规模、资金来源、当年投资额、工程规模、结构类型、发包方式、计划开竣工日期、工程筹建情况等。

4）办理工程报建时应交验的文件资料：立项批准文件或年度投资计划、固定资产投资许可证、建设工程规划许可证、资金证明。

5）工程建设项目报建程序：建设单位填写统一格式的“建设工程项目报建表”，有上级主管部门的，需经其批准同意后，连同应交验的文件资料一并报建设行政主管部门。建设工程项目报建备案后，具备了《中华人民共和国招标投标法》中规定招标条件的建设工程项目，可开始办理建设单位资质审查。工程建设项目立项文件获得批准后，招标人需向建设行政主管部门履行工程建设项目报建手续。只有报建申请批准后，才可以开始工程建设项目的建设。

（2）招标人资质的审查

招标人提出招标申请前，招标投标管理机构要审查招标人是否具备招标条件。不具备有关条件的招标人，需委托具有招标代理资质的中介机构代理招标。招标人应与中介机构签订委托代理招标的协议，并报招标投标管理机构备案。

（3）招标申请

招标人进行招标，要向招标投标管理机构填报招标申请书。招标申请书经批准后，方可以编制招标文件、评标定标办法和标底，并将这些文件报招标投标管理机构批准。招标人或招标代理机构也可在申报招标申请书时，一并将已经编制完成的招标文件、评标定标办法和标底报招标投标管理机构批准。

（4）编制招标文件与报审

招标文件既是投标人编制投标书的依据，也是招标阶段招标人的行为准则。为了避免疏漏，招标人应根据工程的特点和具体情况参照“招标文件范本”编写招标文件。根据招标项目具备情况划分标段的，应当合理划分标段、确定工期，并在招标文件中加以说明。招标文件的主要内容包括：招标工程的技术要求和设计文件；采用工程量清单招标的，应提供工程量清单；投标函的格式及附录；拟签订合同的主要条款；要求投标人提交的其他材料。

招标人编写的招标文件在向投标人发放的同时应向建设行政主管部门备案。建设行政主管部门发现招标文件有违反法律法规内容的，责令其改正。

（5）招标公告

公开招标应通过报刊、广播、电视、网络等新闻媒介发布资格预审（投标报名）通告或招标公告。

招标公告应当至少载明下列内容：

招标人的名称和地址；招标项目的内容、规模、资金来源；招标项目的实施地点和工期；获取招标文件或者资格预审文件的地点和时间；对招标文件或者资格预审文件收取的费用；对投标人的资质等级的要求。

（6）资格审查

承包人报名参加投标前，其相关资质应按资格预审条件由招标人或招标代理机构进行审查，审查合格者方可报名。

1）资格审查应主要审查潜在投标人或者投标人是否符合下列条件：

具有独立订立合同的权力；具有履行合同的能力，包括专业技术资格和能力，资金、设备和其他物质设施状况，管理能力，经验、信誉和相应的从业人员；没有处于被责令停业，投标资格被取消，财产被接管、冻结，破产状态；在最近 3 年内没有骗取中标和严重违约及重大工程质量问题；法律、行政法规规定的其他资格条件。

2）公开招标资格预审和资格后审的主要内容是一样的，一般要求投标人向招标人提交以下法定证明文件和相关资料：

营业执照、资质等级证书和法人代表资格证明书；近 3 年完成工程的情况；目前正在履行的合同情况；履行合同的能力，包括专业技术资格、能力和经验，资金、财务、设备、劳动力和其他资源状况，管理能力，信誉等；受奖、罚的情况和其他有关资料。

3）联营体参加资格预审的，应符合下列要求：

联营体的每一个成员均需提交与单独参加资格预审的单位一样的全套文件；在资格预审文件中必须规定，资格预审合格后，作为投标人将参加投标并递交合格的投标文件。该投标文件连同后来的合同应共同签署，以便对所有联营体成员作为整体和独立体均具有法律约束力。在提交有关资格审查资料时，应附上联合体协议，该协议中应规定所有联合体成员在合同中共同的和各自的责任；资格预审文件需包括一份联合体各方计划承担的合同额和责任的说明。联合体的每一位成员需具备执行所承担工程的充足经验和能力；资格预审文件中应指定一个联合体成员作为主办人（或牵头人），主办人应被授权代表所有联合体成员接受指令，并负责整个合同的全面实施。

（7）发放资格预审合格通知书

合格投标人确定后，招标人向资格预审合格的投标人发出资格预审合格通知书。投标人在收到资格预审合格通知书后，应以书面形式予以确定是否参加投标，并在规定的时间内在规定的地点领取和购买招标文件和有关技术资料。只有通过资格预审的申请招标人才有资格参与下一阶段的投标竞争。

（8）招标标底的编制与招标文件的发售

招标人根据项目的招标特点，招标前可以预设标底，也可以不设标底。对设有工程标底的招标项目，所编制的标底在评标时应当作为参考。工程标底是招标人控制投资、掌握招标项目造价的重要手段，工程标底在计算时应科学、合理、准确和全面。工程标底编制人员应严格按照国家的有关政策、规定，科学、公平地编制工程标底。

招标人应向合格投标人发放招标文件。投标人收到招标文件、图纸和有关资料后，应当认真核对，核对无误后应以书面形式予以确认。招标人对于发出的招标文件可以酌收工本费，但不得以此牟利。对于其中的设计文件，招标人可以采取酌收押金的方式，在确定中标人后，对于将设计文件予以退还的，招标人应当同时将其押金退还。

投标人收到招标文件、图纸和有关资料后，若有疑问或不清楚的问题，应在收到招标文件后的规定时间内以书面形式向招标人提出，招标人应以书面形式或在投标预备会上予以解答。

招标人对招标文件所做的任何澄清或修改，均须报建设行政主管部门备案，并在投标截止日期 15 日前发给获得招标文件的投标人。投标人收到招标文件的澄清或修改内容后应以书面形式予以确定。

（9）组织踏勘现场、投标预备会

1）招标人应组织投标人进行现场踏勘，目的是让投标人了解工程场地情况和周围环境情况等，以便投标人编制施工组织设计或施工方案，获取计算措施费用等的必要信息。招标人在投标须知规定的时间内组织投标人自费进行现场考察。设置此程序，一方面是让投标人了解工程项目的现场情况、自然条件、施工条件以及周围环境条件，以便于编制投标书；另一方面是要求投标人通过自己的实地考察确定投标的原则和策略，避免合同履行过程中以不了解现场情况为由推卸应承担的合同责任。

投标人在踏勘现场时如有疑问，应在投标预备会前以书面形式向招标人提出，便于招标人进行解答。对于投标人踏勘现场提出的疑问，招标人可以以书面形式答复，也可以在投标预备会上答复。

2）在招标文件中规定的时间内和地点，由招标人主持召开标前会议（也称投标预备会或答疑会）。召开答疑会的目的在于解答投标人提出的疑问。答疑会解答的疑问包括会议前由投标人书面提出的疑问和在答疑会上口头提出的疑问。答疑会结束后，由招标人整理会议记录和解答内容，以书面形式将所有问题及解答向获得招标文件的投标人发放。会议记录作为招标文件的组成部分，内容与已发放的招标文件有不一致之处时，以会议记录的解答为准。问题及解答纪要应同时向建设行政主管部门备案。为便于投标人在编制投标文件时，将招标人对疑问的解答内容和招标文件的澄清或修改内容考虑进去，招标人可以根据情况酌情延长投标截止时间。

（10）开标、评标、定标

1）开标

开标应在招标文件确定的投标截止时间的同一时间公开进行，开标地点应是招标文件中规定的地点，投标人的法定代表人或授权代理人应参加开标会议。

公开招标和邀请招标必须举行开标会议，体现招标的公开、公平和公正原则。开标会议由招标人组织并主持，可以邀请公证部门对开标过程进行公证。招标人应对开标会议做好签字记录，以证明投标人出席开标会议。

开标会议开始后，应按报送投标文件时间先后的逆顺序进行唱标，当众宣读有效投标的投标人名称、投标报价、工期、质量、主要材料用量，以及招标人认为有必要的内容。对提交合格“撤回通知”的投标文件和逾期送达的招标文件不予启封。招标人应对唱标内容做好记录，并请投标人的法定代表人或授权代理人签字确认。在开标时，投标文件出现下列情形之一的，应当作为无效投标文件，不得进入评标：

投标文件未按照招标文件的要求予以密封的；投标文件中的投标函未加盖投标人的企业及企业法定代表人印章的；招标文件的关键内容字迹模糊、无法辨认的；投标人未按照招标文件的要求提供投标保证金或者投标保函的；组成联合体投标的，投标文件未附联合体各方共同投标协议的。

开标会议程序如下：

主持人宣布开标会议开始；宣读招标单位法定代表人资格证明书及授权委托书；介绍参加开标会议的单位和人员；宣布公证、唱标、记录人员名单；宣布评标原则、评标办法；由招标单位检验投标单位提交的投标文件和资料，并宣读核查结果；宣读投标单位的投标报价、工期、质量、主要材料用量、投标保证金、优惠条件等；宣读评标期间的有关事项；宣布休会，进入评标阶段。

2）评标

由招标人组建的评标委员会按照招标文件中明确的评标定标方法进行评标。

①评标委员会的建立

评标委员会由招标人或其委托的招标代理机构熟悉相关业务的代表，以及有关技术、经济等方面的专家组成，成员人数为5人以上单数，其中技术、经济等方面的专家不得少于成员总数的2/3。评标委员会是负责评标的临时组织。有关经济、技术专家应从建设行政主管部门及其他有关政府部门确定的专家名册或者招标代理机构的专家库内相关专业的专家名单中随机抽取，随机抽取的评委人员如与招标人或投标人有利害关系，应重新抽取。

②评标标准和方法

评标标准和方法，见表9–4。

表9–4 评标标准和方法

标准和方法	主要内容
进行投标文件的符合性鉴定	评标委员会应对投标文件进行符合性鉴定，核查投标文件是否按照招标文件的规定和要求编制、签署；投标文件是否实质上响应招标文件的要求。所谓实质上响应招标文件的要求，就是指投标文件应该与招标文件的所有条款、条件和规定相符，无显著差异或保留。显著差异或保留是指对工程的发包范围、质量标准、工期、计价标准、合同条件及权利和义务产生实质性影响；投标文件如果实质上不响应招标文件的要求或不符合招标文件的要求，将被确定为无效投标文件
进行商务标评审	评标委员会将对确定为实质上响应招标文件要求的投标文件进行投标报价评审，审查其投标报价是否按招标文件要求的计价依据进行报价、是否合理、是否低于工程成本，并对具有投标报价的工程清单表中的单价和合价进行校核，看其是否有计算或累计上的算术错误。如果有计算或累计上的算术错误，则按修正错误的方法调整投标报价；经投标人代表确认同意后，调整后的投标报价对投标人起约束作用。如果投标人不接受修正后的投标报价，则其投标将被拒绝
进行技术标评审	对投标人的技术评估应从以下方面进行：投标人的施工方案、施工进度计划安排的合理性及投标人的施工能力和主要人员的施工经验、设备状况等情况。其内容应包括：施工方案或施工组织设计、施工进度计划的合理性，施工技术管理人员和施工机械设备的配备，劳动力、材料计划、材料来源、临时用地、临时设施布置是否合理可行，投标人的综合施工技术能力，投标人以往履约、业绩和分包情况等
进行综合评审	评标委员会将对确定为实质上响应招标文件要求的投标文件进行综合评审。如果投标文件实质上不响应招标文件的要求，招标人将予以拒绝，并不允许投标人通过修正或撤销其不符合要求的差异，使投标文件成为具有响应性的投标文件。评标应按招标文件规定的评标定标方法，对投标人的报价、工期、质量、主要材料用量、施工方案或组织设计、以往业绩、社会信誉、优惠条件等方面进行评审
投标文件的澄清、答疑	必要时，为有助于投标文件的审查、评价和比较，评标委员会要求投标人澄清其投标文件或答疑。对于投标文件的答辩，招标人一般召开答辩会，分别对投标人进行答辩，先以口头形式询问并解答，随后投标人在规定的时间内以书面形式予以确认，澄清或答辩问题的答复作为投标文件的组成部分。澄清的问题不应寻求、提出或允许更改投标价格或投标的实质性内容

续表

标准和方法	主要内容
形成评标报告	评标委员会按照招标文件中规定的评标定标方法完成评标后，编写评标报告，向招标人推选中标候选人或确定中标人。评标报告中应阐明评标委员会对各投标人的投标文件的评审和比较意见。评标报告应包括以下内容：评标定标方法，对投标人的资格审查情况，投标文件的符合性鉴定情况，投标报价审核情况，对商务标和技术标的评审、分析、论证及评估情况，投标文件问题的澄清（如果有），中标候选人推荐情况等。较为规范的评标报告通常由五个部分组成。推荐的评标报告提要为以下形式：招标过程、开标过程、评标过程、具体评审和推荐意见、附件

3）定标

符合下列条件之一的投标人应被确定为中标人；

能够最大限度地满足招标文件中规定的各项综合评价标准；能够满足招标文件的实质性要求，并且经评审的投标价格最低，但是投标价格低于成本的除外。

（11）发中标通知书

若建设行政主管部门接到招标投标情况书面报告和招标备案资料之日起 5 个工作日内未提出异议，招标人向中标人发放中标通知书；招标人向中标人发出的中标通知书中应包括招标人名称、建设地点、工程名称、中标人名称、中标标价、中标日期、质量标准等主要内容。招标人在向中标人发出中标通知书的同时将中标结果通知所有未中标的投标人。

（12）签订合同

1）中标通知书对招标人和中标人均具有法律效力。中标通知书发出后，招标人改变中标结果，或者中标人放弃中标项目，应依法承担法律责任。

2）招标人和中标人应当自中标通知书发出之日起 30 日内，按照招标文件和中标人的投标文件订立书面合同。招标人和中标人不得再订立背离合同实质性内容的其他协议。若招标文件要求中标人提交履约保证金，中标人应当提交。

3）中标人拒绝在规定的时间内提交履约保证金和签订合同的，招标人报请招标投标管理机构批准后取消其中标资格，并按规定没收其投标保证金，并考虑与另一家参加投标的投标人签订合同。

4）招标人拒绝与中标人签订合同的，除双倍返还投标保证金外，还需赔偿有关损失；招标人与中标人签订合同后，招标人应及时通知其他投标人其投标未被接受，按要求退回招标文件、图纸和有关技术资料；招标人收取投标定金的，应当将投标定金退还给中标人和未中标人。因违反规定被没收的投标保证金不予退回；招标人与中标人签订合同后，到建设行政主管部门或其授权单位进行合同审查。招标工作结束后，招标人应将开标及评标过程中的有关纪要、资料、评估报告、中标人的投标文件的一份副本报招标投标管理机构备案。

2. 邀请招标

在国际上，邀请招标被称为选择性招标，是一种有限竞争性招标方式。招标单位一般不是通过公开的方式，而是根据自己了解和掌握的信息、过去与承包人合作的经验或由咨询机构提供的情况等有选择地邀请数目有限的承包人参加投标。邀请招标的优点在于，经过选择的投标单位在施工经验、技术力量、经济和信誉上都比较可靠，因而一般都能保证进度和质量要求。此外，参加投标的承包人数量少，因而招标时间相对缩短，招标费用也较少。由于邀请招标在价格、竞争的公平方面存在一些不足之处，因此《中华人民共和国招标投标法》规定，国家重点项目和省、自治区、直辖市人民政府确定的地方重点项目不宜进行公开招标的，经过批准后可以进行邀请招标。

招标人采取邀请招标方式的，应当向 3 个以上具备承担招标项目能力、资信良好的法人或其他组织发出投标邀请书，一般以有 3 ~ 10 个参加者较为适宜。邀请招标虽然能保证投标人具有可靠的资信和完成任务的能力，能保证合同的履行，但由于受招标人自身的条件所限，可能对其他的潜在投标人不了解，可能会失去技术上、报价上有竞争力的投标人。

3. 公开招标与邀请招标在招标程序上的主要区别

公开招标与邀请招标在招标程序上的主要区别，见表 9–5。

表 9–5 公开招标与邀请招标在招标程序上的主要区别

区别	主要内容
招标信息的发布方式不同	公开招标是利用招标公告发布招标信息，而邀请招标则是向三家以上具备实施能力的法人或其他组织发出投标邀请书，请它们参与投标竞争
对投标人的资格审查时间不同	进行公开招标时，由于投标响应者较多，为了保证投标人具备相应的实施能力，缩短评标时间，突出投标的竞争性，通常设置资格预审程序；而邀请招标由于竞争范围较小，且招标人对邀请对象的能力有所了解，不需要再进行资格预审，但评标阶段还要对各投标人的资格和能力进行审查和比较（通常称为“资格后审”）
适用条件不同	公开招标方式广泛使用。当公开招标响应者少，达不到预期目的时，可以采用邀请招标方式委托建设任务

第三节　建筑工程施工项目投标

一、建筑工程施工项目投标的概念

建筑工程施工项目投标是指投标人（承包人、施工单位等）为了获得工程任务而参与竞争的一种手段，也是投标人同意招标人在招标文件中所提出的条件和要求的前提下，对招标项目估算自己的报价，在规定的日期内填写投标书并递交给招标人，参加竞争及争取中标的过程。

投标有时也叫报价，即承包人作为卖方，根据建设单位的招标条件，提出完成发包业务的方法、措施和报价，争取得到项目承包权的活动。

招标与投标是一个有机整体，招标是建设单位在招标投标活动中的工作内容，投标则是承包人在招标投标活动中的工作内容。

二、建筑工程施工项目投标组织

为了在投标竞争中获胜，建筑施工企业应设置投标工作机构，平时掌握市场动态信息，积累有关资料，遇到有招标的工程项目，则办理参加投标手续，研究投标报价策略，编制并递送投标文件，参加定标前后的谈判，直至定标后签订合同。

参加投标就是参与竞争，不仅比报价的高低，而且比技术、经验和信誉。特别是在当前国际承包市场上，技术密集型工程项目越来越多，对技术和管理水平的要求越来越高。为了在投标竞争中获胜，承包人应组建投标工作机构。在该机构中，至少应包括以下三种类型人才。

（1）经营管理类人才：制定和贯彻经营方针与规划，负责工作的全面筹划和安排，包括经理、副经理和总工程师、总经济师等具有决策权的人，以及其他经营管理人才。

（2）专业技术类人才：建筑师、结构工程师、设备工程师等各类专业技术人员，应具备熟练的专业技能、丰富的专业知识，能从本公司的实际技术水平出发，制定投标用的专业实施方案。

（3）商务金融类人才：概预算、财务、合同、金融、保函、保险等方面的人才，在国际工程投标竞争中这类人才的作用尤为重要。

在参加投标的活动中，以上各类人才相互补充，形成人才整体优势。另外，由于项目经理是未来项目施工的执行者，为使其更深入地了解该项目的内在规律，把握工作要点，提高项目管理的水平，在可能的情况下，应吸收项目经理人选进入投标班子。在国际工程（含境内涉外工程）投标时，还应配备懂得专业和合同管理的翻译人员。

投标工作机构不但要做到个体素质良好，更重要的是做到共同参与、协同作战，发挥群体力量。一般来说，承包人的投标工作机构应保持相对稳定，这样有利于不断提高工作班子中各成员及整体的素质和水平，提高投标的竞争力。

三、建筑工程施工项目投标的程序

获取招标信息，进行投标决策；申报资格预审（若资格预审未通过，到此结束），购买招标文件；组织投标工作机构，选择咨询单位，现场踏勘；计算和复核工程量，对业主疑问进行答复；询价及市场调查，制定施工规划；制订资金计划，研究投标技巧；选择定额，确定费率，计算单价，汇总投标价；评估及调整投标价，编制投标文件；封送投标书，保函（后期）开标；评标（若未中标，到此结束），定标；办理履约保函，签订合同。

四、建筑工程施工项目投标决策

1. 投标决策分析

投标人通过投标取得项目，是市场经济条件下的必然，但是，对于施工单位来说，并不是每标必投，因为施工单位要想在投标中盈利，就需要研究投标决策并注意投标技巧。

投标决策主要包括以下三个方面。

（1）结合项目的招标文件决定投标或不投标。

（2）确定投标后，决定投什么性质的标。

（3）研究优胜劣汰的策略和技巧，力争中标。

投标决策的正确与否，关系到能否中标和中标后效益的高低，关系到施工企业能否生存和发展的快慢。

2. 投标决策的影响因素

影响投标决策的主观因素见表 9–6。

表 9–6 影响投标决策的主观因素

影响因素	主要内容
管理方面的实力	投标单位必须在成本控制上下功夫，向管理要效益，采用先进的施工方法不断提高技术水平，特别是要有“重质量”“重合同”的意识，并有相应的切实可行的措施

续表

影响因素	主要内容
经济方面的实力	投标单位应具有一定的经济实力，如垫付资金的能力、支付各种担保的能力、支付各种税金和保险费用的能力等，并能够承担不可抗力带来的风险。另外，承担国际工程的投标单位尚需筹集承包工程所需外汇和聘请有丰富经验或有较高地位代理人的佣金等
信誉方面的实力	投标单位良好的信誉是投标中标的一条重要标准。投标单位要建立良好的信誉，就必须遵守法律和行政法规，或按国际惯例办事，认真履约，保证工程的施工安全、工期和质量
技术方面的实力	投标单位应有由精通本行业的估算师、建筑师、工程师、会计师和管理专家组成的组织机构；应有工程项目设计、施工专业特长，以及能解决技术难度大和各类工程施工中的技术难题的能力；应有国内外与招标项目同类型工程的施工经验；应有一定技术实力的合作伙伴，如实力强的分包商、合作伙伴和代理人

影响投标决策的客观因素如表 9–7 所示。

表 9–7　影响投标决策的客观因素

影响因素	主要内容
法律、法规情况	对于国内工程承包，自然适用本国的法律和法规，而且法律环境基本相同。我国的法律、法规具有统一或基本统一的特点。如果是国际工程承包，则有法律适用问题，法律适用的原则如下： 适用国际惯例原则；国际法效力优于国内法效力的原则；强制适用工程所在地法的原则；最密切联系原则；意思自治原则
业主和监理工程师情况	业主合法地位、支付能力、履约能力以及监理工程师处理问题的公正性、合理性等也是影响投标决策的客观因素
风险情况	承包国内工程风险相对要小一些，承包国际工程风险则要大得多。 投标与否，要考虑的因素很多，需要投标人广泛、深入地调查研究，系统地积累资料进行全面的分析，做出正确的投标决策
竞争对手和竞争形势情况	①是否投标，应考虑竞争对手的实力、优势及投标环境的优劣。另外，竞争对手的在建工程情况也十分重要。 若竞争对手的在建工程规模大、时间长，如果仍参加投标，则投标报价可能很高； 若竞争对手的在建工程即将完工，急于获得新承包项目，则投标报价不会很高。 ②从总的竞争形势来看，大型工程公司技术水平高，善于管理大型工程，适用性强，可以承包大型工程；中小型工程由中小型工程公司或当地的工程公司承包的可能性大

3．投标决策的阶段划分

投标决策可以分两个阶段进行，即投标决策的前期阶段和投标决策的后期阶段。

（1）投标决策的前期阶段必须在购买投标人资格预审资料前后完成。决策的主要依据是招标广告，以及公司对招标工程、业主情况的调研和了解。如果是国际工程，还包括对工程所在国和工程所在地的调研和了解。在投标决策的前期阶段必须对投标与否做出论证。

在投标决策的前期阶段，施工企业通常应放弃投标的项目如下：

本施工企业技术等级、信誉、施工水平明显不如竞争对手的项目；本施工企业生产任务饱满，且招标工程的盈利水平较低或风险较大的项目；工程规模、技术要求超过本施工企业技术等级的项目；本施工企业主营和兼营能力之外的项目。

（2）如果决定投标，即进入投标决策的后期阶段，即进入从申报资格预审至投标报价（封送投标书）前完成的决策研究阶段。投标人主要研究若去投标，应投什么性质的标，以及在投标中采取的策略问题。

4. 投标技巧

研究投标技巧的目的是在保证工程质量与工期的条件下，寻求一个好的报价以求中标，中标后又能获得期望的效益，因而投标的全过程几乎都要研究报价的技巧问题。

（1）开标前的投标技巧

开标前的投标技巧主要有不平衡报价、多方案报价和零星用工（计日工）报价。

1）不平衡报价

不平衡报价是指在总价基本确定的前提下，调整内部各个子项的报价，以期既不影响总报价，又能在中标后尽早收回垫支于工程中的资金和获取较好经济效益的一种报价方法。采用不平衡报价的情况有以下几种：

今后工程量可能增加的项目，其单价可提高；而工程量可能减少的项目，其单价可降低。对能早期结账收回工程款的项目（如土方、基础等）的单价可报以较高价，以利于资金周转；后期项目（如装饰、电气设备安装等）的单价可适当降低。图纸内容不明确或有错误，估计修改后工程量增加的，其单价可提高；而工程内容不明确的，其单价可降低。对于暂定项目，其实施可能性大，单价可定高些；实施可能性小，单价可定低些；没有工程量只填报单价的项目（如工程中的开挖淤泥工作等），其单价宜高些，这样既不影响总的投标报价，又可多获利。

2）多方案报价

多方案报价是利用工程说明书或合同条款不够明确之处，以争取达到修改工程说明书和合同为目的的一种报价方法。多方案报价的具体做法是在标书上报两个价目单价，一个是按原工程说明书或合同条款报的价；另一个是加以注解，如工程说明书或合同条款可做某些改变，则可降低多少的费用，使报价成为最低，以吸引业主修改工程说明书和合同条款。此外，对工程中一部分没有把握的工作，可注明按成本加若干酬金结算。

3）零星用工（计日工）报价

对于零星用工的报价一般可稍高于工程单价表中的工资单价，因为零星用工不属于承包有效合同总价的范围，发生时实报实销，也可多获利。

（2）开标后的投标技巧

开标后的投标技巧主要是降低投标价格、补充投标优惠条件。

1）降低投标价格

降低投标利润：既要围绕争取最大未来收益这个目标，又要考虑中标率和竞争人数因素的影响。通常投标人准备两个价格，即既准备应付一般情况的适中价格，同时又准备应付竞争特殊环境需要的替代价格。两个价格中，后者可以低于前者，也可以高于前者。如果需要降低投标报价，则可使报价低于适中价格，使利润减少。

降低经营管理费：出于竞争的需要，也可以降低这部分费用。

降低系数：投标人在投标报价时，预先考虑一个未来可能降价的系数，如果开标后需要降价竞争，就可以参照这个系数进行降价；如果竞争局面对投标人有利，则不必降价。

2）补充投标优惠条件

除中标的关键因素——价格外，在谈判中，还可以考虑其他许多重要因素，如缩短工期、提高工程质量、降低支付条件要求、提出新技术和新设计方案、培训技术人才、提供补充物资和设备等，用这些优惠条件争取中标。

五、建设工程施工项目投标文件的编制与送达

建筑工程施工项目投标文件，是建筑工程施工项目投标人单方面阐述自己响应招标文件要求，旨在向招标人提出愿意订立合同的意思，是投标人确定和解释有关投标事项的各种书面表达形式的统称。建筑工程施工项目投标文件是由一系列有关投标方面的书面资料组成的。一般来说，投标文件由投标函、投标函附录、投标保证金、法定代表人资格证明书、授权委托书、具有标价的工程量清单与报价表、辅助资料表、资格审查表（资格预审的不采用）组成。

1．建筑工程施工项目投标文件的编制要求

（1）必须根据招标人的具体要求编制投标文件

务必按照招标人要求的条件编制投标文件；投标文件的内容必须完整；投标文件使用的语言必须符合招标人的规定。

（2）必须正确确定投标文件中的投标报价水平

投标文件是以投标报价为核心的，编制、报送投标文件又是以在投标竞争中获

胜中标人取得最大盈利为目标的，所以投标竞争通常是围绕“报价”进行的。投标人要达到中标的目的，必须正确确定投标报价的水平。

（3）必须力争列入对投标人有利的施工索赔条款

投标人在编制投标文件的过程中必须力争列入与索赔有关的合同条款，保证日后的施工索赔有据可依，使自身的经济利益不受或少受影响。

2. 建筑工程施工项目投标文件的送达

投标文件编制完成后，经核对无误，由投标人的法定代表人签字密封，派专人在投标截止日前送到招标人指定地点，并取得收讫证明。投标人在规定的投标截止日前，在递送投标文件后，可以书面形式向招标人递交补充、修改或撤回其投标文件的通知。在投标截止日后撤回投标文件，投标保证金不能退还。递送投标文件不宜太早，因市场情况不断变化，投标人需要根据市场行情及自身情况对投标文件进行修改。递送投标文件的时间以招标人接受投标文件截止日前两天为宜。

第十章　建筑工程项目进度管理

第一节　建筑工程项目进度计划的编制

一、建筑工程项目进度计划概述

1．建筑工程项目进度计划的分类

（1）按对象分类

建筑工程项目进度计划按对象分类，分为建设项目进度计划、单项工程进度计划、单位工程进度计划和分部分项工程进度计划等。

（2）按项目组织分类

建筑工程项目进度计划按项目组织分类，分为建设单位进度计划、设计单位进度计划、施工单位进度计划、供应单位进度计划、监理单位进度计划和工程总承包单位进度计划等。

（3）按功能分类

建筑工程项目进度计划按功能进行分类，分为控制性进度计划和实施性进度计划。

（4）按施工时间分类

建筑工程项目进度计划按施工时间分类，分为年度施工进度计划、季度施工进度计划、月度施工进度计划、旬施工进度计划和周施工进度计划。

2．建筑工程项目进度计划的内容和进度控制的作用

（1）施工总进度计划包括的内容

1）编制说明。编制说明主要包括编制依据、步骤、内容。

2）施工进度总计划表。施工进度总计划表有两种形式，一种为横道图，另一种为网络图。

3）分期分批施工工程的开、竣工日期，工期一览表。

4）资源供应平衡表。为满足进度控制，需要编制资源供应计划。

（2）单位工程施工进度计划的内容

1）编制说明。编制说明主要包括编制依据、步骤、内容。

2）进度计划图。

3）单位工程进度计划的风险分析及控制措施。单位工程施工进度计划的风险分析及控制措施是指施工进度计划由于其他不可预见的因素，如工程变更、自然条件和拖欠工程款等原因无法按计划完成时而采取的措施。

（3）建筑工程项目进度控制的作用

根据施工合同明确开、竣工日期及总工期，并以建筑工程项目进度总目标确定各分项目工程的开、竣工日期；各部门计划都要以进度计划为中心安排工作。计划部门提出月、旬施工进度计划，劳动力计划，材料部门调验材料、构建，动力部门安排机具，技术部门确定施工组织与安排等均以建筑工程项目进度计划为基础；建筑工程项目控制计划的调整。由于主客观原因或者环境原因出现了不必要的提前或延误的偏差，要及时调整纠正，并预测未来进度状况，使建筑工程项目按期完工；总结经验教训。建筑工程项目完工后要及时提供总结报告，通过报告总结控制进度的经验方法，对存在的问题进行分析，提出改进意见，以利于以后的工作。

二、建筑工程项目施工总进度计划

1．建筑工程项目施工总进度计划的编制依据

施工总进度计划的编制依据，见表10–1。

表10–1　施工总进度计划的编制依据

编制依据	主要内容
施工合同	施工合同包括合同工期、分期分批工程的开工和竣工日期，以及有关工期提前、延误、调整的约定等
施工进度目标	除合同约定的施工进度目标外，承包人可能有自己的施工进度目标，用以指导施工进度计划的编制
工期定额	工期定额作为一种行业标准，是在许多过去工程资料统计基础上得到的
有关技术经济资料	有关技术经济资料包括施工地址、环境等资料
施工部署与主要工程施工方案	建筑工程项目施工总进度计划在施工方案确定后编制
其他资料	如类似建筑工程项目的施工总进度计划

2．建筑工程项目施工总进度计划编制的基本要求

建筑工程项目施工总进度计划是施工现场各项施工活动在时间上和空间上的体

现。正确地编制建筑工程项目施工总进度计划是保证各分项目以及整个建设工程项目按期交付使用、充分发挥投资效益、降低建筑工程成本的重要条件。

（1）编制建筑工程项目施工总进度计划是根据施工部署中的施工方案和建筑工程项目开展的程序，对整个工地的所有施工项目做出时间上和空间上的安排。它的作用在于确定各个建筑物及其主要工种、分项工程、准备工作和全工地性工程的施工期限及开工和竣工的日期，从而确定建筑施工现场上劳动力、原材料、成品、半成品、施工机具的需要数量和调配情况，以及现场临时设施的数量、水电供应数量及能源和交通的需要数量等。

（2）编制建筑工程项目施工总进度计划要求保证拟建工程在规定的期限内完成，发挥投资效益，并保证施工的连续性和均衡性，节约施工费用。

（3）根据施工部署中拟建工程分期分批的投产顺序，将每个系统的各项工程分别划出，在控制的期限内进行各项工程的具体安排。当建筑工程项目的规模不大，各系统工程项目不多时，也可不按照分期分批投产顺序安排，而直接安排建筑工程项目施工总进度计划。

3．建筑施工项目施工总进度计划的编制步骤

（1）计算工程量

根据批准的建筑工程项目一览表，按单位工程分别计算其主要实物工程量，工程量只需粗略地计算。工程量的计算可按初步设计（或扩大初步设计）图纸和有关定额手册或资料进行。

常用的定额手册和资料如下；

每万元或每 10 万元投资工程量、劳动量及材料消耗扩大指标；概算指标和扩大结构定额；已建成的类似建筑物、构筑物的资料。

（2）确定各单位工程的施工期限

各单位工程的施工期限应根据合同工期确定，同时还要考虑建筑类型、结构特征、施工方法、施工管理水平、施工机械化程度及施工现场条件等因素。

如果在编制建筑工程项目施工总进度计划时没有合同工期，则应保证计划工期不超过工期定额。

（3）确定各单位工程的开工和竣工时间及相互搭接关系

确定各单位工程的开工和竣工时间及相互搭接关系时主要应注意以下事项：

尽量提前建设可供工程施工使用的永久性工程，以节省临时工程费用；急需和关键的工程先施工，以保证建筑工程项目如期交工。对于某些技术复杂、施工周期较长、施工困难较多的工程，应安排提前施工，以利于整个建筑工程项目按期交付使用；同一时期施工的工程不宜过多，以避免人力、物力过于分散；尽量做到均衡

施工，以使劳动力、施工机械和主要材料的供应在整个工期范围内达到均衡；施工顺序必须与主要生产系统投入生产的先后次序相吻合；同时还要安排好配套工程的施工时间，以保证建成的工程能迅速投入生产或交付使用；注意主要工种和主要施工机械能连续施工；应注意季节对施工顺序的影响，不能因施工季节影响工期及工程质量；安排一部分附属工程或零星项目作为后备项目，用于调整主要项目的施工进度。

（4）编制建筑工程项目施工总进度计划

上述工作完成后，即可编制建筑工程项目施工总进度计划了。

三、单位工程施工进度计划

1．单位工程施工进度计划的编制依据

单位工程施工进度计划的编制依据，见表 10–2。

表 10–2　单位工程施工进度计划的编制依据

编制依据	主要内容
项目管理目标责任	项目管理目标责任书中明确规定了项目进度目标。这个目标既不是合同目标，也不是定额工期，而是项目管理的责任目标，不但有工期，而且有开工时间和竣工时间。项目管理目标责任书中对进度的要求，是编制单位工程施工进度计划的依据
施工总进度计划	单位工程施工进度计划必须执行施工总进度计划中所要求的开工时间、竣工时间及工期安排
施工方案	施工方案对单位工程施工进度计划有决定性作用。施工顺序就是单位工程施工进度计划的施工顺序，施工方法直接影响施工进度
主要材料和设备的供应能力	施工进度计划编制的过程中，必须考虑主要材料和施工机械的能力。施工机械既影响所涉及项目的持续时间、施工顺序，又影响总工期。一旦进度确定，则供应能力必须满足进度的需要
施工人员的技术素质及劳动效率	施工人员的技术素质，影响着速度和质量，技术素质必须满足规定要求
其他内容	施工现场条件、气候条件、环境条件；已建成的同类单位工程的实际进度及经济指标

2．单位工程施工进度计划的编制要点

（1）单位工程工作分解及其逻辑关系的确定

单位工程施工进度计划属于实时性计划，用于指导工程施工，所以其工作分解宜详细一些，一般要分解到分项工程，如屋面工程应进一步分解到找平层、隔气层、保温层、防水层等分项工程。工作分解应全面，不能遗漏，还应注意适当简化工作内容，避免分解过细、重点不突出。为避免分解过细，可考虑将某些穿插性分项工程合并到主要分项工程中去，如安装木门窗框可以并入砌墙工程，楼梯工程可以合并到主体结构各层钢筋混凝土工程。

对同一时间内由同一工程作业队施工的过程（不受空间及作业面限制的）可以合并，如工业厂房中的钢窗油漆、钢门油漆、钢支撑油漆、钢梯油漆合并为钢构件油漆一个工作；对于次要的、零星的分项工程可合并为其他工程；对于分包工程，主要确定与施工项目的配合，可不必进行分解。

（2）施工项目工作持续时间的计算方法

施工项目工作持续时间的计算方法一般有经验估计法、定额计算法和倒排计划法几种。

1）经验估计法

经验估计法就是根据过去的经验进行估计，一般适用于采用新工艺、新技术、新结构、新材料等无定额可循的工程，先估计出完成该施工项目的最乐观时间、最保守时间和最可能时间三种施工时间，然后确定该施工项目的工作持续时间。

2）定额计算法

定额计算法就是根据施工项目需要的劳动量或机械台班量，以及配备的劳动人数或机械台数，来确定其工作持续时间。

3）倒排计划法

倒排计划法是根据流水施工方式及总工期要求，先确定施工时间和工作班制，再确定施工班组人数或机械台班量，如果计算出的施工人数或机械台班量对施工项目来说过多或过少，应根据施工现场条件、施工工作面大小、最小劳动组合、可能得到的人数和施工机械等因素合理调整。如果工期太紧，施工时间不能延长，则可考虑组织多班组、多班制的施工方式。

（3）单位工程施工进度计划的安排

首先找出并安排各个主要工艺组合，并按流水原理组织流水施工，将各个主要工艺组合进行合理安排，然后将搭接工艺组合及其他工作尽可能地与其平行施工或做最大限度地搭接施工。在主要工艺组合中，先找出主导施工过程，确定各项流水参数，对其他施工过程尽量采用相同的流水参数。

3．单位工程施工进度计划的编制程序

（1）研究施工图和有关资料并调查施工条件

认真研究施工图、施工组织总设计对单位工程进度计划的要求。

（2）划分工作项目

工作项目是包括一定工作内容的施工过程，是施工进度计划的基本组成单元。工作项目内容的多少、划分的粗细程度，应该根据计划的需要来确定。对于大型项目，经常需要编制控制性施工进度计划，此时工作项目可以划分得粗一些，一般只明确到分部工程即可。

（3）确定施工顺序

1）确定施工顺序是为了按照施工的技术规律和合理的组织关系，解决各工作项目在时间上的先后和搭接问题，以达到保证质量、安全施工、充分利用空间、争取时间、实现合理安排工期的目的。

2）一般来说，施工顺序受施工工艺和施工组织两个方面的制约。当施工方案确定之后，工作项目之间的工艺关系也就随之确定。如果违背这种关系，将不可能施工，或者导致工程质量事故和安全事故，或者造成返工浪费。

3）不同的建筑工程项目，其施工顺序不同。即使是同一类建筑工程项目，其施工顺序也难以做到完全相同。因此，在确定施工顺序时，必须根据建筑工程项目的特点、技术组织要求以及施工方案等进行研究，不能拘泥于某种固定的顺序。

4）计算工程量。工程量的计算应根据施工图和工程量计算规则，针对所划分的每一个工作项目进行。当编制施工进度计划时已有预算文件，且工作项目的划分与施工进度计划一致时，可以直接套用施工预算的工程量，不必重新计算。若某些项目有出入但出入不大，应结合工程的实际情况进行某些必要的调整。

5）计算劳动量和机械台班量。当某工作项目是由若干个分项工程合并而成时，则应分别根据各分项工程的时间定额（或产量定额）及工程量，按下式计算出合并后的综合时间定额（或综合产量定额）。

$$H=\frac{Q_1H_1+Q_2H_2+\cdots+Q_iH_i+\cdots Q_nH_n}{Q_1+Q_2+\cdots Q_i+\cdots+Q_n}$$

式中：H——综合时间定额（工日 /m^3，工日 /m^2，工日 /t……）；

Q_i——工作项目中第 i 个分项工程的工程量；

H_i——工作项目中第 i 个分项工程的时间定额。

①根据工作项目的工程量和所采用的定额，即可按下 面两式计算出各工作项目所需要的劳动量和机械台班数。

$$P=Q\cdot H$$

$$P=\frac{Q}{S}$$

式中：P——工作项目所需要的劳动量（工日）或机械台班量（台班）；

Q——工作项目的工程量（m^3，m^2，t……）；

S——工作项目所采用的人工产量定额（m^3/ 工日，m^2/ 工日，t/ 工日……）或机械台班产量定额（m^3/ 台班，m^2/ 台班，t/ 台班）。

其他符号意义同前。

②零星项目所需要的劳动量可结合实际情况，根据承包单位的经验进行估算。

③由于水、暖、电、卫等工程通常由专业施工单位施工，因此，在编制施工进度计划时，不计算其劳动量和机械台班量，仅安排其与土建施工相配合的进度。

6）确定工作项目的持续时间。根据工作项目所需要的劳动量或机械台班量，以及该工作项目每天安排的工人数或配备的机械台班量，即可按下式计算出各工作项目的持续时间。

$$D=\frac{P}{RS}$$

式中：D——完成工作项目所需要的时间，即持续时间（天）；

R——每班安排的工人数或施工机械台数；

S——每天工作班数。

其他符号意义同前。

（4）绘制单位工程施工进度计划图

绘制单位工程施工进度计划图，首先应选择单位工程施工进度计划的表达形式。目前，常用来表达建筑工程项目单位工程施工进度计划的形式有横道图和网络图两种。

横道图比较简单，而且非常直观，多年来被人们广泛地用于表达单位工程施工进度计划，并以此作为控制工程进度的主要依据。但是，采用横道图控制工程进度具有一定的局限性。随着计算机的广泛应用，网络计划控制技术日益受到人们的青睐。

（5）检查与调整单位工程施工进度计划

当单位工程施工进度计划初始方案编制好后，需要对其进行检查与调整，以使进度计划更加合理。进度计划检查的主要内容如下：

各工作项目的施工顺序、平行搭接和技术间歇是否合理；总工期是否满足合同规定；主要工种的工人是否能满足连续、均衡施工的要求；主要机具、材料等的利用是否均衡和充分。

第二节　流水施工作业进度计划

一、流水施工的概述

1．流水施工的概念

流水施工是指所有施工过程按一定的时间间隔依次投入施工，各个施工过程陆续开工，陆续竣工，使同一施工过程的施工班组保持连续、均衡施工，不同的施工过程尽可能平行搭接施工的组织方式。

流水施工是一种科学、有效的工程项目施工组织方法之一，流水施工可以充分地利用工作时间和操作空间，减少非生产性劳动消耗，提高劳动生产率，保证工程施工连续、均衡、有节奏地进行，对提高工程质量、降低工程造价、缩短工期有着显著的作用。

2．流水施工的优点

专业化的生产可提高工人的技术水平，使工程质量相应提高；便于改善劳动组织，改进操作方法和施工机具，有利于提高劳动生产率；工人技术水平和劳动生产率提高，可以减少用工量和施工临时设施的建造量，降低工程成本，提高利润水平；可以保证施工机械和劳动力得到充分、合理的利用；工期短、效率高、用人少、资源消耗均衡，可以减少现场管理费和物资消耗，实现合理储存与供应，有利于提高项目经理部的综合经济效益;由于流水施工具有连续性,可减少专业工作的间隔时间,达到缩短工期的目的，并使拟建工程项目尽早竣工、交付使用，发挥投资效益。

3．流水施工原理的应用

流水施工是一种重要的施工组织方法，对施工进度与效益都能产生很大影响。

在编制单位工程施工进度计划时，应充分运用流水施工原理进行组织安排；在组织流水施工时，应将施工项目中某些在工艺上和组织上有紧密联系的施工过程归并为一个工艺组合，一个工艺组合内的几项工作组织流水施工；一个单位工程可以归并成几个主要的工艺组合；不同的工艺组合通常不能平行搭接，必须待一个工艺组合中的大部分施工过程或全部施工过程完成之后，才能开始另一个工艺组合。

二、流水施工的基本组织方式

建筑工程项目的流水施工要有一定的节拍才能步调和谐，配合得当。流水施工的节奏是由流水节拍决定的。大多数情况下，各施工过程的流水节拍不一定相等，甚至一个施工过程本身在各施工段上的流水节拍也不相等。因此，形成了具有不同节奏特征的流水施工。

1．有节奏流水施工

有节奏流水施工是指同一施工过程在各施工段上的流水节拍都相等的流水施工方式。

根据不同施工过程之间的流水节拍是否相等，有节奏流水施工分为固定节拍流水施工和成倍节拍流水施工。

（1）固定节拍流水施工

固定节拍流水施工是指在有节奏流水施工中，各施工段的流水、节拍都相等的流水施工，也称为等节奏流水施工或全等节拍流水施工。

（2）成倍节拍流水施工

成倍节拍流水施工分为加快的成倍节拍流水施工和一般的成倍节拍流水施工。

1）加快的成倍节拍流水施工是指在组织成为节拍流水施工时，按每个施工过程流水节拍之间的比例关系，成立相应数量的专业工作队而进行的流水施工，也称为等步距异节奏流水施工。

2）一般的成倍节拍流水施工是指在组织成为节拍流水施工时，每个施工过程成立一个专业工作队，由其完成各施工段任务的流水施工，也称为异步距异节奏流水施工。

2．非节奏流水施工

非节奏流水施工是流水施工中最常见的一种，是指在组织流水施工时，全部或部分施工过程在各个施工段上的流水节拍不相等的流水施工方式。

三、流水施工的表达方式

1．横道图

横道图又称甘特图、条形图。作为传统的工程项目进度计划编制及表示方法，它通过日历形式列出项目活动工期及其相应的开始和结束日期，是反映项目进度信息的一种标准格式。工程项目横道图一般在左边按项目活动（工作、工序或作业）的先后顺序列出项目的活动名称，右边是进度表，上边的横栏表示时间，用水平线段在时间坐标下标出项目的进度线，水平线段的位置和长度反映该项目从开始到完工的时间。

横道图的编制方法有以下两种：

（1）根据施工经验直接安排的方法。这是根据经验资料及有关计算，直接在进度表上画出进度线的方法。这种方法比较简单实用，但施工项目多时，不一定能得到最优计划方案。

其一般步骤是：先安排主导分部工程的施工进度，然后使其余分部工程尽可能配合主导分部工程，使主导分部工程和其余分部工程最大限度地合理搭接起来，使其相互联系，形成施工进度计划的初步方案。在主导分部工程中，应先安排主导施工项目的施工进度，力求其施工班组能连续施工，其余施工项目尽可能与它配合、搭接或平行施工。

（2）按工艺组合组织流水施工的方法。这种方法是将某些在工艺上有关系的施工过程归并为一个工艺组合，组织各工艺组合内部的流水施工，然后将各工艺组合最大限度地搭接起来组织流水施工。

2. 垂直图

垂直图中的横坐标表示流水施工的持续时间；纵坐标表示流水施工所处的空间位置，即施工段的编号。斜向线段表示施工过程或专业工作队的施工进度。

四、流水施工参数

1. 工艺参数

工艺参数主要是指在组织流水施工时，用以表达流水施工在施工工艺方面进展状态的参数，包括施工过程和流水强度两个。

流水强度的计算公式为

$$V=\sum_{1=1}^{x}R_iS_i$$

式中：V——某施工过程（队）的流水强度；

R_i——投入该施工过程中的第 i 种资源量（施工机械台数或工人数）；

S_i——投入该施工过程中的第 i 种资源的产量定额；

X——投入该施工过程中的资源种类数。

2. 空间参数

空间参数是指在组织流水施工时，用以表达流水施工在空间布置上开展状态的参数，通常包括工作面和施工段。

划分施工段的原则如下：

对于多层建筑物、构筑物或需要分层作业的工程，既要分流水段，又要分作业层，应确保相应工作队在流水段与作业层之间能连续、均衡、有节奏地流水作业；每个流水段内要有足够的工作面，以保证相应数量的人员、主导施工机械的生产效率，满足合理劳动组织的要求；同一工作队在各个流水段上的劳动量应大致相等，相差幅度不宜超过15%；有利于结构的整体性。应尽量以结构自然分界（如沉降缝、伸缩缝等）或建筑特征（单元、平面形状）作为依据，将工作面设在对建筑结构整体性影响小的部位；流水段的数目要满足合理组织流水作业的要求。流水段数目过多，会降低作业速度，延长工期；流水段数目过少，不利于充分利用工作面，可能造成窝工。

3. 时间参数

在组织流水施工时，用以表达流水施工在时间安排上所处状态的参数称为时间参数。时间参数主要包括流水节拍、流水步距和流水施工工期等。

（1）流水节拍

流水节拍是指从事某一施工过程的施工班组在一个施工段上完成施工任务所需的时间，用符号 t_i（i=1，2，…）表示。

流水节拍的大小直接关系到投入的劳动力、材料和机械的多少，决定着施工速度和施工的节奏，因此，合理确定流水节拍具有重要意义。

在确定流水节拍时，要考虑以下因素：

施工班组人数应符合该施工过程最少劳动组合人数的要求；要考虑工作面的大小限制，每个工人的工作面要符合最小工作面的要求，否则，就不能发挥正常的施工效率或不利于安全生产；要考虑各种机械台班的效率或机械台班产量的大小；要考虑各种材料、结构件等施工现场堆放量、供应能力及其他有关条件的制约；要考虑施工条件及技术条件的要求。

（2）流水步距

组织流水施工时，相邻两个施工过程（或专业工作队）相继开始施工的最小间隔时间称为流水步距。流水步距一般用 $K_{i,\ i+1}$ 来表示，其中 i（i=1，2，3，…）为专业工作队或施工过程的编号。流水步距是流水施工的主要参数之一。

流水步距的大小，对工期有着较大的影响。一般来说，在施工段不变的条件下，流水步距越大，工期越长；流水步距越小，则工期越短。流水步距还与前后两个相邻施工过程流水节拍的大小、施工工艺技术要求、是否有技术和组织间歇时间、施工段数目、流水施工的组织方式等有关。

（3）流水施工工期

从第一个专业工作队投入流水施工开始，到最后一个专业工作队完成流水施工为止的整个持续时间称为流水施工工期。由于一项建设工程项目往往包含许多流水组，故流水施工工期一般都不是整个工程的总工期。

第三节　建筑工程项目进度计划的实施与控制

一、建筑工程项目进度计划实施的内容

实施建筑工程项目进度计划，要做好三项工作，即编制年、月、季、旬、周进度计划和施工任务书；记录现场实际情况；落实、跟踪、调整进度计划。

1．编制月、季、旬、周进度计划和施工任务书

（1）施工组织设计中编制的施工进度计划是按整个项目（或单位工程）编制的，带有一定的控制性，但还不能满足施工作业的要求。实际作业时按季、月、旬、周进度计划和施工任务书执行。

（2）作业计划除依据施工进度计划编制外，还应依据现场情况及季、月、旬、周的具体要求编制。计划以贯彻施工进度计划、明确当期任务及满足作业要求为前提。

（3）施工任务书是一份计划文件，也是一份核算文件，又是原始记录。它把作业计划下达到班组，并将计划执行与技术管理、质量管理、成本核算、原始记录、资源管理等融合为一体。

（4）施工任务书一般由工长以计划要求、工程数量、定额标准、工艺标准、技术要求、质量标准、节约措施、安全措施等为依据进行编制。

（5）施工任务书下达班组时，由工长进行交底。交底内容为交任务、交操作规程、交施工方法、交质量、交安全、交定额、交节约措施、交材料使用、交施工计划、交奖罚要求等，做到任务明确，报酬预知，责任到人；施工班组接到施工任务书后，应做好分工，安排完成，执行中要保质量、保进度、保安全、保节约、保工效提高。任务完成后，班组自检，在确认已经完成后，向工长报请验收。工长验收时查数量、查质量、查安全、查用工、查节约，然后回收施工任务书，交作业队登记结算。

2．记录现场实际情况

在施工中，如实记载每项工作的开始日期、工作进程和完成日期，记录每日完成数量、施工现场发生的情况、干扰因素的排除情况，可为计划实施的检查、分析、调整、总结提供原始资料。

3．落实、跟踪、调整进度计划

分析作业计划执行中的问题，找出原因，并采取措施解决；督促供应单位按进度要求供应资料；控制施工现场临时设施的使用；按计划进行作业条件准备；传达决策人员的决策意图。

二、建筑工程项目进度计划实施的基本要求

建筑工程项目进度计划实施的基本要求如下：

（1）经批准的进度计划，应向执行者进行交底并落实责任。

（2）进度计划执行者应制定实施方案。

（3）在实施进度计划的过程中应进行下列工作：

跟踪检查，搜集实际进度数据；将实际数据与进度计划进行对比；分析计划执行的情况；对产生的进度变化采取相应措施进行纠正或调整；检查措施的落实情况；进度计划的变更必须及时与有关单位和部门沟通。

三、实施建筑工程项目进度计划应注意的事项

（1）在进度计划实施的过程中，应遵守施工合同中对开工及延期开工、暂停施工、工期延误及工程竣工的承诺。

（2）跟踪形象进度，对工程量、产值及耗用人工、材料和机械台班等的数量进行统计，编制统计报表。

（3）实施好分包计划；处理好进度索赔。

四、建筑工程项目进度计划的检查

1. 建筑工程项目进度计划检查的内容

根据不同需要可对建筑工程项目进度计划进行日检查或定期检查。检查的内容如下：

进度管理情况；进度偏差情况；实际参加施工的人力、机械数量与计划数；检查期内实际完成和累计完成的工程量；窝工人数、窝工机械台班数及其原因分析。

2. 建筑工程项目进度计划检查的方式

（1）定期、经常地搜集由承包单位提交的有关进度报表资料

建筑工程项目进度报表资料不仅是对建筑工程项目实施进度控制的依据，而且是核对建筑工程项目进度的依据。在一般情况下，进度报表格式由监理单位提供给施工承包单位，施工承包单位按时填写完后提交给监理工程师核查。报表的内容根据施工对象及承包方式的不同而有所区别，但一般应包括工作的开始时间、完成时间、持续时间、逻辑关系、实物工程量和工作量，以及工作时差的利用情况等。施工承包单位若能准确地填报进度报表，监理工程师就能从中了解到建筑工程项目的实际进展情况。

（2）由驻地监理人员现场跟踪检查建筑工程项目的实际进展情况

为了避免施工承包单位超报已完工程量，驻地监理人员有必要进行现场实地检

查和监督。驻地监理人员可以每月或每半月检查一次，也可每旬或每周检查一次。如果在某一施工阶段出现不利情况，则需要每天检查。

（3）召开现场会议

除上述两种方式外，由监理工程师定期组织现场施工负责人召开现场会议，也是获得建筑工程项目实际进展情况的一种方式。通过面对面的交谈，监理工程师可以从中了解到施工过程中的潜在问题，以便及时采取相应的措施加以预防。

3. 建筑工程项目进度计划检查的方法

建筑工程项目进度计划检查的方法主要是对比法，即将实际进度与计划进度进行对比，发现偏差则进行调整或修改计划。常用的对比法有下列几种。

（1）横道图比较法

横道图比较法是指将建筑工程项目实施过程中检查实际进度搜集到的数据，经加工整理后直接用横道线平行绘于原计划的横道线处，进行实际进度与计划进度比较的一种方法。

采用横道图比较法，可以形象、直观地反映实际进度与计划进度的比较情况。

横道图比较法可分为以下两种方法。

1）匀速进展横道图比较法

匀速进展是指在工程项目中，每项工作在单位时间内完成的任务量都是相等的，即工作的进展速度是均匀的。此时，每项工作累计完成的任务量与时间量的线性关系如图 10-1 所示。完成的任务量可以用实物工程量、劳动消耗量或费用支出表示。为了便于比较，通常用上述物理量的百分比表示。

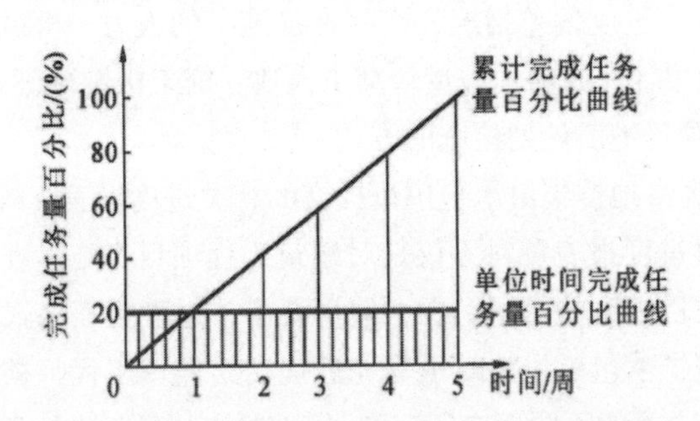

图 10-1　匀速进展工作时间与完成任务量关系曲线示意图

采用匀速进展横道图比较法的步骤如下：

①编制横道图进度计划。

②在进度计划上标出检查日期。

③将检查搜集到的实际进度数据经加工整理后按比例用涂黑的粗线标于计划进

度的下方。

④对比分析实际进度与计划进度。

如果涂黑的粗线右端落在检查日期左侧，表明实际进度拖后；如果涂黑的粗线右端落在检查日期右侧，表明实际进度超前；如果涂黑的粗线右端与检查日期重合，表明实际进度与计划进度一致。

应该指出的是，该方法仅适用于工作从开始到结束的整个过程中，其进展速度均为固定不变的情况。如果工作的进展速度是变化的，则不能采用这种方法进行实际进度与计划进度的比较，否则会得出错误结论。

2）非匀速进展横道图比较法

当工作在不同单位时间里的进展速度不等时，累计完成的任务量与时间的关系就不可能是线性关系。此时，应采用非匀速进展横道图比较法进行工作实际进度与计划进度的比较。

采用非匀速进展横道图比较法的步骤如下：

①编制横道图进度计划。

②在横道线上方标出各主要时间工作的计划完成任务量累计百分比。

③在横道线下方标出相应时间工作的实际完成任务量累计百分比。

④用涂黑粗线标出工作的实际进度，从开始之日标起，同时反映出该工作在实施过程中的连续与间断情况。

⑤通过比较同一时刻实际完成任务量累计百分比和计划完成任务量累计百分比，判断工作实际进度与计划进度之间的关系。

如果同一时刻横道线上方累计百分比大于横道线下方累计百分比，表明实际进度拖后，拖欠的任务量为二者之差；如果同一时刻横道线上方累计百分比小于横道线下方累计百分比，表明实际进度超前，超前的任务量为二者之差；如果同一时刻横道线上下方两个累计百分比相等，表明实际进度和计划进度一致。

（2）S形曲线比较法

S形曲线比较法是以横坐标表示进度时间，以纵坐标表示累计完成任务量，绘制出一条按计划时间累计完成任务量的S形曲线，将施工项目的各检查时间实际完成的任务量与S形曲线进行实际进度与计划进度相比较的一种方法。

从整个建筑工程项目实际进展全过程来看，施工过程中单位时间投入的资源量一般是开始和结束时较少，中间阶段较多。与其相对应，单位时间完成的任务量也呈同样的变化规律，如图10–2（a）所示。S形曲线比较法与横道图比较法不同，它不是在编制的横道图进度计划上进行实际进度与计划进度的比较。

随工程进展累计完成的任务量则应呈S形变化，如图10–2（b）所示，因其形似英文字母“S”而得名。S 形曲线比较法同横道图比较法一样，是在图上直观地将工程项目实际进度与计划进度进行比较。一般情况下，进度控制人员在计划实施前绘制出计划 S 形曲线，在项目实施过程中，按规定时间将检查的实际完成任务情况，绘制在与计划 S 形曲相同的一张图上，可得出实际进度 S 形曲线，如图 10–3 所示。

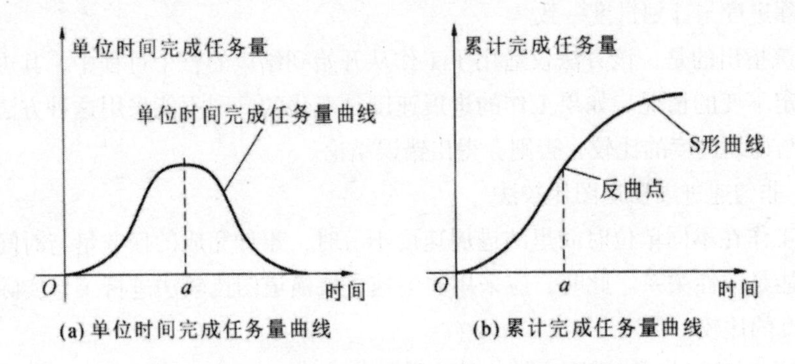

图 10–2　时间与完成任务量关系曲线示意图

比较两条 S 形曲线可以得到如下信息。

（1）工程项目实际进展状况。如果工程实际进展点落在计划 S 形曲线左侧，表明此时实际进度比计划进度超前，如图 10–3 中的 a 点；如果工程实际进展点落在计划 S 曲线右侧，表明此时实际进度拖后，如图 10–3 中的 b 点；如果工程实际进展点正好落在计划 S 曲线上，则表示此时实际进度与计划进度一致。

（2）工程项目实际进度超前或拖后的时间。在 S 形曲线比较图中可以直接读出实际进度比计划进度超前或拖后的时间。如图 10–3 所示，ΔT_a 表示 T_a 时刻实际进度超前的时间，ΔT_b 表示乃时刻实际进度拖后的时间。

（3）工程项目实际超额或拖欠的任务量。在 S 形曲线比较图中也可直接读出实际进度比计划进度超额或拖欠的任务量。如图 10–3 所示，ΔQ_a 表示 T_a 时刻超额完成的任务量，ΔQ_b 表示 T_b 时刻拖欠的任务量。

（4）后期工程进度预测。如果后期工程按原计划速度进行，则可做出后期工程计划 S 形曲线，如图 13–3 中的虚线所示，从而可以确定工期拖延预计时间 ΔT。

（3）香蕉形曲线比较法

1）香蕉形曲线是由两条 S 形曲线组合而成的闭合图形。如前所述，工程项目的计划时间和累计完成任务量之间的关系都可用一条 S 形曲线表示。在工程项目的网络计划中，各项工作一般可分为最早开始时间和最迟开始时间。于是根据各项工作的计划最早开始时间安排进度就可绘制出一条 S 形曲线，称为 ES 曲线；而根据各项工作的计划最迟开始时间安排进度绘制出的 S 形曲线，称为 LS 曲线。这两条曲线都起始于计划开始时刻，终止于计划完成之时，因而图形是闭合的。一般情况下，在其余时刻，ES 曲线上各点均应在 LS 曲线的左侧，如图 10–4 所示，两条 S 形曲线相合而成的闭合图形形似香蕉，因而得名。

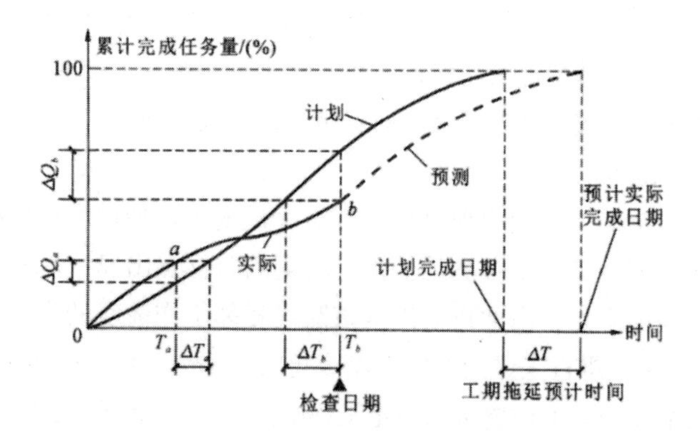

图 10–3　S 形曲线比较图

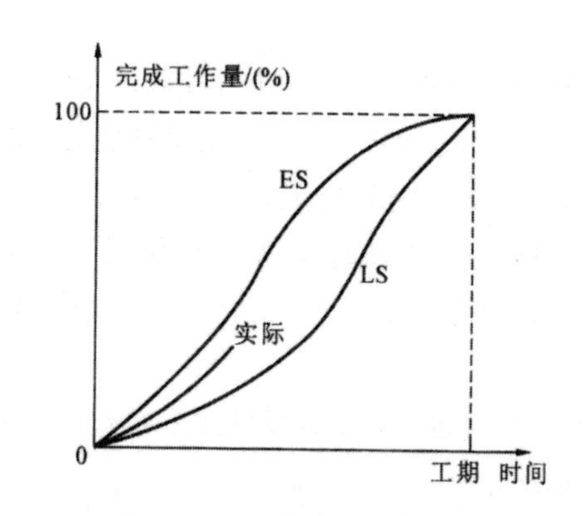

图 10–4　香蕉形曲线比较图

2）香蕉形曲线比较法的作用：

①预测后期工程进展趋势。利用香蕉形曲线可以对后期工程的进展情况进行预测。

②合理安排工程项目进度计划。

如果工程项目中的各项工作均按其最早开始时间安排进度，将导致项目的投资加大；如果各项工作都按其最迟开始时间安排进度，则一旦受到进度影响因素的干扰，将导致工期拖延，使工程进度风险加大。因此，一个科学合理的进度计划优化曲线应处于香蕉曲线所包括的区域之内。

3）定期比较工程项目的实际进度与计划进度。在工程项目的实施过程中，根据每次检查搜集到的实际完成任务量，绘制出实际进度的 S 形曲线，便可以将实际进度与计划进度进行比较。

工程项目实施进度的理想状态是任一时刻工程实际进展点均落在香蕉形曲线图的范围之内；工程实际进展点落在 ES 曲线的左侧，表明此刻实际进度比各项工作按其最早开始时间安排的计划进度超前；工程实际进展点落在 LS 曲线的右侧，表明此刻实际进度比各项工作按其最迟开始时间安排的计划进度拖后。

（4）前锋线比较法

前锋线比较法也是一种简单地进行工程实际进度与计划进度比较的方法，主要适用于时标网络计划。其主要方法是从检查时刻的时标点出发，首先连接与其相邻的工作箭线的实际进度点，由此再去连接该箭线相邻工作箭线的实际进度点，依此类推，将检查时刻正在进行工作的点依次连接起来，组成一条一般为折线的前锋线。

由前锋线与箭线交点的位置可以判定工程实际进度与计划进度的偏差。实际上，前锋线比较法就是通过工程项目实际进度前锋线，比较工程实际进度与计划进度偏差的方法。

采用前锋线比较法进行实际进度与计划进度比较的步骤如下：

1）绘制时标网络计划图。工程项目实际进度前锋线是在时标网络计划图上标示的，为清楚起见，可在时标网络计划图的上方和下方各设一个时间坐标。

2）绘制实际进度前锋线。一般从时标网络计划图上方时间坐标的检查日期开始绘制，依次连接相邻工作的实际进展点，最后与时标网络计划图下方坐标的检查日期相连接。

3）比较实际进度与计划进度。前锋线反映出的检查日有关工作实际进度与计划进度的关系有以下三种情况。

①工作实际进展点位置与检查日时间坐标相同，表明该工作实际进度与计划进度一致。

②工作实际进展点位置在检查日时间坐标右侧，表明该工作实际进度超前，超前天数为二者之差。

③工作实际进展点位置在检查日时间坐标左侧，表明该工作实际进展拖后，拖后天数为二者之差。

（5）列表比较法

采用列表比较法进行进度计划检查的步骤如下：

1）对于实际进度检查日期应该进行的工作，根据已经作业的时间，确定其尚需作业时间。

2）根据原进度计划计算检查日期应该进行的工作从检查日期到原计划最迟完成

时间尚余时间。

3）计算工作尚有总时差，其值等于工作从检查日期到原计划最迟完成时间尚余时间与该工作尚需作业时间之差。

五、建筑工程项目进度偏差分析

在建筑工程项目实施过程中，当通过实际进度与计划进度的比较，发现有进度偏差时，需要分析该偏差对后续工作及总工期的影响，从而采取相应的调整措施对原进度计划进行调整，以确保工期目标的顺利实现。进度偏差的大小及其所处的位置不同，对后续工作和总工期的影响程度是不同的，分析时需要利用网络计划中工作总时差和自由时差的概念进行判断。

1. 分析发生进度偏差的工作是否为关键工作

（1）在工程项目的施工过程中，若出现偏差的工作为关键工作，则无论偏差大小，都会对后续工作及总工期产生影响，必须采取相应的调整措施。

（2）若出现偏差的工作不是关键工作，则需要根据偏差值与总时差和自由时差的大小关系，确定对后续工作和总工期的影响程度。

2. 分析进度偏差是否大于总时差

（1）在工程项目施工过程中，若工作的进度偏差大于该工作的总时差，则说明此偏差会必将影响后续工作和总工期，必须采取相应的调整措施。

（2）在工程施工过程中，若工作的进度偏差小于或等于该工作的总时差，则说明此偏差对总工期无影响，但它对后续工作的影响程度需要根据比较偏差与自由时差的情况来确定。

3. 分析进度偏差是否大于自由时差

（1）在工程项目施工过程中，若工作的进度偏差大于该工作的自由时差，说明此偏差对后续工作产生影响，该如何调整，应根据后续工作允许影响的程度而定。

（2）在工程项目施工过程中，若工作的进度偏差小于或等于该工作的自由时差，则说明此偏差对后续工作无影响，因此，原进度计划可以不做调整。

六、建筑工程项目进度计划调整

1. 建筑工程项目进度计划调整的要求

使用网络计划进行调整，应利用关键线路；调整后的进度计划应及时下达；进度计划调整应及时有效；利用网络计划进行时差调整，调整后的进度计划要及时向班组及有关人员下达，防止继续执行原进度计划。

2. 建筑工程项目进度计划调整的内容

进度计划根据进度计划检查结果进行调整，调整的内容包括以下方面：

施工内容；工程量；起止时间；持续时间；工作关系；资源供应。

3. 建筑工程项目进度计划调整的方法

建筑工程项目进度计划调整的方法，见表 10–3。

表 10–3 建筑工程项目进度计划调整的方法

方法	内容
关键线路调整的方法	当关键线路的实际进度比计划进度提前时，要确定是否对原计划工期予以缩短。如果不缩短，可以利用这个机会降低资源强度或费用。方法是选择后续关键工作中资源占用量大的或直接费用高的予以延长，延长的长度不应超过已完成的关键工作提前的时间量。当关键线路的实际进度比计划进度落后时，计划调整任务是采取措施把失去的时间补救回来
增减工作项目	增减工作项目不应打乱原网络计划总的逻辑关系。增减工作项目只能改变局部的逻辑关系，此局部改变不影响总的逻辑关系。增加工作项目，只是对原遗漏或不具体的逻辑关系进行补充；减少工作项目，只是对提前完成的工作项目或者不应设置而设置了的工作项目予以删除。只有这样才是真正调整而不是“重编”。增减工作项目之后重新计算时间参数
非关键线路调整的方法	时差调整的目的是更充分地利用资源，降低成本，满足施工需要。时差调整的幅度不得大于计划总时差值
逻辑关系调整	施工方法或组织方法改变之后，逻辑关系也应调整
资源调整	资源调整应在资源供应发生异常时进行。所谓资源供应异常，是指因资源供应满足不了需要（中断或强度降低）而影响计划工期的实现
持续时间的调整	原计划有误或实现条件不充分时，方可调整持续时间。调整持续时间的方法是更新估算

七、建筑工程项目进度计划控制总结

1. 建筑工程项目进度计划控制总结的依据

建筑工程项目进度计划；建筑工程项目进度计划执行的实际记录；建筑工程项目进度计划的检查结果；建筑工程项目进度计划的调整资料。

2. 建筑工程项目进度计划控制总结的内容

（1）合同工期目标完成情况

合同工期主要指标的计算公式如下：

合同工期节约值 = 合同工期 − 实际工期

指令工期节约值 = 指令工期 − 实际工期

定额工期节约值 = 定额工期 − 实际工期

$$计划工期提前率=\frac{计划工期-实际工期}{计划工期}\times100\%$$

缩短工期的经济效益 = 缩短一天产生的经济效益 × 缩短工期天数

分析缩短工期的原因，大致从计划周密情况、执行情况、控制情况、协调情况、劳动效率等方面着手。

（2）资源利用情况

资源利用情况所使用的指标的计算公式如下。

$$单方用工=\frac{总用工数}{建筑面积}$$

$$劳动力不均衡系数=\frac{最高日用工数}{平均日用工数}$$

节约工日数 = 计划用工工日—实际用工工日

主要材料节约量 = 计划材料用量—实际材料用量

主要机械台班节约量 = 计划主要机械台班数—实际主要机械台班数

$$主要大型机械节约率=\frac{各种大型机械计划费之和-各种大型机械实际费之和}{各种大型机械计划费之和}\times100\%$$

资源节约的原因有计划积极可靠，资源优化效果好，按计划保证供应，认真制定并实施了节约措施，协调及时、省力。

（3）成本情况

成本情况主要指标的计算公式如下。

降低成本额 = 计划成本—实际成本

$$降低成本率=\frac{降低成本额}{计划成本额}\times100\%$$

节约成本的主要原因有计划积极可靠、成本优化效果好、认真制定并执行了节约成本措施、工期缩短、成本核算及成本分析工作效果好。

（4）建筑工程项目进度控制经验

经验是指对成绩及其原因进行分析，为以后进度控制提供可借鉴的、本质的、规律性的东西。分析进度控制的经验可以从以下几个方面进行：

编制什么样的进度计划才能取得较大效益；怎样优化计划更有实际意义，其中包括优化方法、目标、计算及电子计算机应用等；怎样实施、调整与控制计划，其中包括记录检查、调整、修改、节约、统计等措施；进度控制工作的创新。

（5）建筑工程项目进度控制中存在的问题及分析

若建筑工程项目进度控制目标没有实现，或在计划执行中存在缺陷，应对存在的问题进行分析，分析时可以定量计算，也可以定性分析。对产生问题的原因也要从编制和执行计划中去找。

问题要找清，原因要查明，不能解释不清。遗留问题要到下一控制循环中解决。建筑工程项目进度中一般存在工期拖后、资源浪费、成本浪费、计划变化太大等问题，其产生原因一般包括计划本身的原因、资源供应和使用中的原因、协调方面的原因和环境方面的原因。

（6）建筑工程项目进度控制的改进意见

对建筑工程项目进度控制中存在的问题进行总结，提出改进方法或意见，在以后的工程中加以应用。

3. 建筑工程项目进度计划控制总结的编制方法

在总结之前进行实际调查，取得原始记录中没有的情况和信息；提倡采用定量的对比分析方法；在计划编制和执行中，应认真积累资料，为总结提供信息准备；召开总结分析会议；尽量采用计算机储存资料进行计算、分析与绘图，以提高总结分析的速度和准确性；总结分析资料要分类归档。

第十一章　工程项目合同管理

第一节　工程项目合同

一、工程项目合同的概念

工程项目合同即建设工程合同，《中华人民共和国合同法》规定，建设工程合同是承包人进行工程建设，发包人支付相应价款的合同。工程项目合同包括三种，即工程项目勘察合同、工程项目设计合同和工程项目施工合同（见表 11–1）。

表 11–1　工程项目合同的分类

类别	主要内容
工程项目设计合同	工程项目设计合同是承包方进行工程设计，委托方支付价款的合同。建设单位或有关单位为委托方，建设工程设计单位为承包方
工程项目施工合同	工程项目施工合同是工程建设单位与施工单位，也就是发包方与承包方以完成商定的建设工程为目的，明确双方权利与义务的协议。工程项目施工合同的发包方可以是法人，也可以是依法成立的其他组织或公民，而承包方必须是法人
工程项目勘察合同	工程项目勘察合同是承包方进行工程勘察，发包方支付价款的合同。工程项目勘察单位为承包方，建设单位或者有关单位为发包方（也称为委托方）

二、工程项目合同的主要内容

工程项目合同具有一般合同的条款，同时由于工程项目合同标的的特殊性，法律对工程项目合同中某些条款做出了明确或特殊的规定，成为

工程项目合同中不可缺少的条款。

1. 工程项目勘察合同、工程项目设计合同的基本条款工程项目勘察合同、工程项目设计合同的内容包括以下内容：

提交有关基础资料和文件（包括概预算）的期限；勘察、设计的质量要求；勘察、设计费用；其他协作条件。

2．工程项目施工合同的基本条款

工程项目施工合同的内容包括以下几项：

（1）工程范围。

（2）建设工期。

（3）中间交工工程的开工和竣工日期。

（4）工程质量。

（5）工程造价。

（6）技术资料交付时间。

（7）材料和设备供应责任。

（8）拨款和结算。

（9）竣工验收。

（10）质量保修范围和质量保证期。

除了上述十项基本合同条款以外，当事人还可以约定其他协作条款，如施工准备工作的分工、工程变更时的处理办法等。

三、工程项目合同文件的组成和解释顺序

1．工程项目合同文件的组成

工程项目合同文件，一般包括以下组成部分：

合同协议书；中标通知书；投标书及其附件；合同通用条款；合同专用条款；洽商、变更等明确双方权利与义务的纪要、协议；工程量清单、工程报价单或工程预算书、图纸；标准、规范和其他有关技术资料、技术要求。

2．工程项目合同文件的解释顺序

工程项目合同的所有文件应能互相解释，互为说明并保持一致。当事人对合同条款的理解有争议的，应按照合同所使用的词句、合同的有关条款、合同的目的、交易习惯及诚实信用原则，确定该条款的真实意思。

在工程实践中，当发现合同文件出现含糊不清或不一致时，通常按照合同文件的优先顺序进行解释。除双方另有约定外，合同文件的优先顺序应按合同文件中的规定确定，即排在前面的合同文件比排在后面的更具有权威性。因此，在订立工程项目合同时，对合同文件最好按其优先顺序排序。

第二节　工程项目合同的订立

一、工程项目合同的审查

中标后，招标人和中标人还必须在不背离中标通知书中确定的未来工程项目合同实质性内容的前提下，对在工程招标、投标过程中形成的工程项目合同文件进行审查，审查的内容包括合同的合法性、合同的完备性及合同条款。对审查出来的问题，通过合同谈判来协商解决，并在此基础之上最终签订一份对双方均有利的、合法的工程项目合同。

二、工程项目合同的谈判

工程项目合同的谈判包括一般讨论、技术谈判、商务谈判和拟定合同草案几个阶段（见表 11-2）。

表 11-2　工程项目合同谈判的阶段

阶段	具体内容
一般讨论	在谈判开始阶段先广泛地交换意见，各方提出自己的预想方案，经过研究和协商逐步形成统一的意见，形成共同的问题和谈判目标，为下一步详细谈判做准备
技术谈判	一般讨论结束后，便进入技术谈判阶段。技术谈判主要是对工程项目合同技术方面的条款和内容进行研究、讨论和谈判，包括工程项目范围、技术规范、标准、方案、技术资料、工程项目施工条件、工程项目施工方案、工程项目施工进度、工程项目质量保证与检查、工程项目竣工验收等方面的内容
商务谈判	技术谈判结束后，合同当事人双方应对工程项目合同商务方面的条款和内容进行谈判，包括工程项目合同价款、支付条件、支付方式、预付款、履约保证、保留金、货币汇率风险的防范、合同价格的调整等方面的内容。但由于技术条款和商务条款往往是联系在一起的，所以不能把技术谈判和商务谈判完全割裂开来进行
拟定合同草案	工程项目合同谈判进行到一定阶段后，在合同当事人双方都已表明了观点，对原则性问题基本达成共识的情况下，相互之间可以交换书面意见，然后逐条逐项地审查合同条款。在合同当事人双方对工程项目合同的具体条款和内容都达成一致意见后，双方应共同拟定合同草案。合同草案经双方研究、讨论并通过后，即可签署合同协议书，形成正式的工程项目合同

三、工程项目合同的签订

签订工程项目合同必须尽可能明确、具体、条款完备，避免使用含糊不清的词句。一般应严格控制合同中的限制性条款，明确规定合同生效条件、合同有效期以及延长的条件和程序，对仲裁和法律适用条款做出明确的规定，对选择仲裁或诉讼做出明确的约定。另外，在合同文件正式签订前，应组织有关专业和会计人员、律师对合同条款进行仔细推敲，在双方对合同内容达成一致意见后，再进行签订。重大工程项目合同的签订应有律师、公证人员参加，由律师见证或公证人员公正。只有高度重视合同签订的规范化，才能使合同真正起到确认和保护当事人双方合法权益的作用。

第三节 工程项目合同的履行

一、工程项目合同的实际履行

工程项目合同的实际履行，就是要求合同的当事人按照合同规定的目标来履行合同。由于工程项目合同的标的物大都为指定物，因此不得以支付违约金或赔偿经济损失来免除工程项目合同一方当事人继续履行合同规定的义务。当然，在某些情况下过于强调实际履行，不仅在客观上不可能，还会给工程项目合同的另一方当事人和社会利益造成更大的损失。这时，应从实际出发，允许用支付违约金和赔偿经济损失的方法来代替合同的实际履行。

二、工程项目合同的适当履行

工程项目合同的适当履行，是指工程项目合同的当事人按照法律和合同条款规定的标的，按质、按量、按时地履行合同，合同当事人不得以次充好、以假乱真，否则，另一方当事人有权拒绝接受。所以，在签订工程项目合同时，必须对标的物的规格、数量、质量等要求做出具体规定，以便当事人按规定履行，另一方当事人在工程项目结束时也能按规定验收。

第四节　工程项目合同的变更、解除和终止

一、工程项目合同的变更、解除

1. 工程项目合同变更或解除的条件

根据我国现行的法律，一般须具备下列条件才能变更或解除工程项目合同：

双方当事人确实自愿协商同意，并不因此损害国家利益和社会公共利益；由于不可抵抗力致使工程项目合同的全部义务不能履行；在合同约定的期限内没有履行合同，且在被允许的推迟履行的合理期限内仍未履行；工程项目合同当事人的一方违反合同，以致严重影响订立合同时所期望实现的目的或致使合同的履行成为不必要；合同约定的解除合同的条件已经出现。

当工程项目合同的一方当事人要求变更、解除合同时，应当及时通知另一方当事人。因变更或解除工程项目合同使一方当事人遭受损失的，除依法可以免除责任的情况外，应由责任方负责赔偿。当事人一方发生合并、分立时，由变更后的当事人承担或者分别承担工程项目合同的义务，并享受相应的权利。

2. 工程项目合同变更或解除的程序

根据我国目前的有关法规和司法实践，工程项目合同变更或解除的程序如下：

（1）当事人一方要求变更或解除工程项目合同时，应当事先以书面的形式向另一方提出。

（2）另一方当事人在接到有关变更或解除工程项目合同的建议后，应即时做出书面答复，如果同意，则工程项目合同的变更或解除产生法律效力。

（3）变更和解除工程项目合同的建议与答复，必须在双方协议的期限之内或者在法律、法令规定的期限之内。

（4）工程项目合同的变更和解除涉及国家指令性产品或工程项目时，必须在变更或解除项目合同之前报请下达该计划的有关主管部门批准。

（5）因变更和解除工程项目合同发生的纠纷，依双方约定的解决方式或法定的解决方式处理。

除由于不可抗力致使工程项目合同的全部义务不能履行，或由于工程项目合同的另一方当事人违反合同，以致严重影响订立合同所期望实现的目的的情况外，在协议尚未达成之前，原合同仍然有效。任何一方不得以变更和解除合同为借口而逃避责任和义务，否则仍要承担法律上的后果。

二、工程项目合同的终止

工程项目合同签订以后不允许随意终止，但根据我国的现行法律和有关司法实践，工程项目合同的法律关系在下列情况下可终止（见表 11–3）。

表 11–3　工程项目合同的终止情况

终止情况	主要内容
因履行而终止	工程项目合同因履行而终止，意味着合同规定的义务已完成，权利已实现，合同的法律关系自行解除。履行合同是实现合同、终止合同的法律关系的最基本方法，也是工程项目合同终止最通常的原因
因不可抗力原因而终止	不是由于当事人的过错，是由于某种不可抗力的原因而导致合同义务不能履行的，应当终止工程项目合同
因行政关系而终止	工程项目合同的双方当事人是根据国家计划或行政指令建立合同关系，可因国家计划的变更或行政指令的取消而终止合同
因当事人双方混同一人而终止	法律上对权利人和义务人合为同一人的现象，称为混同。发生混同，那么原来的工程项目合同已无履行的必要或已不需要依靠这种契约关系来维系工程项目的实施，因而工程项目合同自行终止
双方当事人协商同意而终止	工程项目合同的当事人双方可以通过协议来变更和终止合同关系，这也是终止工程项目合同的一种形式
仲裁机构或者法院判决终止	当工程项目合同的一方当事人不履行或不适当履行合同时，另一方当事人可以通过仲裁机构或法院裁决来终止合同关系

第五节　工程项目合同纠纷的解决

一、工程项目合同双方的违约责任

违反合同必须负赔偿责任，这是我国合同法中规定的一项重要的法律制度。追究不履行合同行为，须具备下列条件：

（1）要有不履行合同的行为。当事人一方不履行或不适当履行既定的义务，都是不履行合同的行为。

（2）要有不履行合同的过错。过错是指不履行合同一方的主观心理状态，包括故意和过失。故意和过失是承担法律责任的一个必要条件，法律只对故意和过失给予制裁。因此，故意和过失是行为人，即不履行或不适当履行工程项目合同的当事人，承担法律责任的主观条件。根据过错原则，违反合同的不管是谁，合同的一方当事人也好，合同双方当事人也好，或者合同以外的第三方也好，都必须承担赔偿责任。

（3）要有不履行合同造成损失的事实。不履行或不适当履行合同必然会给合同的另一方当事人造成一定的经济损失。经济损失包括直接的经济损失和间接的经济损失两个部分。在通常情况下，通过支付违约金来赔偿直接的经济损失；而间接的经济损失在实际的经济生活中很难计算，多不采信，但法律、法令另有规定或项目双方当事人另有约定的例外。

法律只要求行为人对其故意或过失行为造成不履行合同负赔偿责任，而对于无法预知或防止的事故致使合同不能履行，不能要求合同当事人承担责任。

合同当事人不履行或不适当履行，是由于当事人无法预知或防止的事故所致时，可免除赔偿责任，这种事由在法律上称为不可抗力，即个人或法人无法抗拒的力量；法律规定和合同约定有免责条件，当发生这些条件时，可不承担责任；由于一方的故意和过失造成不能履行合同，另一方不仅可以免除责任，而且有权要求赔偿损失。

二、工程项目合同纠纷的解决方式

通常，解决工程项目合同纠纷的主要方式有四种，即协商解决、调解解决、仲裁解决和诉讼解决。

1. 协商解决

协商解决也称为友好解决，是指双方当事人进行磋商，在相互谅解的基础上，为了促进双方的关系，为了今后双方之间的业务继续往来和发展，相互都怀有诚意地做出一些有利于纠纷实际解决的让步，并在彼此都认可的可以接受继续合作的基础上达成和解协议。协商解决的优点在于不必经过仲裁机构或司法程序，可节约时间和金钱，而且双方协商的灵活性较大，气氛较好，给双方留下的余地较大。

2. 调解解决

调解是由第三者从中调停，促进双方当事人和解。调解可以在交付仲裁和诉讼前进行，也可以在仲裁和诉讼过程中进行。调解必须双方自愿，不得强迫。达成协议的内容不得违背国家的法律、法令和方针政策。调解达成协议的，仲裁机关和人民法院应及时制作调解书。调解书应写明当事人争议的内容与事实、当事人达成协议的内容。调解书一经送达，即产生法律效力，不可再求助于仲裁和诉讼。

合同当事人的合同管理机关申请调解的，应从其知道或应当知道权利被侵害之日起一年内提出，超过期限的，一般不予受理，但当事人自愿履行的除外。调解不能达成协议的，或者达成协议后又反悔的，仲裁机关和人民法院应当尽快做出裁决或判决。

3. 仲裁解决

仲裁也称为公断，是指双方当事人自愿把争议提交给第三者审理，由其按照一定的程序做出裁决或判决。这个第三者或为双方选定的仲裁人，或为仲裁机构。仲裁是一种行政措施，是维护合同法律效力的必要手段。申诉人必须在其权利受到侵害之日起一年内，以书面形式向仲裁机构提出申请书，具体写明合同纠纷及其主要问题，提出自己的要求，同时附上原合同和有关材料的正本或者复印本。裁决书经主管机关盖章后，即具有法律效力。若一方或双方事后反悔，必须在收到裁决书之日起十五天内，向人民法院起诉。

4. 诉讼解决

诉讼是指司法机关和案件当事人在其他诉讼参与人的配合下，为解决案件依法定诉讼程序进行的全部活动。工程项目合同当事人因合同纠纷而提起的诉讼一般属于经济合同纠纷的范畴，一般由各级人民法院的经济审判庭（现称民事审判第二庭）受理并审判。当事人一方在提起诉讼前必须充分做好诉讼准备，搜集各类证据，进行必要的取证工作。在向法院提交起诉状时，应准备下列文件或证词以及有关凭证：起诉状、合同文本及附件、营业执照、法定代表人、委托人员授权证书、合同双方当事人往来的财务凭证、合同双方当事人往来的信函和电报等。同时，合同纠纷一方当事人在提起诉讼之前，还应注意管辖问题和实效问题。管辖问题是指向哪一级法院、哪一个地方法院提起诉讼；实效问题是指法律规定的时间节点到提起诉讼的最长时限要求，故合同纠纷一方当事人应采取各种有效手段延长诉讼时效，争取主动。

第六节　工程项目合同的索赔

一、工程项目合同索赔的概述

1. 工程项目合同索赔的概念

索赔一般是指对某事、某物权利的一种主张、要求和坚持等。工程项目合同索赔通常是指在工程项目合同履行过程中，合同当事人一方因非自身因素或对方不履行或未能正确履行合同而受到经济损失或权利损害时，通过一定的程序向对方提出经济或时间补偿的要求。工程项目合同索赔是一种正当的权利要求，是业主方、监理工程师和承包方之间一项正常的、大量发生而且普遍存在的合同管理业务，是一种以法律和合同为依据的、合情合理的行为。

2. 工程项目合同索赔的特征

从工程项目合同索赔的概念中可以看出，工程项目合同索赔具有以下基本特征：

（1）工程项目合同索赔是要求给予补偿的一种权利、主张。

（2）工程项目合同索赔的依据是法律法规、合同文件及工程建设惯例，但主要是合同文件。

（3）工程项目合同索赔是因非自身原因导致的，要求索赔一方应没有过错。

（4）与工程项目合同相比较，已经发生了额外的经济损失或工期损害；工程项目合同索赔必须有切实有效的证据；工程项目合同索赔是单方行为，双方没有达成协议。

3．工程项目合同索赔的分类

（1）按涉及当事双方分类

承包商与建设单位之间的索赔；承包商与分包商之间的索赔；承包商与供应商之间的索赔。

（2）按索赔原因分类

地质条件变化引起的索赔；施工中人为障碍引起的索赔；工程变更命令引起的索赔；合同条款的模糊和错误引起的索赔；工期延长引起的索赔；设计图纸错误引起的索赔；工期提前引起的索赔；施工图纸拖延引起的索赔；增减工程量引起的索赔；建设单位拖延付款引起的索赔；货币贬值引起的索赔；价格调整引起的索赔；建设单位的风险引起的索赔；不可抗拒的自然灾害引起的索赔；暂停施工引起的索赔；终止合同引起的索赔。

（3）按索赔的依据分类

工程项目合同按索赔的依据分类，见表 11–4。

表 11–4　按索赔的依据分类

类别	主要内容
合同规定的索赔	索赔的内容可以在合同条款中找到依据，如设计图纸错误、变更工程的计量和计价等
非合同规定的索赔	索赔的内容及权利在合同条款中难以找到依据。通常非合同规定的索赔表现属于违约造成的损害或可能违反担保造成的损害
道义索赔	也称额外索赔，是指承包商对标价估计不足或遇到了巨大的困难而蒙受重大损失时，建设单位会超越合同条款，给承包商以相应的经济补偿

（4）按索赔的目的分类

1）工期索赔：承包商要求建设单位延长施工时间，拖后竣工日期。

2）费用索赔：承包商要求业主给付增加的开支或亏损，弥补自身的经济损失。

4．工程项目合同索赔的内容

（1）承包商索赔的内容

承包商索赔的内容一般包括工程地质条件变化索赔，工程变更索赔，因业主原因引起的工期延长和延误索赔，施工费用索赔，业主终止施工索赔，物价上涨引起的索赔，法规、货币及汇率变化引起的索赔，拖延支付工程款的索赔和特殊风险索赔等。

（2）建设单位索赔的内容

建设单位索赔的内容一般包括工程建设失误索赔、因承包商拖延施工工期引起的索赔、承包商未履行的保险费用索赔、对超额利润的索赔、对指定分包商的付款索赔、建设单位合理终止合同或承包商无正当理由放弃工程的索赔。

二、工程项目合同索赔的工作程序

索赔工作程序是指从索赔事件发生到最终处理全过程所包括的工作内容和工作步骤。具体工程项目的索赔工作程序，应根据双方签订的施工合同确定。在工程实践中，比较详细的索赔工作程序一般包括提出索赔意向、准备索赔资料、提交索赔文件、工程师（业主）审核索赔文件、索赔的处理与解决。

1. 提出索赔意向

在工程实施过程中，一旦出现索赔事件，承包商应在合同规定的时间内，及时向业主或工程师书面提出索赔意向通知，即向业主或工程师就某一个或若干个索赔事件表示索赔愿望、要求或声明保留索赔的权利。索赔意向的提出是索赔工作程序中的第一步，其关键是抓住索赔机会，及时提出索赔意向。

FIDIC 合同条件及我国建设工程施工合同条件都规定，承包商应在索赔事件发生后的 28 天内，将其索赔意向通知工程师，否则将会丧失在索赔中的主动和有利地位。业主和工程师也有权拒绝承包商的索赔要求，这是索赔成立的有效和必备条件之一。因此在实际工作中，承包商应避免合理的索赔要求由于未能遵守索赔时限的规定而无效。

2. 准备索赔资料

从提出索赔意向到提交索赔文件，属于承包商索赔的内部处理阶段和资料准备阶段。此阶段的主要工作如下：

（1）跟踪和调查干扰事件，掌握事件产生的详细经过和前因后果。

（2）分析干扰事件产生原因，划清各方责任，确定由谁承担，并分析干扰事件是否违反了合同规定，是否在合同规定的赔偿或补偿范围内。

（3）损失或损害调查或计算，通过对比实际和计划的施工进度和工程成本，分析经济损失或权利损害的范围和大小，并由此计算出工期索赔额和费用索赔额。

（4）搜集证据，从干扰事件产生、持续直至结束的全过程，都必须保留完整的当时记录，这是索赔能否成功的重要条件。

在实际工作中，许多承包商的索赔要求都因没有或缺少书面证据而得不到合理解决，这个问题应引起承包商的高度重视。

3. 提交索赔文件

承包商必须在合同规定的索赔时限内向业主或工程师提交正式的书面索赔文件。FIDIC 合同条件和我国建设工程施工合同条件都规定，承包商必须在发出索赔意向通知后的 28 天内或经工程师同意的其他合理时间内，向工程师提交一份详细的索赔文件，如果干扰事件对工程的影响持续时间长，承包商则应按工程师要求的合理间隔，提交中间索赔报告，并在干扰事件影响结束后的 28 天内提交一份最终索赔报告。

4. 工程师（业主）审核索赔文件

工程师受业主的委托和聘请，对工程项目的实施进行组织、监督和控制。工程师根据业主的委托或授权，对承包商索赔的审核工作主要分为判定索赔事件是否成立和核查承包商的索赔计算是否正确、合理两个方面，并可在业主授权的范围内做出自己独立的判断。承包商索赔要求的成立必须同时具备以下条件：

（1）与合同相比较已经造成了实际的额外费用增加或工期损失。

（2）造成费用增加或工期损失的原因不是承包商自身的过失。

（3）这种经济损失或权利损害也不是由承包商应承担的风险所造成的。

（4）承包商在合同规定的期限内提交了书面的索赔意向通知和索赔文件。

上述四个条件没有先后主次之分，并且必须同时具备，承包商的索赔才能成立。监理工程师对索赔文件的审查重点主要有以下两步：

第一步，重点审查承包商的申请是否有理有据，即承包商的索赔要求是否有合同依据，所受损失是否确属不应由承包商负责的原因造成，提供的证据是否足以证明索赔要求成立，是否需要提交其他补充材料等。

第二步，监理工程师以公正的立场、科学的态度，审查并核算承包商的索赔值计算，分清责任，剔除承包商索赔值计算中的不合理部分，确定索赔金额和工期延长天数。

我国建设工程施工合同条件规定，工程师在收到承包商送交的索赔报告和有关资料后应于 28 天内给予答复，或要求承包商进一步补充索赔理由和证据。如果在规定期限内未予答复或未对承包人做进一步要求，视为该项索赔已被认可。

5. 索赔的处理与解决

从递交索赔文件到索赔结束是索赔的处理与解决过程。经过对索赔文件的评审，与承包商进行了较充分的了解后，工程师应提出对索赔处理决定的初步意见，并参加业主和承包商之间的索赔谈判，业主和承包商通过谈判达成索赔最后处理的一致意见。如果业主和承包商通过谈判达不成一致意见，则可根据合同规定，将索赔争议提交仲裁或诉讼，使索赔问题得到最终解决。

工程项目实施中会发生各种各样、大大小小的索赔、争议等问题，应该强调，合同各方应该争取尽量在最早的时间、最低的层次，尽最大可能以友好协商的方式解决索赔问题，不要轻易提交仲裁机构。因为对工程争议的仲裁往往是非常复杂的，要花费大量的人力、物力、财力和精力，对工程建设也会带来不利，有时甚至产生严重的影响。在工程项目的实施过程中，会产生大量的工程信息和资料，这些信息和资料是开展索赔的重要依据。如果项目资料不完整，索赔就难以顺利进行。因此在施工过程中应始终做好资料积累工作，建立完善的资料记录和科学管理制度，认真系统地积累和管理施工合同文件、质量、进度及财务收支等方面的资料。对于可能发生索赔的工程项目，从开始施工时就要有目的地搜集证据资料，系统地拍摄施工现场，妥善保管开支收据，有意识地为索赔文件积累必要的证据材料。

三、工程项目合同索赔的证据

1．索赔证据的定义和重要性

索赔证据是当事人用来支持其索赔成立或和索赔有关的证明文件和资料。索赔证据作为索赔文件的组成部分，在很大程度上关系到索赔的成功与否。证据不全、不足或没有证据，是不可能索赔成功的。

证据在合同签订和合同实施过程中产生，主要为合同资料、日常的工程资料和合同双方信息沟通资料等。在正常的项目管理系统中，应有完整的工程实施记录。一旦索赔事件发生，自然会搜集到许多证据。而如果项目信息流通不畅，文档散杂零乱、不成系统或对事件的发生未记文档，待提出索赔意向时再搜集证据，就要浪费许多时间，可能丧失索赔机会（超过索赔有效期限），甚至为他人索赔和反索赔提供可能，因为人们对过迟提交的索赔文件和证据容易产生怀疑。

2．对索赔证据的基本要求

对索赔证据的基本要求见表 11–5。

表 11–5　对索赔证据的基本要求

基本要求	主要内容
全面性	所提供的索赔证据应能说明事件的全过程。索赔报告中所提到的干扰事件、索赔理由、影响、索赔值等都须有相应的证据，否则对方有权退回索赔报告，要求重新补充证据，这样就会拖延索赔的解决时间

续表

基本要求	主要内容
真实性	索赔证据必须是在实际工程过程中产生的，完全反映实际情况，能经得住对方的推敲。由于在工程实施过程中合同双方都在进行合同管理、搜集工程资料，所以双方应有相同的证据。使用不实的或虚假的证据是违反商业道德甚至法律的
法律证明效力	索赔证据必须有法律证明效力，特别对准备递交仲裁的索赔报告更要注意这一点。这就要求：索赔证据必须是当时的书面文件，一切口头承诺、口头协议都不算；合同变更协议必须由双方签署，或以会谈纪要的形式确定，而且为决定性决议，一切商讨性、意向性的意见或建议都不算；工程中的重大事件、特殊情况的记录应由工程师签署认可
及时性	这包括两个方面的要求。一方面，要求索赔证据是工程活动或其他活动发生时记录或产生的文件，除了专门规定外，后补的索赔证据通常不容易被认可。干扰事件发生时，承包商应有同期记录，这对以后提出索赔要求、支持其索赔理由是必要的。而工程师在收到承包商的索赔意向通知后，应进行审查，并可指令承包商保持合理的同期记录，在这里承包商应邀请工程师检查并请其说明是否须做其他记录。按工程师要求做记录，对承包商来说是有利的。另一方面，索赔证据作为索赔报告的一部分，一般和索赔报告一起交付工程师和业主。FIDIC 规定，承包商应向工程师递交一份说明索赔款项及提出索赔依据的详细材料

3．工程项目实施过程中常见的索赔证据

在工程项目实施过程中，常见的索赔证据如下：

（1）各种工程合同文件；施工日志；会谈纪要；气象报告和资料；工程进度计划；来往信件、电话记录；工程照片及声像资料；投标前业主提供的参考资料和现场资料；工程备忘录及各种签证；工程计算资料和有关财务报告；各种检查验收报告和技术鉴定报告。

（2）其他：分包合同、订货单、采购单、工资单、物价指数、国家法律和法规等。

四、工程项目合同索赔报告

1．对工程项目合同索赔报告的基本要求

索赔报告是向对方提出索赔要求的书面文件。业主及调解人和仲裁人通过工程项目合同索赔报告了解和分析合同实施情况和承包商的索赔要求，并据此做出判断和决定，所以索赔报告的表达方式对索赔的解决有重大影响。工程项目合同索赔报告应充满说服力、合情合理、有根有据、逻辑性强，能说服工程师、业主、调解人和仲裁人，同时它又应是有法律效力的正规的书面文件。

起草工程项目合同索赔报告需要有实际工作经验，重大的索赔或一揽子索赔最好在有经验的律师或索赔专家的指导下起草。对工程项目合同索赔报告的一般要求如下。

（1）索赔事件应真实无误。

（2）责任分析应清楚、准确。

（3）在索赔报告中应特别强调于己有利的关键点。于己有利的关键点如下：

干扰事件的不可预见性和突然性。对干扰事件的发生，承包商不可能预见或有所准备，亦无法制止或避免遭受影响；在干扰事件发生后已立即将情况通知工程师，听取并执行了工程师的处理指令；为减轻干扰事件的影响尽了最大努力，采取了能够采取的措施。在索赔报告中可叙述所采取的措施以及产生的效果；由于干扰事件的影响，承包商的工作受到严重干扰。应在索赔报告中强调干扰事件、对方责任、工程受到的影响和索赔之间有直接的因果关系。这个逻辑性对索赔的成败至关重要。业主反索赔常常也通过否定这个逻辑关系来否定承包商的索赔要求；索赔要求应有合同文件的支持，要非常准确地选择作为索赔理由的相应的合同条款。

（4）索赔报告应简明扼要、条理清楚、定义准确、逻辑性强，但索赔证据和索赔值计算应详细精确。

（5）用词、语气要婉转。

2. 工程项目合同索赔报告的格式和内容

在实际工作中，工程项目合同索赔报告通常包括以下三个部分。

（1）承包商或其授权人致业主或工程师的信

在信中简要介绍索赔要求、干扰事件的经过和索赔理由等。

（2）索赔报告正文

在工程中，对单项索赔，应设计统一格式的索赔报告，以使索赔处理比较方便。

一揽子索赔报告的格式可以比较灵活，但实质性的内容一般应包括以下几个方面（见表 11–6）。

表 11–6　实质性的内容包含的方面

项目	内容
题目	简洁地说明针对什么提出索赔
索赔事件	叙述事件的起因（如业主的变更指令、通知等）、事件经过、事件过程中双方的活动，重点叙述我方按合同所采取的行为、对方不符合合同的行为或没履行合同责任的情况，要提出事件的时间、地点和事件的结果，并引用报告后面的证据作为证明
理由	总结上述事件，同时引用相应合同条文，证明对方行为违反合同或对方的要求超出合同规定，造成了该干扰事件，有责任对由此造成的损失做出赔偿
影响	说明上述事件对承包商的影响，而二者之间有直接的因果关系，重点说明上述事件造成的成本增加和工期延长，与后面的费用分项的计算又应有对应关系
结论	上述事件造成承包商的工期延长和费用增加，通过详细的索赔值的计算，提出具体的费用索赔值和工期索赔值

（3）附件

附件包括报告所列举事实、理由、影响的证明文件和各种计算基础、计算依据的证明。

五、工程项目合同索赔应注意的问题

工程项目合同索赔实际上是一个经营战略性问题，是承包商对利益、关系、信誉等方面的综合权衡，既不能只讲关系、义气和情意，忽视应有的合理索赔，致使企业遭受不应有的经济损失；也不能不顾关系，过分注重索赔，斤斤计较，缺乏长远和战略目光，以致影响合同关系、企业信誉和长远利益。此外，合同双方在开展索赔工作时，还应注意以下问题（见表 11–7）。

表 11–7　索赔工作应注意的问题

注意问题	主要内容
索赔谈判中注意方式方法	合同一方向对方提出索赔要求，进行索赔谈判时，措辞应婉转，说理应透彻，以理服人，而不是得理不让人，尽量避免使用抗议式提法，既要正确表达自己的索赔要求，又不伤害双方的和气感情，以达到索赔的良好效果。如果对于索赔方一次次合理的索赔要求，对方拒不合作或置之不理，并严重影响工程的正常进行，索赔方可以采取较为严厉的措辞和切实可行的手段，以实现自己的索赔目标
正确把握提出索赔的时机	过早提出索赔，往往容易遭到对方反驳或在其他方面施加挑剔、报复等；过迟提出索赔，容易留给对方借口，索赔要求遭到拒绝。因此，索赔方必须在索赔时效范围内适时提出。如果老是担心或害怕影响双方合作关系，有意将索赔要求拖到工程结束时才正式提出，可能会事与愿违，适得其反
发挥公关能力	除了进行书信往来和谈判桌上的交涉外，有时还要发挥索赔人员的公关能力，采用合法的手段和方式，营造适合索赔争议解决的良好环境和氛围，促使索赔问题尽早圆满解决
索赔处理时做适当必要的让步	在索赔谈判和处理时，索赔方应根据情况做出必要的让步，有所失才有所得。索赔方可以放弃小项索赔，坚持大项索赔。这样容易使对方也做出让步，达到索赔的最终目的

六、工程项目合同反索赔

1. 工程项目合同反索赔的概念

工程项目合同反索赔，顾名思义，就是反驳、反击或防止对方提出的索赔，不让对方索赔成功或全部成功。对于工程项目合同反索赔的含义一般有两种理解：第一，承包商向业主提出索赔要求为索赔，而业主向承包商提出索赔要求为反索赔；第二，索赔是双向的，业主和承包商都可以向对方提出索赔要求，任何一方对对方提出索赔要求的反驳、反击则认为是反索赔。我们这里采用后者的理解，即如果索赔方提出的索赔依据充分，证据确凿，计算合理，另一方应实事求是地认可对方的索赔要求，赔偿或补偿对方的经济损失或损害，反之则应以事实为根据，以法律为准绳，反驳、拒绝对方不合理的索赔要求或索赔要求中的不合理部分。

2. 工程项目合同反索赔的工作内容

工程项目合同反索赔的工作内容包括两个方面，即防止对方提出索赔和反击或反驳对方的索赔要求。

（1）防止对方提出索赔

要成功地防止对方提出索赔，应采取积极防御的策略。首先，自己应严格履行合同中规定的各项义务，防止违约，并通过加强合同管理，使对方找不到索赔的理由和依据，使自己处于不能被索赔的地位。如果合同双方都能很好地履行合同义务，没有损失发生，也没有合同争议，索赔与反索赔从根本上也就不会产生。其次，如果在工程实施过程中发生了干扰事件，则应立即着手研究和分析合同依据，搜集证据，为提出索赔或反击对手的索赔做好两手准备。最后，体现积极防御策略的常用手段是先发制人，先向对方提出索赔。因为在实际工作中干扰事件的产生常常双方均负有责任，原因错综复杂且互相交叉，一时很难分清谁是谁非，先提出索赔，既可防止自己因超过索赔时限而失去索赔机会，又可争取在索赔中的有利地位，打乱对方的工作步骤，争取主动权，并为索赔问题的最终处理留下一定的余地。

（2）反击或反驳对方的索赔要求

如果对方提出了索赔要求或索赔报告，则自己一方应采取种种措施来反击或反驳对方的索赔要求。反击或反驳对方的索赔要求常用的措施如下：

1）抓住对方的失误，直接向对方提出索赔，以对抗或平衡对方的索赔要求，达到最终解决索赔时互相让步或互不支付的目的。例如，业主常常通过找出工程中的质量问题、工程延期等问题，对承包商处以罚款，以对抗承包商的索赔要求，达到少支付或不支付的目的。

2）认真地研究和分析对方的索赔报告，找出理由和证据，证明对方索赔要求或索赔报告不符合实际情况和合同规定，没有合同依据或事实证据，索赔值计算不合理或不准确等，反击对方不合理的索赔要求或索赔要求中的不合理部分，推卸或减轻自己的赔偿责任，使自己不受或少受损失。

第十二章　建筑工程项目成本管理

第一节　建筑工程项目成本管理概述

一、项目成本的概念

项目成本是施工项目在施工过程中所耗费的生产资料转移价值和劳动者必要劳动所创造的价值的货币形式。项目成本包括所耗费的主、辅材料，构配件和周转材料的摊销费或租赁费，施工机械的台班费或租赁费，支付给生产工人的工资、奖金，以及在施工现场进行施工组织与管理所发生的全部费用支出。

施工项目成本不包括工程造价组成中的利润和税金，也不应包括构成施工项目价值的一切非生产性支出。施工项目成本是施工企业的主要产品成本，也称工程成本，一般以项目的单位工程作为成本核算对象，通过对各单位工程成本核算的综合来反映总成本。

二、建筑工程项目成本的构成

1．直接成本

直接成本是指施工过程中耗费的构成工程实体和有助于工程形成的各项费用支出，包括人工费、材料（包含工程设备）费、施工机具使用费和措施费（见表 12–1）。当直接费用发生时，就能够确定其用于哪些工程，可以直接记入该工程成本。

表 12–1　直接成本的组成

项目	主要内容
人工费	是指按工资总额构成规定，支付给从事建筑工程项目施工或生产的工人和附属生产单位工人的各项费用，内容包括计时工资、资金、津贴补贴、加班加点工资、特殊情况下支付的工资
材料费	是指施工过程中耗用的原材料、辅助材料、构配件、零件、半成品或成品、工程设备的费用，内容包括材料原价、运杂费、运输损耗费、采购费和保管费

续表

项目	主要内容
施工机具使用费	是指施工作业所发生的施工机械、仪器仪表的使用费或者租赁费。其中，施工机械使用费以施工机械台班耗用量乘以施工机械台班单价表示，施工机械台班单价由折旧费、大修理费、经常修理费、安拆费及场外运输费、燃料动力费、人工费、税费组成；仪器仪表使用费是指工程施工所需使用的仪器仪表的摊销费和维修费
措施费	是指施工过程中所发生的直接用于工程的直接工程费以外的费用，是进行工程施工所采取的各种措施的费用。措施费包括环境保护费、安全施工费、临时设施（临时宿舍、文化福利及公用事业房屋与构筑物、仓库、办公室、加工厂以及规定范围内道路、水电管线）费、夜间施工增加费、大型机械安拆及场外运输费、模板及支架费、脚手架费、已完工程及设备保护费、施工过程排水及降水费

2. 间接成本

间接成本是指项目经理部为准备施工、组织施工生产和管理所支出的全部费用。当间接费用发生时，不能明确其用于哪些工程，只能采用分摊费用方法计入。

（1）规费：包含社会保险费、住房公积金、工程排污费。

（2）企业管理费：包含管理人员工资、办公费、差旅交通费、固定资产使用费、工具用具使用费、劳动保险和职工福利费、劳动保护费、检验试验费、工会经费、职工教育经费、财产保险费、财务费、税金及其他。

三、建筑工程项目成本管理的特点

建筑工程项目成本管理的特点，见表 12–2。

表 12–2　建筑工程项目成本管理的特点

特点	主要内容
事前计划性	从工程项目投标报价开始到工程竣工结算前，对于工程项目的承包人而言，各阶段的成本数据都是事前的计划成本，包括投标书的预算成本、合同预算成本、设计预算成本、组织对项目经理的责任目标成本、项目经理部的施工预算及计划成本等。基于这样的认识，人们把动态控制原理应用于工程项目的成本控制过程。其中，项目总成本的控制，是对不同阶段的计划成本进行相互比较，以反映总成本的变动情况。只有在工程项目的跟踪核算过程中，才能对已完的工作任务或分部、分项工程进行实际成本偏差的分析
核算困难大	工程项目成本核算的关键问题在于动态地对已完的工作任务或分部、分项工程的实际成本进行正确的统计，以便与相同范围的计划成本进行比较分析，把握成本的执行情况，为后续的成本控制提供指导。但是，成本的发生或费用的支出与已完成的工程任务量在时间和范围上不一定一致，这就给实际成本的统计归集造成很大的困难，影响核算结果的数据可比性和真实性，以致失去对成本管理的指导作用

续表

特点	主要内容
投入复杂性	从投入情况看工程项目成本的形成，在承包组织内部有组织层面的投入和项目层面的投入，在承包组织外部有分包商的投入，甚至业主以甲供材料设备的方式投入等；对于工程项目最终作为建筑产品的完全成本和承包人在实施工程项目期间投入的完全成本，其内涵是不一样的。作为工程项目管理范围的项目成本，显然要根据工程项目管理的具体要求来界定
信息不对称	建筑工程项目的实施通常采用总分包的模式，出于保护商业机密的目的，分包方往往对总包方隐瞒实际成本，这给总包方的事前成本计划带来一定的困难

四、建筑工程项目成本管理的基本原则

1．全面成本管理原则

长期以来，在建筑工程项目成本管理中，存在“三重三轻”问题，即重实际成本的计算和分析，轻全过程的成本管理和对其影响因素的控制；重施工成本的计算分析，轻采购成本、工艺成本和质量成本的计算分析；重财会人员的管理，轻群众性的日常管理。因此，为了确保不断降低建筑工程项目成本，达到成本最低化的目的，必须实行全面成本管理。

全面成本管理是全企业、全员和全过程的管理，亦称“三全”管理。工程项目成本的全过程管理是指在工程项目确定以后，自施工准备开始，到工程施工，再到竣工交付使用乃至保修期结束都在发生费用，对其中每一项经济业务都要进行计划与控制。

建设工程项目成本的全员管理是指成本是一项综合性很强的指标，项目成本的高低取决于项目组织中各个部门、单位和班组的工作业绩，也与每个职工的切身利益密切相关，需要大家都来关心成本、控制成本，人人都有权利和义务对成本实施控制，仅靠项目经理和专业成本管理人员及少数人的努力，是无法收到预期效果的。全员管理应该有一个系统的实质性内容，包括各部门、各单位的责任网络和班组的经济核算等。

2．成本最低化原则

建筑工程项目成本管理的根本目的，在于通过成本管理的各种手段，不断降低建筑工程项目成本，以达到可能实现最低目标成本的要求。但是，在实行成本最低化原则时，应注意研究降低成本的可能性和合理的成本最低化。一方面挖掘各种降低成本的潜力，使可能性变成现实；另一方面从实际出发，制定通过主观努力可能达到合理的最低成本水平，并据此进行分析、考核评比。

3. 动态管理原则

动态管理原则即中间管理原则，对于具有一次性特点的施工项目，必须重视和搞好项目成本的中间控制。因为施工准备阶段的成本管理，只是根据上级要求和施工组织设计的具体内容确定成本目标、编制成本计划、制订成本控制的方案，为今后的成本控制运行做好准备；而竣工阶段的成本管理，由于成本盈亏已经基本成定局，即使发生了偏差，也已来不及纠正，因此，成本管理工作的重心应放在基础、结构、装饰等主要施工阶段上，及时发现并纠正偏差，在生产过程中对成本进行动态管理。

4. 成本管理科学化原则

成本管理要实现科学化，必须把有关自然科学和社会科学中的理论、技术和方法运用于成本管理。在建筑工程项目成本管理中，可以运用预测与决策方法、目标管理方法、量本利分析方法和价值工程方法等。

5. 目标管理原则

目标管理是贯彻执行计划的一种方法，它把计划的方针、任务、目的和措施等逐一加以分解，提出进一步的具体要求，并分别落实到执行任务的部门、单位甚至个人。成本目标管理具体内容如下：

目标的设定和分解，成本目标分解得到的标准成本（成本计划）是检查、控制、评价的依据，力求以最小的成本支出，获得最多的经济效益；目标的责任到位和执行；施工中不断检查执行结果，发现并分析成本偏差，及时采取纠正措施；修正目标和评价目标，目标管理应形成 PDCA 循环。

6. 过程控制与系统控制原则

（1）建筑工程项目成本是由施工过程的各个环节的资源消耗形成的。因此，建筑工程项目成本的控制必须采用过程控制的方法，分析每一个过程影响成本的因素，制定工程程序和控制程序，使建筑工程项目时刻处于受控状态。

（2）建筑工程项目成本形成的每一个过程又是与其他过程互相关联的，一个过程成本的降低，可能会引起关联过程成本的提高。因此，建筑工程项目成本的管理，必须遵循系统控制原则，进行系统分析，制定过程的工作目标时必须从全局利益出发，不能为了小团体的利益而损害整体利益。

7. 节约原则

进行成本管理，提高经济效益的核心是人力、物力、财力消耗的节约。节约首先要严格执行成本开支范围、费用开支标准和有关财务制度，对各项成本费用的支出进行限制和监督；其次，要提高项目的科学管理水平，优化施工方案，提高生产效率，降低资源消耗；最后，要采取预防成本失控的技术组织措施，制止可能发生的浪费。

8. 责、权、利相结合原则

实践表明，要使成本控制真正发挥及时、有效的作用，达到预期的效果，必须实行经济责任制。责任、权力、利益相统一的成本管理才是名实相符的成本控制。这一条原则，从内部承包责任制和签订内部承包合同中体现出来。从项目经理到每一个管理者和操作者，都必须对成本管理承担自己的责任，而且授以他们相应的权力，在考评业绩时将成本管理成绩同奖金挂钩，奖罚分明。

五、建筑工程项目成本管理的职能

承包企业应建立健全建筑工程项目成本管理的责任体系，明确管理业务分工和责任关系，将建筑工程项目成本管理的目标分解并使其渗透到各项技术工作、管理工作和经济工作中去。承包企业的建筑工程项目成本管理体系应包括两个不同层次的管理职能。

1. 企业管理层的成本管理

企业管理层应是建筑工程项目成本管理的决策与计划中心，确定项目投标报价和合同价格，确定项目成本目标和成本计划，通过项目管理目标责任书确定项目管理层的成本目标。

2. 项目管理层的成本管理

项目管理层应是项目生产成本的控制中心，负责执行企业对项目提出的成本管理目标，在企业授权范围内实施可控责任成本的控制。

六、建筑工程项目成本管理的任务

实际上建筑工程项目一旦确定，收入也就确定了。如何降低工程成本、获取最大利润，是建筑工程项目管理的目标。按照动态管理原则和建筑工程项目成本管理的内容，承包企业建筑工程项目成本管理流程的具体任务包括成本预测、成本计划、成本控制、成本核算、成本分析、成本考核（见表 12-3）。

表 12-3 建筑工程项目成本管理流程

流程	内容
建筑工程项目成本预测	建筑工程项目成本预测是指承包企业及其施工项目经理部有关人员凭借历史数据和工程经验，采用一定方法对项目未来的成本水平及其可能的发展趋势做出科学估计。预测的目的，一是为挖掘降低成本的潜力指明方向，作为计划期降低成本决策的参考；二是为企业内部各责任单位降低成本指明途径，作为编制增产节约计划和制定降低成本措施的依据

续表

流程	内容
建筑工程项目成本计划	建筑工程项目成本计划是在成本预测的基础上编制的，是承包企业及其施工项目经理部对计划期内项目的成本水平所做的筹划，是对项目制定的成本管理目标
建筑工程项目成本控制	建筑工程项目成本控制是项目成本管理的主要环节的工作。根据全面成本管理原则，成本控制应贯穿于项目建设的各个阶段，是项目成本管理的核心内容，也是项目成本管理中不确定因素最多、最复杂、最基础的管理内容
建筑工程项目成本核算	建筑工程项目成本核算是承包企业利用会计核算体系，对项目建设工程中所发生的各项费用进行归集，统计其实际发生额，并计算项目总成本和单位工程成本的管理工作。项目成本核算是承包企业成本管理最基础的工作，它所提供的各种信息，是成本预测、成本计划、成本控制和成本考核等的依据
建筑工程项目成本分析	建筑工程项目成本分析是揭示项目成本变化情况及其变化原因的过程。在成本形成过程中，利用项目的成本核算资料，将项目的实际成本与目标成本（计划成本）进行比较，系统研究引起成本升降的各种因素及其产生的原因，总结经验教训，寻找降低项目施工成本的途径，以进一步改进成本管理工作。建筑工程项目成本分析为成本考核提供依据，也为未来的成本预测与成本计划编制指明方向
建筑工程项目成本考核	建筑工程项目成本考核是在项目建设过程中或项目完成后，定期对项目形成过程中的各级单位成本管理的成绩或失误进行总结与评价。通过成本考核，给予责任者相应的奖励或惩罚。承包企业应建立健全建筑工程项目成本考核制度，作为建筑工程项目成本管理责任体系的组成部分，对考核的目的、时间、范围、对象、方式、依据、指标、组织领导以及结论与惩罚原则等做出明确规定

七、建筑工程项目成本管理与企业成本管理的关系

建筑工程项目成本是指企业发生的按项目核算的成本。建筑工程项目成本核算的对象是具体的工程项目；建筑工程项目成本管理的目的是保证项目在预定的成本范围内完成企业交付的任务。建筑工程项目成本管理的责任由施工项目经理部全面负责。

企业成本是指企业正常生产运营必须投入的成本。企业成本核算的对象为整个承包企业，不仅包括其下属的各个施工项目经理部，还包括为工程承包服务的附属企业及企业各职能部门。企业成本管理的任务是将整个企业的成本、费用控制在预定计划之内，成本管理强调部门成本责任，涉及各个职能部门和机构。

八、建筑工程项目成本管理的主要任务和措施

建筑工程项目成本管理就是要在保证工期和质量满足要求的情况下，利用经济措施、组织措施、技术措施、合同措施，把成本控制在计划范围内，并进一步寻求最大限度的成本节约，取得施工成本管理的理想成效。

1. 经济措施

经济措施是最易为人所接受和采用的措施。管理人员应编制资金使用计划，确定、分解建筑工程项目成本管理目标。对建筑工程项目成本管理目标进行风险分析，并制定防范性对策。对各种支出，应认真做好资金的使用计划，并在施工中严格控制各项开支。及时准确地记录、整理、核算实际发生的成本。对各种变更，及时做好增减账，及时落实业主签证，及时结算工程款。进行偏差分析和未完工工程预测，若发现一些将引起未完工程施工成本增加的潜在问题，应对这些问题以主动控制为出发点，及时采取预防措施。由此可见，经济措施的运用绝不仅仅是财务人员的事情。

2. 组织措施

组织措施是指从建筑工程项目成本管理的组织方面采取的措施。建筑工程项目成本控制是全员的活动，如实行项目经理责任制，落实建筑工程项目成本管理的组织机构和人员，明确各级建筑工程项目成本管理人员的任务、职能分工、权利和责任。建筑工程项目成本管理不仅仅是专业成本管理人员的工作，各级建筑工程项目管理人员都负有成本控制责任。

组织措施的另一方面是编制建筑工程项目成本控制工作计划，确定合理详细的工作流程。要做好施工采购规划，通过生产要素的优化配置、合理使用、动态管理，有效控制实际成本；加强施工定额管理和施工任务单管理，控制活劳动和物化劳动的消耗；加强施工调度，避免因施工计划不周和盲目调度造成窝工损失、机械利用率降低、物料积压等而使建筑工程项目成本增加。成本控制工作只有建立在科学管理的基础上，具备合理的管理体制、完善的规章制度、稳定的作业秩序、完整准确的信息传递，才能取得成效。组织措施是其他各类措施的前提和保障，而且一般不增加费用，运用得当可以收到良好的效果。

3. 技术措施

技术措施不仅对解决建筑工程项目成本管理过程中的技术问题是不可缺少的，而且对纠正建筑工程项目成本管理目标偏差发挥相当重要的作用。因此，运用技术纠偏措施的关键，一是要能提出多个不同的技术方案，二是要对不同的技术方案进行技术经济分析。

施工过程中降低成本的技术措施包括：进行技术经济分析，确定最佳的施工方案；结合施工方法，进行使用材料的比较和选择，在满足功能要求的前提下，通过代用、改变配合比、使用添加剂等方法降低材料消耗的费用；确定最合适的施工机械、设备使用方案；结合项目的施工组织设计及自然地理条件，降低材料的库存成本和运输成本；先进的施工技术的应用，新材料的运用，新开发机械设备的使用等。在实践中，也要避免仅从技术角度选定方案而忽视对其经济效果的分析论证。

4．合同措施

采用合同措施控制施工成本，应贯穿整个合同周期，包括从合同谈判开始到合同终结的全过程。首先，选用合适的合同结构，对各种合同结构模式进行分析、比较，在合同谈判时，要争取选用适合工程规模、性质和特点的合同结构模式。其次，在合同的条款中应仔细考虑影响成本和效益的一切因素，特别是潜在的风险因素。通过对引起成本变动的风险因素的识别和分析，采取必要的风险对策，如通过合理的方式，增加承担风险的个体数量，降低损失发生的概率，并最终使这些策略反映在合同的具体条款中。最后，在合同执行期间，合同管理的措施既要密切关注对方合同执行的情况，以寻求合同索赔的机会，也要密切关注自己履行合同的情况，以防止被对方索赔。

第二节　建筑工程项目成本计划

一、建筑工程项目成本计划概述

建筑工程项目成本计划通常包括从开工到竣工所必需的施工成本，它以货币形式预先规定项目进行中的施工生产耗费的计划总水平，是实现降低成本费用的指导性文件。

1．建筑工程项目成本计划的概念与作用

（1）建筑工程项目成本计划的概念

建筑工程项目成本计划是以货币形式编制工程项目在计划期内的生产费用、成本水平、成本降低率及为降低成本所采取的主要措施和规划的书面方案。它是建立工程项目成本管理责任制、开展成本控制和核算的基础。它是该项目降低成本的指导文件，是设立目标成本的依据。可以说，成本计划是目标成本的一种形式。

承包企业的项目计划成本应通过投标与签订合同形成，作为项目管理的目标成本。目标成本是承包企业实施项目成本控制和工程价款结算的基本依据。项目经理在接受企业法人委托之后，应通过主持编制项目管理实施规划，寻求降低成本的途径，组织编制施工预算，确定项目的计划目标成本。

（2）建筑工程项目成本计划的作用

成本计划是成本管理各项工作的龙头。实施成本计划的过程包括确定项目成本目标、优化实施方案，以及编制计划文件等。由于这些环节是互动的过程，所以建筑工程项目成本计划具有以下作用。

1）成本计划是企业组织有效成本管理的依据和条件；成本计划可以帮助调动内部各方面的积极因素，合理使用物资和资源；成本计划可以为企业编制财务计划和确定施工生产经营利润等提供重要依据；成本计划支持工程项目成本目标决策。

项目总成本目标的确定，通常是在组织提出初步成本方案的基础上，通过项目实施方案的制定，费用预测和各单位工程、分部分项工程计划成本的编制、汇总、分析论证和审批过程，形成成本管理的控制目标。因此，成本目标决策和成本计划是互动的过程，成本计划一方面起到支持成本目标决策的作用，另一方面起到落实和执行成本决策意图的作用。

2）成本计划可以促进工程项目实施方案的优化和开展增产节约。

追求效益是成本管理的出发点，效益的取得是成本管理过程的必然结果。在建筑市场竞争日趋激烈的情况下，企业经营效益的来源在于自身技术与管理的综合优势，以最经济合理的实施方案，在规定的工期内提供质量满足要求的产品。项目效益（实际利润）与实际成本、造价成本的关系为

$$实际利润=造价成本-实际成本$$

在成本计划阶段，管理者通常是先考虑项目盈利的预期，即在保证项目效益的前提下，千方百计地从技术、组织、经济、管理等方面采取措施，通过不断优化实施方案，采取降低成本的措施，寻求效率和效益。在此阶段，通常的观念是按下式反映其成本管理的效益：

$$计划成本=造价成本-计划利润$$

这一关系充分反映了成本计划对促进实施方案优化的重要作用。

3）成本计划可以实现工程项目成本事前预控。

在成本计划实施过程中，对总成本目标及各子项、单位工程、分部分项工程，甚至各个细部工程或作业成本目标的分解或确定，都要对任务量、消耗量、劳动效率及其影响成本变动的因素进行具体的分析，并编制相应的成本管理措施，使各项成本计划指标建立在技术可行、经济合理的基础上。当然，建立在科学预测和策划基础上的成本计划的预控作用，毕竟是主观的设想和意愿，要使其成为现实，还必须经过认真贯彻落实的过程。如果没有计划过程的预控基础，过程的动态控制将陷入一厢情愿和混乱的被动局面。

2. 建筑工程项目成本计划应满足的要求

合同规定的项目质量和工期要求；组织对项目成本管理目标的要求；以经济合理的项目实施方案为基础的要求；有关定额及市场价格的要求；类似项目提供的启示。

二、建筑工程项目成本计划的类型

对于一个建筑工程项目而言，其成本计划是一个不断深化的过程。在这个过程中，不同阶段形成不同深度和不同作用的成本计划。建筑工程项目成本计划按作用可以分为三类（见表 12–4）。

表 12–4　建筑工程项目成本计划按作用分类

类别	主要内容
指导性成本计划	指导性成本计划即选派项目经理阶段的预算成本计划，是项目经理的责任成本目标。它是以合同、标书为依据，按照企业的预算定额标准制定的设计预算成本计划，且一般情况下只是确定责任总成本指标
竞争性成本计划	竞争性成本计划即工程项目投标及签订合同阶段的估算成本计划。这类成本计划是以招标文件中的合同条件、投标须知、技术规程、设计图纸或工程量清单等为依据，以有关价格条件说明为基础，结合调研和现场考察获得的情况，根据本企业的工料消耗标准、水平、价格资料和费用指标，对本企业完成招标工程所需要支出的全部费用的估算
实施性成本计划	实施性成本计划即项目施工准备阶段的施工预算成本计划。它是以项目实施方案为依据，以落实项目经理责任目标为出发点，采用企业的施工定额，通过施工预算的编制而形成的实施性计划

以上三类成本计划相互衔接、不断深化，构成整个建筑工程项目成本的计划过程。其中，竞争性成本计划带有成本战略的性质，是施工项目投标阶段商务标书的基础，而有竞争力的商务标书又是以其先进合理的技术标书为支撑的。因此，它奠定了建筑工程项目成本计划的基本框架和水平。指导性成本计划和实施性成本计划都是战略性成本计划的进一步开展和深化，是对战略性成本计划的战术安排。

三、建筑工程项目成本计划的具体内容

1. 编制说明

编制说明是指对工程的范围、投标竞争过程及合同条件、承包人对项目经理提出的责任成本目标、施工成本计划编制的指导思想和依据等的具体说明。

2. 建筑工程项目成本计划的指标

建筑工程项目成本计划的指标应经过科学的分析预测确定，可以采用对比法、因素分析法等方法来进行测定。建筑工程项目成本计划一般情况下有下列 3 类指标：

（1）成本计划的数量指标，如按子项汇总的工程项目计划总成本指标，按分部汇总的各单位工程（或子项目）计划成本指标，按人工、材料、机械等各主要生产要素汇总的计划成本指标。

（2）成本计划的质量指标，如施工项目总成本降低率，可采用以下公式确定。

$$设计预算成本计划降低率=\frac{设计预算总成本计划降低额}{设计预算总成本}$$

$$责任目标成本计划降低率=\frac{责任目标总成本计划降低额}{责任目标总成本}$$

（3）成本计划的效益指标，如工程项目成本降低额，可采用以下公式确定。

设计预算成本计划降低额 = 设计预算总成本－计划总成本

责任目标成本计划降低额 = 责任目标总成本－计划总成本

3．按工程量清单列出的单位工程计划成本汇总表

按工程量清单列出的单位工程计划成本汇总表如表 12–5 所示。

表 12–5　按工程量清单列出的单位工程计划成本汇总表

序号	清单项目编码	清单项目名称	合同价格	计划成本
1				
2				
⋮				

4．按成本性质划分的单位工程成本汇总表及单位工程成本计划表

应根据清单项目的造价分析，分别对人工费、材料费、施工机具使用费和企业管理费进行汇总，形成单位工程成本计划表。

成本计划应在项目实施方案确定和不断优化的前提下进行编制，因为不同的实施方案将导致人工费、材料费、施工机具使用费和企业管理费的差异。成本计划的编制是建筑工程项目成本预控的重要手段。因此，成本计划应在工程开工前编制完成，以便将计划成本目标分解落实，为各项成本执行提供明确的目标、控制手段和管理措施。

四、建筑工程项目成本计划的编制

1．建筑工程项目成本计划的编制原则

建筑工程项目成本计划的编制原则，见表 12–6。

2．建筑工程项目成本计划的编制依据

建筑工程项目成本计划的编制依据有：

投标报价文件；企业定额、施工预算；施工组织设计或施工方案；人工、材料、机械台班的市场价；企业颁布的材料指导价、企业内部机械台班价格、劳动力内部

挂牌价格；周转设备内部租赁价格、摊销损耗标准；已签订的工程合同、分包合同；拟采取的降低施工成本的措施；其他相关材料等。

表 12-6 建筑工程项目成本计划的编制原则

编制原则	主要内容
从实际情况出发的原则	编制成本计划必须根据国家的方针政策，从企业的实际情况出发，充分挖掘企业内部潜力，使降低成本指标既积极可靠，又切实可行。建筑工程项目管理部门降低成本的潜力在于正确合理地选择施工方案，合理组织施工；提高劳动生产率；改善材料供应条件，降低材料消耗，提高机械利用率，节约施工管理费用等。但是注意，不能为降低成本而偷工减料，忽视质量，不顾机械设备的维护修理而过度、不合理使用机械，片面增加劳动强度，盲目实施
与其他计划结合的原则	编制建筑工程项目成本计划，必须与建筑工程项目的其他计划如生产进度计划、财务计划、材料供应和耗费计划等密切结合，保持平衡
统一领导、分级管理的原则	编制建筑工程项目成本计划，应实行统一领导、分级管理的原则，采取走群众路线的工作方法，应在项目经理的领导下，以财务部门和计划部门为中心，发动全体职工，总结降低成本的经验，找出降低成本的正确途径，使成本计划的制订和执行具有广泛的群众基础
弹性原则	编制建筑工程项目成本计划，应留有充分余地，保持计划的弹性。在计划期间，项目经理部的内部或外部的技术经济状况和供产销条件，很可能会发生一些在编制计划时所未预料到的变化，尤其是在材料供应和市场价格方面，给计划拟定带来了很大的困难。因此，在编制计划时，应充分考虑到这些情况，使计划保持一定的应变能力
采用先进技术经济定额的原则	建筑工程项目成本计划必须以各种先进的技术经济定额为依据，并结合工程的具体特点，采取切实可行的技术组织措施做保证。只有这样，才能编制出既有科学依据，又切实可行的建筑工程项目成本计划，从而发挥建筑工程项目成本计划的积极作用

3．建筑工程项目成本计划的编制方法

建筑工程项目成本计划的编制以成本预测为基础，关键是确定目标成本。建筑工程项目成本计划的编制，需结合施工组织设计的编制过程，通过不断地优化施工技术方案和合理配置生产要素，进行工料机消耗的分析，制定一系列节约成本和挖潜措施，最终确定建筑工程项目成本计划。一般情况下，建筑工程项目成本计划总额应控制在目标成本的范围内，并使成本计划建立在切实可行的基础上。建筑工程项目总成本目标确定之后，还需通过编制详细的实施性成本计划把目标成本层层分解，落实到施工过程的每个环节，有效地进行成本控制。建筑工程项目成本计划的编制方法有以下几种。

（1）目标利润法

目标利润法是指根据项目的合同价格扣除目标利润后得到目标成本的方法。在采用正确的投标策略和方法以最理想的合同价中标后，施工项目经理部从标价中减去预期利润、税金、应上缴的管理费和规费等，之后的余额即为建筑工程项目实施中所能支出的最大限额。

（2）技术进步法

技术进步法是以项目计划采取的技术组织措施和节约措施所能取得的经济效果为项目成本降低额求项目目标成本的方法，即

项目目标成本 = 项目成本估算值—技术节约措施计划节约额（降低成本额）

（3）按实计算法

按实计算法是以项目的实际资源消耗测算为基础，根据所需资源的实际价格，详细计算各项活动或各项成本组成的目标成本。

人工费 =Σ 人员计划用工量 × 实际工资标准

材料费 =Σ 材料的计划用量 × 实际材料基价

施工机械使用费 =Σ 施工机械的计划台班量 × 实际台班单价

在此基础上，由施工项目部生产和财务管理人员结合施工技术和管理方案等测算措施费、施工项目经理部的管理费等，最后构成项目的目标成本。

（4）定率估算法（历史资料法）

定率估算法（历史资料法）是当项目非常庞大和复杂而需要分为几个部分时采用的方法。 首先将项目分为若干子项目，参照同类项目的历史数据，采用算术平均法计算各子项目的目标成本降低率和降低额，然后汇总整个项目的目标成本降低率和降低额。

第三节　建筑工程项目成本控制

一、建筑工程项目成本控制概述

建筑工程项目成本控制是指在施工过程中，对影响施工成本的各种因素加强管理，并采取各种有效措施，将施工中实际发生的各种消耗和支出严格控制在成本计划范围内，随时揭示并及时反馈，严格审查各项费用是否符合标准，计算实际成本和计划成本之间的差异并进行分析，进而采取多种措施，消除施工中的损失浪费现象。

建筑工程项目成本控制应贯穿项目从投标阶段开始直至竣工验收的全过程，它是企业全面成本管理的重要环节。建筑工程项目成本控制可分为事先控制、事中控制（过程控制）和事后控制。在项目的施工过程中，需按动态控制原理对实际施工

成本的发生过程进行有效控制。

合同文件和成本计划是成本控制的目标，进度报告和工程变更与索赔资料是成本控制过程中的动态资料。

成本控制的程序体现了动态跟踪控制的原理。成本控制报告可单独编制，也可以根据需要与进度、质量、安全和其他进展报告相结合，提出综合进展报告。

1. 建筑工程项目成本控制应满足的要求

（1）要按照计划成本目标值来控制生产要素的采购价格，并认真做好材料、设备进场数量和质量的检查、验收与保管。

（2）要控制生产要素的利用效率和消耗定额，如任务单管理、限额领料、验收报告审核等，同时要做好不可预见成本风险的分析和预控，包括编制相应的应急措施等。

（3）控制影响效率和消耗量的其他因素（如工程变更等）所引起的成本增加。

（4）把建筑工程项目成本管理责任制度与对项目管理者的激励机制结合起来，以增强管理人员的成本意识和控制能力；承包人必须有一套健全的项目财务管理制度，按规定的权限和程序对项目资金的使用和费用的结算支付进行审核、审批，使其成为建筑工程项目成本控制的一个重要手段。

2. 建筑工程项目成本控制的原则

（1）全面控制原则。

项目成本的全员控制；项目成本的全过程控制；项目成本的企业全部部门控制。

（2）动态控制原则。

项目施工是一次性行为，其成本控制应更重视事前、事中控制；编制成本计划，制定或修订各种消耗定额和费用开支标准；施工阶段重在执行成本计划，落实降低成本措施，实行成本目标管理；建立灵敏的成本信息反馈系统，以使各责任部门能及时获得信息，纠正不利成本偏差。

（3）目标管理原则。

（4）责、权、利相结合原则。

（5）节约原则。

编制工程预算时，应“以支定收”，保证预算收入；在施工过程中，要“以收定支”，控制资源消耗和费用支出；严格控制成本开支范围、费用开支标准和有关财务制度，对各项成本费用的支出进行限制和监督，抓住索赔时机搞好索赔，合理力争经济补偿。

（6）开源与节流相结合原则。

3. 建筑工程项目成本控制的依据

建筑工程项目成本控制有以下依据（见表 12–7）。

表 12–7 建筑工程项目成本控制的依据

控制依据	主要内容
项目成本计划	项目成本计划是根据工程项目的具体情况制定的施工成本控制方案，既包括预定的具体成本控制目标，又包括实现控制目标的措施和规划，是项目成本控制的指导性文件
项目承包合同文件	项目成本控制要以项目承包合同为依据，围绕降低工程成本这个目标，从预算收入和实际成本两个方面，努力挖掘增收节支潜力，以求获得最大的经济效益
工程变更与索赔资料	在项目的实施过程中，由于各方面的原因，工程变更是很难避免的。工程变更一般包括设计变更、进度计划变更、施工条件变更、技术规范与标准变更、施工次序变更、工程数量变更等。一旦出现工程变更，工程量、工期、成本必将发生变化，从而使建筑工程项目成本控制工作变得更加复杂和困难。因此，建筑工程项目成本管理人员应当通过对工程变更要求当中各类数据进行计算、分析，随时掌握变更情况，包括已发生工程量、将要发生工程量、工期是否拖延、支付情况等重要信息，判断工程变更以及工程变更可能带来的索赔额度等
进度报告	进度报告提供了每一时刻工程实际完成量、工程施工成本实际支付情况等重要信息。建筑工程项目成本控制工作正是通过比较实际情况与建筑工程项目成本计划、找出二者之间的差别、分析偏差产生的原因，从而采取来措施改进以后的工作的。此外，进度报告还有助于管理者及时发现工程实施过程中存在的隐患，并在还未造成重大损失之前采取有效措施，尽量避免损失

除了上述几种建筑工程项目成本控制工作的主要依据以外，有关施工组织设计、分包合同文本等也是建筑工程项目成本控制的依据。

二、建筑工程项目成本控制的对象和内容

1. 建筑工程项目成本控制的对象

（1）以项目成本形成的过程作为控制对象。根据对建筑工程项目成本实行全面、全过程控制的要求，建筑工程项目成本控制的对象具体包括工程投标阶段的成本、施工准备阶段的成本、施工阶段的成本、竣工验收阶段的成本。

（2）以项目的职能部门、施工队和生产班组作为成本控制的对象。成本控制的具体内容是日常发生的各种费用和损失。项目的职能部门、施工队和班组还应对自己承担的责任成本进行自我控制，这是最直接、最有效的建筑工程项目成本控制。

（3）以分部分项工程作为项目成本的控制对象。项目应该根据分部分项工程的实物量，参照施工预算定额，联系项目管理的技术素质、业务素质和技术组织措施的节约计划，编制包括工、料、机消耗数量以及单价、金额在内的施工预算，作为

对分部分项工程成本进行控制的依据。

（4）以对外经济合同作为成本控制对象。

2. 建筑工程项目成本控制的内容

（1）工程投标阶段

中标以后，应根据项目的建设规模组建与之相适应的项目经理部，同时以投标书为依据确定项目的成本目标，并下达给项目经理部。

（2）施工准备阶段

根据设计图纸和有关技术资料，对施工方法、施工顺序、作业组织形式、机械设备选型、技术组织措施等进行认真研究、分析，并运用价值工程原理，制定出科学先进、经济合理的施工方案。

（3）施工阶段

将施工任务单和限额领料单的结算资料与施工预算进行核对，计算分部分项工程的成本差异，分析差异产生的原因，并采取有效的纠偏措施；做好成本原始资料的搜集和整理，正确计算成本，实行责任成本核算；经常检查对外经济合同的履约情况，为顺利施工提供物质保证；定期检查各责任部门和责任者的成本控制情况。

（4）竣工验收阶段

重视竣工验收工作，保证顺利交付使用。在验收前，要准备好验收所需要的各种书面资料（包括竣工图）并送甲方备查；对验收中甲方提出的意见，应根据设计要求和合同内容认真处理，如果涉及费用，应请甲方签证，列入工程结算；及时办理工程结算；在工程保修期间，应由项目经理指定保修工作的责任者，并责成保修工作责任者根据实际情况提出保修计划（包括费用计划），以保修计划作为控制保修费用的依据。

三、建筑工程项目成本控制的类型

施工阶段是控制建筑工程项目成本的主要阶段。在项目的实施过程中，项目经理部采用目标管理方法对实际建筑工程项目成本的发生过程进行有效控制。根据计划目标成本的控制要求，做好施工采购策划，通过生产要素的优化配置、合理使用、动态管理，有效控制实际成本；加强施工定额管理和施工任务单管理，控制好活劳动和物化劳动的消耗；科学地计划管理和施工调度，避免因施工计划不周和盲目调度造成窝工损失、机械利用率降低、物料积压等而使成本增加；加强施工合同管理和施工索赔管理，正确运用合同条件和有关法规，及时进行索赔。

1. 人工费的控制

人工费的控制实行“量价分离”，将安全生产、文明施工、零星用工等按作业用工定额劳动量（工日）的一定比例综合确定用工数量与单价，通过劳务合同管理进行控制。

2. 材料费的控制

（1）材料的供应方式和价格控制

1）材料的供应方式控制

建筑工程项目的材料，包括构成工程实体的主要材料和结构件，以及有助于工程实体形成的周转材料和低值易耗品。在一般工程中，材料的价值占工程造价的60% ~ 70%，材料的重要性显而易见。由于不同材料的供应渠道和管理方式不同，所以控制的内容和所采取的方法也有所不同。

建设单位供料控制。建设单位供料的范围和方式应在工程承包合同中事先加以明确，在工程施工中，材料应按施工图预算确定的数量，随施工进度由建设单位陆续交付施工单位。但由于设计变更等原因，施工中大都会发生实物工程量和工程造价的增减变化，因此，项目的材料数量必须以最终的工程结算为依据进行调整，对于建设单位（甲方）未交足的材料，需按市场价列入工程结算，向甲方收取材料费。

施工企业材料采购供应控制。工程所需材料除部分由建设单位供应外，其余全部由施工企业（乙方）从市场采购，甚至许多工程的全部材料都由施工企业采购。在选择材料供应商的时候，应坚持“质优、价低、路近、信誉好”的原则，否则就会给工程质量、工程成本和正常施工带来后患。要结合材料进场入库的计量验收情况，对材料采购工作中的各个环节进行检查和控制。材料实际采购供应中，经常遇到供应时间推迟和供应数量不足的情况，特别是当某种材料市场供应紧俏的时候，上述情况更是在所难免。因此，要将各种材料的供应时间和供应数量记录在要料计划表中，通过对比实际进料与要料计划，来检查材料供应与施工进度的相互衔接程度，以及材料供应脱节对施工进度造成的影响。

2）材料的价格控制

由于材料的价格由买价、运杂费、运输中的损耗等组成，因此，材料的价格主要通过市场信息搜集、询价、应用竞争机制和经济合同手段等进行控制。材料的价格控制包括买价、运杂费和运输中的耗损这三个方面的控制（见表 12-8）。

表 12-8　材料的价格控制

控制项目	主要内容
运杂费控制	就近购买材料、选用最经济的运输方式都可以降低材料成本。材料采购通常要求供应商在指定的地点按规定的包装条件交货，若供应单位变更指定地点而引起费用增加，供应商应予以支付；若降低包装质量，则要按质论价付款

续表

控制项目	主要内容
运输中的损耗控制	为防止将损耗或短缺计入项目成本，要求项目现场材料验收人员及时严格办理验收手续，准确计量材料数量
买价控制	买价的变动主要是由市场因素引起的，但在内部控制方面还有许多工作可做。应事先对供应商进行考察，建立合格供应商名册。采购材料时，必须在合格供应商名册中选定供应商，实行货比三家，在保质、保量的前提下，争取最低买价。同时实现项目监理，项目经理部对企业材料部门采购的物资有权过问与询价，对买价过高的物资，可以根据双方签订的横向合同处理

（2）材料用量的控制

在保证符合设计规格和质量标准的前提下，合理使用材料和节约材料，通过定额控制、计量控制等手段，以及施工质量控制避免返工等，有效控制材料的消耗。

1）定额控制

对于有消耗定额的材料，项目以消耗定额为依据，实行限额发料制度。项目各工长只能根据规定的限额分期分批领用，如需超限额领用材料，则须先查明原因，并办理审批手续。

2）指标控制

对于没有消耗定额的材料，实行计划管理和按指标控制的办法。根据长期实际耗用情况，结合具体施工内容和节约要求，制定领用材料指标，据以控制发料。超过指标的材料领用，必须办理一定的审批手续。

3）计量控制

为准确核算项目实际材料成本，保证材料消耗准确，在发料过程中，要严格计量，防止多发或少发材料，并建立材料账，做好材料收发和投料的计量检查。

4）包干控制

在材料使用过程中，可以考虑对不易控制使用量的零星材料（如铁钉、铁丝等）采用以钱代物、包干控制的办法。具体做法是：根据工程量计算出所需材料数量并将其折算成费用，由作业班组控制、核算与考核，一次包死。班组用料时，若出现超支，则由班组自负；若有节约，则归班组所得。

3. 施工机械使用费的控制

施工机械化是提高施工效率的根本出路，合理使用施工机械对施工及其成本控制具有十分重要的意义，尤其是高层建筑施工。高层建筑地面以上部分的总费用中，垂直运输机械使用费就占 10% 左右。

施工机械使用费主要由台班数量和台班单价两个方面决定。有效控制施工机械使用费支出，主要从以下内容着手：

合理安排施工生产，加强机械设备租赁计划管理，减少因安排不当引起的设备闲置；加强机械设备的调度工作，尽量避免窝工，提高现场机械设备的利用率；加强现场机械设备的维修与保养，避免因不正当使用造成机械设备的闲置；做好机上人员与辅助生产人员的协调与配合工作，提高机械台班产量。

4. 管理费的控制

管理费在项目成本中占有一定的比例，项目在使用和开支时弹性较大，在控制与核算上都比较难把握。管理费可采取的主要控制措施如下：

按照现场施工管理费占总成本的一定比重，确定现场施工管理总额；编制项目经理部施工管理费总额预算，制定建筑工程项目管理费开支标准和范围，落实各部门、生产线、岗位的控制责任；制定并严格执行项目经理部施工管理费使用的审批、报销程序。

5. 临时设施费的控制

临时设施费包括临时设施搭建、维修、拆除的费用，是建筑工程项目成本的一个构成部分。

合理确定施工规模或集中度，在满足计划工期目标要求的前提下，做到各类临时设施的数量尽可能最少，同样蕴藏着极大的降低施工项目成本的潜力。临时设施费的控制表现在以下内容：

现场生产及办公、生活临时设施和临时房屋的搭建数量、形式的确定，在满足施工基本需要的前提下，应尽可能做到简洁适用，充分利用已有和待拆除的房屋；材料堆场、仓库类型、面积的确定，应在满足合理储备和施工需要的前提下，力求配置合理；施工临时道路的修筑、材料工器具放置场地的硬化等，在满足施工需要的前提下，应尽可能使数量最少，尽可能先做永久性道路路基，再修筑施工临时道路；临时供水、供电管网的铺设长度及容量的确定应尽可能合理。

6. 施工分包费用的控制

做好分包工程价格的控制是建筑工程项目成本控制的重要工作之一。对分包费用的控制，主要是抓好建立稳定的分包商关系网络，做好分包询价、订立互利平等的分包合同、施工验收与分包结算等工作。

四、建筑工程项目成本控制的方法

1. 以工程投标报价控制成本支出

按工程投标报价（或施工图预算），实行“以收定支”（也称为“量入为出”），是最有效的成本控制方法之一。

（1）以投标报价控制人工费的支出，以稍低于预算的人工工资单价与施工队或施工班组签订劳务合同，将节余出来的人工费用于关键工序的奖励费及投标报价之外的人工费。

（2）以投标报价中所采用的价格来控制材料采购成本，对于材料消耗数量的控制，应通过“限额领料”去落实。

2. 以施工预算控制人力资源或物质资源的消耗

以施工预算控制人力资源或物质资源的消耗表现在对施工队或施工班组签发施工任务单（以工作包为基础），其成本责任以各种资源消耗量为指标，其消耗量取施工预算中的材料消耗量。

在工程实施过程中，做好各施工队或施工班组实际完成的工程量和实际消耗的人工、材料的原始记录，作为与施工队或施工班组结算的依据，并按照结算内容支付报酬（包括奖金）。

（1）S 形曲线法

1）利用 S 形曲线控制成本的原理

在网络分析的基础上将建筑工程项目成本分解落实到各项工作中，将各项工作计划成本在其持续时间上平均分配，这样就可以获得工期—成本曲线，在此基础上可进一步得到工期—计划成本累计曲线，即 S 形曲线。

2）S 形曲线的绘制

按照成本控制的不同需要，曲线中所用成本值可为计划成本或实际成本；以计划成本作为作图依据得到的 S 形曲线，即计划成本曲线，又称为建筑工程项目计划成本模型；以实际成本作为作图依据得到的 S 形曲线，是建筑工程项目的实际成本曲线；由于网络的时间坐标计划分为早时标计划与迟时标计划，因此以不同的时标网络计划作为作图依据，就可作出两条 S 形曲线，分别为早时标 S 形曲线和迟时标 S 形曲线，它们共同组成“香蕉图”。

3）S 形曲线法控制成本的作用

利用成本模型或“香蕉图”可以进行不同工期（进度）方案、不同技术方案的对比，可以进行计划成本和实际成本以及进度的对比。这对把握整个工程进度、分析成本进度状况、预测成本趋向十分有用。

（2）挣值法

挣值法是 20 世纪 70 年代美国开发研究的。它首先在国防工业中应用并获得成功，然后推广到其他工业领域的项目管理。20 世纪 80 年代，世界上主要的工程公司均采用挣值法作为项目管理和控制的准则，并做了大量基础性工作，完善了挣值法在项目管理和控制中的应用

1）挣值法控制成本原理。

挣值法控制成本原理图如图 12-1 所示。

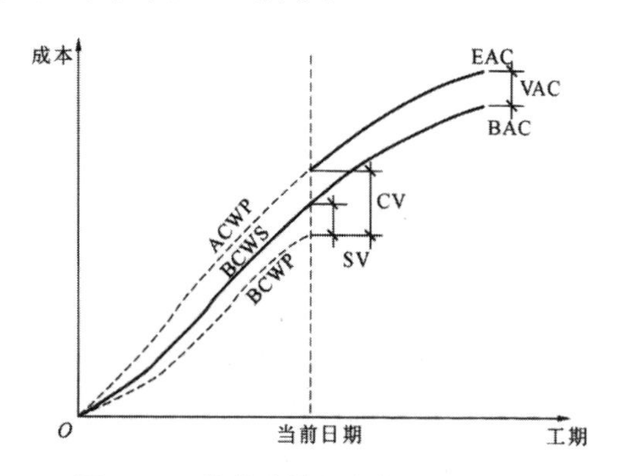

图 12-1　挣值法控制成本原理示意图

图中的横坐标是项目实施的日历时间，纵坐标是项目实施过程中消耗的资源。

①第一条曲线为 BCWS 曲线，即计划值曲线；BCWS 曲线是综合进度计划与目标计划成本分解（或预算成本）后得出的；这条曲线是项目控制的基准曲线；它的含义是将项目的计划消耗资源，包括全部费用要素，在计划的周期内按月进行分配，然后逐步累加，即生成整个项目的 BCWS 曲线。

②第二条曲线为 BCWP 曲线，即挣值曲线；这条曲线是用预算值或单价来计算已完工作量所取得的实物进展的值，是测量项目实际进展所取得绩效的尺度；BCWP 曲线的含义是按月统计已完工作量，并将已完工作量的值乘以计划成本，逐步累加，即生成 BCWP 曲线。

③第三条曲线为 ACWP 曲线。ACWP 是反映费用执行效果的一个重要指标；ACWP 为实耗值，是指项目实施过程中对执行效果进行检查时，在指定时间内已完成任务的工作（程）量实际所消耗的费用（或资源）值；ACWP 曲线的含义是对已完工作量实际消耗的成本逐项记录并逐步累加，即可生成 ACWP 曲线。

2）挣值法控制成本的作用

利用挣值法控制成本原理图可以直观综合地反映项目成本和进度的进展情况，发现项目实施过程中成本与进度的差异；运用挣值法，能很快地发现项目在哪些具体部分出了问题，可以查出产生这些偏差的原因，从而进一步确定需要采取的补救措施。

第四节　建筑工程项目成本核算

一、建筑工程项目成本核算的概述

1. 建筑工程项目成本核算的概念

建筑工程项目成本核算在建筑工程项目成本管理中的重要性体现在两个方面：一方面，它是建筑工程项目进行成本预测、制订成本计划和实行成本控制所需信息的重要来源；另一方面，它又是建筑工程项目进行成本分析和成本考核的基本依据。成本预测是成本计划的基础，成本计划是成本预测的结果，也是所确定的成本目标的具体化；成本控制对成本计划的实施进行监督，以保证成本目标的实现；而成本核算是对成本目标是否实现的最后检验，成本考核是实现决策目标的重要手段。由此可见，建筑工程项目成本核算是建筑工程项目成本管理中最基本的职能，离开了成本核算，就谈不上成本管理，也就谈不上其他职能的发挥。这就是建筑工程项目成本核算与建筑工程项目成本管理的内在联系。

建筑工程项目成本核算是指按照规定开支范围对施工费用进行归集，计算出施工费用的实际发生额，并根据成本核算对象，采用适当的方法，计算出该建筑工程项目的总成本和单位成本。建筑工程项目成本核算所提供的各种成本信息是成本预测、成本计划、成本控制、成本分析和成本考核等各个环节的依据。

2. 建筑工程项目成本核算的对象

项目成本核算的对象是指在计算工程成本中确定的归集和分配生产费用的具体对象，即生产费用承担的客体。确定成本核算对象，是设立工程成本明细分类账户、归集和分配生产费用以及正确计算工程成本的前提。

成本核算对象主要根据企业生产的特点与成本管理上的要求确定。由于建筑产品的多样性和设计、施工的单件性，在编制施工图预算、制订成本计划以及与建设单位结算工程价款时都是以单位工程为对象。因此，按照财务制度规定，在成本核算中，建筑工程项目一般应以独立编制施工图预算的单位工程为成本核算对象，但也可以按照承包工程项目的规模、工期、结构类型、施工组织和现场情况等，结合成本管理要求，灵活划分成本核算对象。一般来说，有以下几种划分成本核算对象的方法。

（1）一个单位工程由几个施工单位共同施工时，各施工单位都应以同一单位工程为成本核算对象，各自核算自行完成的部分。

（2）对于规模大、工期长的单位工程，可以将其划分为若干部位，以分部工程作为成本核算对象。

（3）对于同一建设项目，将由同一施工单位施工并在同一施工地点、属于同一建设项目的各个单位工程合并作为一个成本核算对象。

（4）对于改建、扩建的零星工程，可根据实际情况和管理需要，以一个单项工程为成本核算对象，或将同一施工地点的若干个工程量较少的单项工程合并作为一个成本核算对象。

3. 建筑工程项目成本核算的要求

建筑工程项目成本核算的基本要求如下：

项目经理部应根据财务制度和会计制度的有关规定，建立项目成本核算制度，明确项目成本核算的原则、范围、程序、方法、内容、责任及要求，并设置核算台账，记录原始数据；项目经理部应按照规定的时间间隔进行项目成本核算；项目成本核算需坚持三同步的原则。

项目成本核算的三同步是指统计核算、业务核算和会计核算三者同步进行。统计核算即产值统计，业务核算即人力资源和物质资源的消耗统计，会计核算即成本会计核算。根据项目形成的规律，这三者之间必然存在同步关系，即完成多少产值、消耗多少资源和发生多少成本三者应该同步，否则项目成本就会出现盈亏异常现象。

建立以单位工程为对象的项目生产成本核算体系，是因为单位工程是施工企业的最终产品（成品），可独立考核；项目经理部应编制定期成本报告。

二、建筑工程项目成本核算的方法

建筑工程项目成本核算的方法有建筑工程项目成本直接核算、建筑工程项目成本间接核算和建筑工程项目成本列账核算（见表 12–9）。

表 12–9　建筑工程项目成本核算的方法

方法	主要内容
建筑工程项目成本列账核算	建筑工程项目成本列账核算是介于建筑工程项目直接核算和建筑工程项目间接核算之间的一种成本核算方法。项目经理部组织相对直接核算，正规的核算资料留在企业的财务部门。项目每发生一笔业务，其正规资料由财务部门审核存档后，与项目施工成本员办理确认和签认手续。企业的财务部门按期予以确认资料，对其进行审核。建筑工程项目列账核算的正规资料在企业的财务部门，方便档案保管，项目经理部凭相关资料进行核算，也有利于项目经理部开展项目成本核算和项目经理部岗位成本责任考核，但企业和项目经理部要核算两次，相互之间往返较多，比较烦琐

续表

方法	主要内容
建筑工程项目成本间接核算	建筑工程项目间接核算将核算放在企业的财务部门，项目经理部不配专职的会计核算部门，由项目有关人员按期与相应部门共同确定当期的项目成本。项目经理部按规定的时间、程序和质量向财务部门提供成本核算资料，委托企业的财务部门在项目成本收支范围内，进行项目成本支出的核算，落实当期项目成本的盈亏。这样可以使会计专业人员相对集中，一个成本会计可以完成两个或两个以上的项目成本核算。建筑工程项目成本间接核算的不足之处是：项目经理部不方便了解成本情况，对核算结论信任度不高；由于成本核算不在项目上进行，项目经理部开展管理岗位成本责任核算时，就会失去人力支持和平台支持
建筑工程项目成本直接核算	建筑工程项目直接核算将核算放在项目上，既便于及时了解项目各项成本情况，也可以减少一些扯皮现象。这种成本核算方法的不足之处是每个项目都要配有专业水平和工作能力较高的会计核算人员。目前一些单位还不具备直接核算的条件。这种成本核算方法一般适用于大型项目

第五节　建筑工程项目成本分析与考核

一、建筑工程项目成本分析

1. 建筑工程项目成本分析的依据

通过分析建筑工程项目成本，可从账簿、报表反映的成本现象中看清成本的实质，从而增强项目成本的透明度和可控性，为加强成本控制、实现项目成本目标创造条件。建筑工程项目成本分析的主要依据是会计核算、业务核算和统计核算所提供的资料。

（1）会计核算

会计核算主要是价值核算。会计是对一定单位的经济业务进行计量、记录、分析和检查，做出预测、参与决策、实行监督，旨在实现最优经济效益的一种管理活动。它通过设置账户、复式记账、填制和审核凭证、登记账簿、成本计算、财产清查和编制会计报表等一系列有组织、有系统的方法，来记录企业的一切生产经营活动，然后据此提出一些用货币来反映的有关各种综合性经济指标的数据，如资产、负债、所有者权益、收入、费用和利润等。由于会计核算具有连续性、系统性、综合性等特点，所以它是建筑工程项目成本分析的重要依据。

（2）业务核算

业务核算是各业务部门根据业务工作的需要建立的核算制度，它包括原始记录和计算登记表，如单位工程及分部分项工程进度登记，质量登记，工效、定额计算登记，物资消耗定额记录，测试记录等。业务核算的范围比会计核算、统计核算要广。会计核算和统计核算一般是对已经发生的经济活动进行核算，而业务核算不但可以核算已经完成的项目是否达到原定的目的、取得预期的效果，而且可以对尚未发生或正在发生的经济活动进行核算，以确定该项经济活动是否有经济效果，是否有执行的必要。它的特点是对个别的经济业务进行单项核算，如各种技术措施、新工艺等。业务核算的目的在于迅速取得资料，以便在经济活动中及时采取措施进行调整。

（3）统计核算

统计核算是利用会计核算资料和业务核算资料，把企业生产经营活动客观现状的大量数据，按统计方法加以系统整理，以发现其规律性。它的计量尺度比会计核算宽，可以用货币计算，也可以用实物或劳动量计量。它通过全面调查和抽样调查等方法，不仅能提供绝对数指标，还能提供相对数和平均数指标；不仅可以计算当前的实际水平，还可以确定变动速度以预测发展的趋势。

2. 建筑工程项目成本分析的方法

由于建筑工程项目成本涉及的范围很广，需要分析的内容较多，因此应该在不同的情况下采取不同的分析方法，除了基本的分析方法外，还有综合成本的分析方法、成本项目的分析方法和专项成本的分析方法等。

（1）建筑工程项目成本分析的基本方法

建筑工程项目成本分析的基本方法包括比较法、因素分析法、差额计算法和比率法等。

1）比较法

比较法又称指标对比分析法，是指对比技术经济指标，检查目标的完成情况，分析产生差异的原因，进而挖掘降低成本的方法。这种方法通俗易懂、简单易行、便于掌握，因而得到了广泛的应用，但在应用时必须注意各技术经济指标的可比性。比较法的应用通常有以下形式。

①实际指标与目标指标对比。将实际指标与目标指标进行对比，检查目标完成情况，分析影响目标完成的积极因素和消极因素，以便及时采取措施，保证成本目标的实现。在进行实际指标与目标指标对比时，还应注意目标本身有无问题。如果目标本身出现问题，则应调整目标，重新评价实际工作。

②本期实际指标与上期实际指标对比。通过本期实际指标与上期实际指标对比，可以看出各项技术经济指标的变动情况，反映施工管理水平的提高程度。

③本项目的技术和经济管理水平与本行业平均水平、先进水平对比。通过这种对比，可以反映本项目的技术和经济管理水平与行业的平均水平和先进水平的差距，

进而采取措施提高本项目的技术和经济管理水平。

2）因素分析法

因素分析法又称连环置换法，可用来分析各种因素对成本的影响程度。在进行分析时，假定众多因素中的一个因素发生了变化，而其他因素不变，然后逐个替换，分别比较其计算结果，以确定各个因素的变化对成本的影响程度。因素分析法的步骤如下。

确定分析对象，计算实际数与目标数的差异。确定该指标是由哪几个因素组成的，并按其相互关系进行排序（排序规则是：先实物量，后价值量；先绝对值，后相对值）。以目标数为基础，将各因素的目标数相乘，作为分析替代的基数。将各个因素的实际数按照已确定的排列顺序进行替换计算，并将替换后的实际数保留下来。将每次替换计算所得的结果，与前一次的计算结果相比较，两者的差异即为该因素对成本的影响程度。各个因素的影响程度之和，应与分析对象的总差异相等。

3）差额计算法

差额计算法是因素分析法的一种简化形式，它利用各个因素的目标值与实际值的差额来计算其对成本的影响程度。

4）比率法

比率法是指用两个以上的指标的比例进行分析的方法。它的基本特点是：先把对比分析的数值变成相对数，再观察其相互之间的关系。常用的比率法有以下几种(见表12–10）。

表 12–10　常用的比率法

方法	主要内容
构成比率法	构成比率法又称比重分析法或结构对比分析法。通过构成比率，可以考察成本总量的构成情况及各成本项目占总成本的比重，同时也可看出预算成本、实际成本和降低成本的比例关系，从而寻求降低成本的途径
动态比率法	动态比率法是将同类指标不同时期的数值进行对比，求出比率，以分析该项指标的发展方向和发展速度。动态比率的计算，通常采用基期指数和环比指数两种方法
相关比率法	由于项目经济活动的各个方面是相互联系、相互依存、相互影响的，因而可以将两个性质不同且相关的指标加以对比，求出比率，并以此来考察经营成果的好坏。例如，产值和工资是两个不同的概念，但它们是投入与产出的关系。在一般情况下，都希望以最少的工资支出完成最大的产值。因此，用产值工资率指标来考核人工费的支出水平，可以很好地分析人工成本

（2）综合成本的分析方法

综合成本是指涉及多种生产要素，并受多种因素影响的成本费用，如分部分项工程成本、月（季）度成本、年度成本等。由于这些成本都是随着项目施工的进展而逐步形成的，与生产经营有着密切的关系，因此，做好上述成本的分析工作，无疑将促进项目的生产经营管理，提高项目的经济效益。

1）分部分项工程成本分析

分部分项工程成本分析是建筑工程项目成本分析的基础。分部分项工程成本分析的对象为已完成分部分项工程，分析的方法是：进行预算成本、目标成本和实际成本的“三算”对比，分别计算实际偏差和目标偏差，分析偏差产生的原因，为今后的分部分项工程成本寻求节约途径。

分部分项工程成本分析的资料来源为：预算成本来自投标报价成本，目标成本来自施工预算，实际成本来自施工任务单的实际工程量、实耗人工和限额领料单的实耗材料。

建筑工程项目包括很多分部分项工程，无法也没有必要对每一个分部分项工程进行成本分析，特别是一些工程量小、成本费用少的零星工程。但是，对于那些主要分部分项工程必须进行成本分析，而且要做到从开工到竣工进行系统的成本分析。因为通过主要分部分项工程成本的系统分析，可以基本上了解项目成本形成的全过程，为竣工成本分析和今后的项目成本管理提供参考资料。

2）月（季）度成本分析

月（季）度成本分析，是建筑工程项目定期的、经常性的中间成本分析，对于建筑工程项目来说具有特别重要的意义。通过月（季）度成本分析，可以及时发现问题，以便按照成本目标指定的方向进行监督和控制，保证项目成本目标的实现。

月（季）度成本分析的依据是当月（季）的成本报表，月（季）度成本分析通常包括以下内容：

通过实际成本与预算成本的对比，分析当月（季）的成本降低水平；通过累计实际成本与累计预算成本的对比，分析累计的成本降低水平，预测实现项目成本目标的前景；通过实际成本与目标成本的对比，分析目标成本的落实情况以及目标管理中的问题和不足，进而采取措施，加强成本管理，保证成本目标的实现；通过对各成本项目的成本分析，可以了解成本总量的构成比例和成本管理的薄弱环节。例如，在成本分析中，若发现人工费、施工机械使用费等项目大幅度超支，则应该对这些费用的收支配比关系进行研究，并采取应对措施，防止今后再超支。如果是属于规定的“政策性”亏损，则应从控制支出着手，把超支额压缩到最低限度；通过主要技术经济指标的实际与目标对比，分析产量、工期、质量、“三材”节约率、施工机械利用率等对成本的影响；通过对技术组织措施执行效果的分析，寻求更加有效的节约途径；分析其他有利条件和不利条件对成本的影响。

3）年度成本分析

企业成本要求一年结算一次，不得将本年度成本转入下一年度；而项目成本以项目的寿命周期为结算期，要求从开工到竣工直至保修期结束连续计算，最后结算出总成本及其盈亏。 由于项目的施工周期一般较长，除进行月（季）度成本的核算和分析外，还要进行年度成本的核算和分析。这不仅是企业汇编年度成本报表的需要，而且是项目成本管理的需要。通过年度成本的综合分析，可以总结一年来成本管理的成绩和不足，为今后的成本管理提供经验和教训，从而可对项目成本进行更有效的管理。

年度成本分析的依据是年度成本报表。年度成本分析的内容，除了月（季）度成本分析的六个方面以外，重点是针对下一年度的施工进展情况制定切实可行的成本管理措施，以保证建筑工程项目成本目标的实现。

4）竣工成本的综合分析

凡是有几个单位工程且单独进行成本核算（即成本核算对象）的建筑工程项目，其竣工成本分析应以各单位工程竣工成本分析资料为基础，再加上项目管理层的经营效益（如资金调度、对外分包等所产生的效益）进行综合分析。如果建筑工程项目只有一个成本核算对象（单位工程），就以该成本核算对象的竣工成本资料作为成本分析的依据。

单位工程竣工成本分析，应包括以下的内容：

竣工成本分析；主要资源节超对比分析；主要技术节约措施及经济效果分析。

通过以上分析，可以全面了解单位工程的成本构成，找到降低成本的途径，为今后同类工程的成本管理提供参考。

（3）成本项目的分析方法

1）人工费分析

对于项目施工需要的人工费以项目经理部与施工队或施工班组签订的劳务分包合同为分析依据。除了按合同规定支付劳务费以外，还可能发生以下一些人工费支出：

因实物工程量增减而调整的人工费；定额人工以外的计日工工资（如果已按定额人工的一定比例由施工队或施工班组包干，并已列入承包合同，不再另行支付）；对在进度、质量、节约、文明施工等方面做出贡献的班组和个人进行奖励的费用。

项目管理层应根据上述人工费的增减，结合劳务分包合同的管理进行分析。

2）材料费分析

材料费分析包括主要材料和结构件费用分析、周转材料使用费分析、材料采购保管费分析和材料储备资金分析。

①主要材料和结构件费用分析。

主要材料和结构件费用的高低，主要受价格和消耗数量的影响；而主要材料和结构件价格的变动，受采购价格、运输费用、途中损耗、供应不足等因素的影响；主要材料和结构件消耗数量的变动，则受操作损耗、管理损耗和返工损失等因素的影响。因此，可在价格变动较大和数量超用异常的时候再做深入分析。为了分析主要材料和结构件价格和消耗数量的变化对主要材料和结构件费用的影响程度，可按下列公式计算：

主要材料和结构件价格变动对主要材料和结构件费用的影响 =（计划单价－实际单价）× 实际数量

消耗数量变动对主要材料和结构件费用的影响 =（计划用量－实际用量）× 实际价格

②周转材料使用费分析

在实行周转材料内部租赁制的情况下，项目周转材料费的节约或超支取决于材料周转率和损耗率，周转减慢，则材料周转的时间增长，租赁费支出就增加；而超过规定的损耗，则要照价赔偿。

③材料采购保管费分析

材料采购保管费属于材料的采购成本，包括材料采购保管人员的工资、工资附加费、劳动保护费、办公费、差旅费，以及材料采购保管过程中发生的固定资产使用费、工具用具使用费、检验试验费、材料整理费、材料零星运费及材料物资的盘亏费和毁损费等。材料采购保管费一般应与材料采购数量同步，即材料采购多，材料采购保管费相应增加。因此，应根据每月实际采购的材料数量（金额）和实际发生的材料采购保管费分析材料采购保管费率的变化。

④材料储备资金分析

材料储备资金是根据日平均用量、材料单价和储备天数（即从采购到进场所需要的时间）计算的。上述任何一个因素变动，都会影响材料储备资金的占用量。材料储备资金的分析，可以应用因素分析法。储备天数是影响材料储备资金的关键因素，因此材料采购人员应该选择运距短的供应单位，尽可能减少材料采购的中转环节，缩短储备天数。

3）施工机械使用费分析

由于项目施工具有一次性，项目经理部不可能拥有自己的施工机械，而是随着施工的需要，向企业动力部门或外单位租用。在施工机械的租用过程中，存在两种情况。一种情况是按产量进行承包，并按完成产量计算费用，如土方工程。项目经理部只要按实际挖掘的土方工程量结算挖土费用，而不必考虑挖土机械的完好程度和利用程度。另一种情况是按使用时间（台班）计算施工机械使用费用，如塔吊、搅拌机、砂浆机等，施工机械完好率低或在使用中调度不当，必然会影响施工机械利用率，从而延长使用时间，增加使用费。因此，项目经理部应该给予一定的重视。

建筑施工在流水作业和工序搭接上往往会出现某些必然或偶然的施工间隙，影响施工机械的连续作业；有时，又因为加快施工进度和工种配合，需要施工机械日夜不停地运转。这样便造成施工机械综合利用效率不高，比如施工机械停工，则需要支付停班费。因此，在施工机械的使用过程中，应以满足施工需要为前提，加强施工机械的平衡调度，充分发挥施工机械的效用；同时，还要加强平时的施工机械的维修和保养工作，提高施工机械的完好率，保证施工机械的正常运转。

4）管理费分析

管理费分析，也应通过预算（或计划）数与实际数的比较来进行。

（4）专项成本的分析方法

与成本有关的特定事项的分析，包括成本盈亏异常分析、工期成本分析和资金成本分析等内容。

1）成本盈亏异常分析

建筑工程项目出现成本盈亏异常情况，必须引起高度重视，必须彻底查明原因并及时纠正。检查成本盈亏异常的原因，应从经济核算的“三同步”入手。因为项目经济核算的基本规律是完成多少产值、消耗多少资源、发生多少成本之间有着必然的同步关系。如果违背这个基本规律，就会发生成本的盈亏异常情况。

“三同步”检查是提高项目经济核算水平的有效手段，不仅适用于成本盈亏异常的检查，而且可用于月度成本的检查。“三同步”检查可以通过以下五个方面的对比分析来实现。

①产值与施工任务单上的实际工程量和形象进度是否同步。

②资源消耗与施工任务单上的实耗人工、限额领料单的实耗材料、当期租用的周转材料和施工机械是否同步。

③其他费用（如材料价、超高费和台班费等）的产值统计与实际支付是否同步。

④预算成本与产值统计是否同步。

⑤实际成本与资源消耗是否同步。

通过以上五个方面的分析，可以探明成本盈亏异常的原因。

2）工期成本分析

工期成本分析是计划工期成本与实际工期成本的比较分析。计划工期成本是指在假定完成预期利润的前提下计划工期内所耗用的计划成本，而实际工期成本是在实际工期中耗用的实际成本。

工期成本分析一般采用比较法，即将计划工期成本与实际工期成本进行比较，然后应用因素分析法分析各种因素的变动对工期成本差异的影响程度。

3）资金成本分析

资金与成本的关系是工程收入与成本支出的关系。根据工程成本核算的特点，工程收入与成本支出有很强的相关性。进行资金成本分析通常应用成本支出率指标，即成本支出占工程款收入的比例，计算公式如下：

$$成本支出率=\frac{计算期实际成本支出}{计算期实际工程款收入}\times 100\%$$

通过对成本支出率的分析，可以看出资金收入中用于成本支出的比重，结合储备资金和结存资金的比重，分析资金使用的合理性。

二、建筑工程项目成本考核

1．建筑工程项目成本考核的概念

建筑工程项目成本考核是建筑工程项目成本控制的一个重要部分，是建筑工程项目落实成本控制目标的关键，是将建筑工程项目成本总计划支出，在结合建筑工程项目施工方案、施工手段和施工工艺、讲究技术进步和成本控制的基础上提出的，针对建筑工程项目不同的管理岗位人员而做出的成本耗费目标要求。搞好成本考核有利于贯彻落实责、权、利相结合原则，促进成本管理工作水平的提高，更好地完成成本目标。建筑工程项目的成本考核分两个层次，一是对项目经理的考核，二是对项目经理部所属职能部门、施工队和施工班组的考核。

2．建筑工程项目成本考核的内容

（1）对项目经理成本考核的内容

项目成本目标和阶段成本目标的完成情况；建立以项目经理为核心的成本管理责任制的落实情况；成本计划的编制和落实情况；对各部门、各施工队和施工班组责任成本的检查和考核情况；在成本管理中贯彻责、权、利相结合原则的执行情况。

（2）对各职能部门成本考核的内容

本部门、本岗位责任成本的完成情况；本部门、本岗位成本管理责任的执行情况。

（3）对施工队成本考核的内容

对劳务合同规定的承包范围和承包内容的执行情况；劳务合同以外的补充收费情况；对施工班组施工任务单的管理情况，对施工班组完成施工任务后的考核情况。

（4）对施工班组的成本考核内容

以分部、分项工程成本作为施工班组的责任成本，考核其责任成本的完成情况。

3. 建筑工程项目成本考核

建筑工程项目成本考核的主要内容，见表 12-11。

表 12-11 建筑工程项目成本考核

考核项目	主要内容
建筑工程项目的成本考核要与相关指标的完成情况相结合	在根据评分计奖的同时，还要参考相关指标的完成情况加奖或扣罚。与成本考核相结合的相关指标，一般有进度、质量、安全和现场管理
建筑工程项目的成本考核采取评分制	先按考核内容评分，然后按一定的比例加权平均
正确考核施工项目的竣工成本	建筑工程项目的竣工成本是项目经济效益的最终反映，是在工程竣工和工程款结算的基础上编制的
强调项目成本的中间考核	项目成本的中间考核可从两方面考虑，即月度成本考核和阶段成本考核
建筑工程项目成本的奖罚	建筑工程项目成本奖罚的标准，应通过经济合同的形式明确规定。在确定时，必须从本项目的客观情况出发，既要考虑职工的利益，又要考虑项目成本的承受能力

第十三章　建筑工程项目质量管理

第一节　建筑工程项目质量管理概述

一、质量管理与质量控制的相关概念

1. 质量与施工质量的概念

质量是指一组固有特性满足要求的程度。该定义可理解为：质量不仅是指产品的质量，而且包括某项活动或过程的工作质量，还包括质量管理活动体系运行的质量。质量的关注点是一组固有特性，而不是赋予的特性。质量是满足要求的程度，要求是指明示的、隐含的或必须履行的需要和期望。质量要求是动态的、发展的和相对的。

施工质量是指建筑工程项目施工活动及其产品的质量，即通过施工使工程满足业主（顾客）需要并符合国家法律、法规、技术规范标准、设计文件及合同规定的要求，包括在安全、使用功能、耐久性、环境保护等方面所有明示和隐含需要的能力的特性综合。施工质量特性主要体现在由施工形成的建筑工程的适用性、安全性、耐久性、可靠性、经济性及与环境的协调性六个方面。

2. 质量管理与施工质量管理的概念

质量管理是指在质量方面指挥和控制组织的协调活动。与质量有关的活动，通常包括质量方针和质量目标的建立、质量策划、质量控制、质量保证和质量改进等。所以，质量管理就是确定和建立质量方针、质量目标及职责，并在质量管理体系中通过质量策划、质量控制、质量保证和质量改进等手段来实施和实现全部质量管理职能的所有活动。

施工质量管理是指工程项目在施工、安装和验收阶段，指挥和控制工程施工组织关于质量的相互协调的活动，使工程项目施工围绕着使产品质量满足不断更新的质量要求，而开展的策划、组织、计划、实施、检查、监督和审核等所有管理活动的总和。它是工程项目施工各级职能部门领导的职责，而工程项目施工的最高领导即施工项目经理应负全责。施工项目经理必须调动与施工质量有关的所有人员的积极性，共同做好本职工作，完成施工质量管理的任务。

3. 质量控制与施工质量控制的概念

质量控制是质量管理的一部分，是致力于满足质量要求的一系列相关活动。

施工质量控制是在明确的质量方针指导下，通过对施工方案和资源配置的计划、实施、检查和处置，进行施工质量目标的事前控制、事中控制和事后控制的系统过程。

二、建筑工程项目施工质量控制的特点

建筑工程项目施工质量控制的特点是由建筑工程项目的工程特点和施工生产的特点决定的，施工质量控制必须考虑和适应这些特点，并进行有针对性的管理。

1. 建筑工程项目的工程特点和施工生产的特点

（1）施工的一次性

建筑工程项目施工是不可逆的，当施工出现质量问题时，不可能完全回到原始状态，严重的可能导致工程报废。建筑工程项目一般都投资巨大，一旦发生施工质量事故，会造成重大的经济损失。因此，建筑工程项目施工都应一次成功，不能失败。

（2）工程的固定性和施工生产的流动性

每一项建筑工程项目都固定在指定地点的土地上，建筑工程项目施工全部完成后，由施工单位就地移交给使用单位。工程的固定性特点决定了建筑工程项目对地基的特殊要求，施工采用的地基处理方案对工程质量产生直接影响。相对于工程的固定性特点，施工生产则表现出流动性的特点，表现为各种生产要素既在同一工程上流动，又在不同工程项目之间流动。

（3）产品的单件性

每一建筑工程项目都要和周围环境相结合。由于周围环境以及地基情况的不同，只能单独设计生产；不能像一般工业产品那样，同一类型可以批量生产。建筑产品即使采用标准图纸生产，也会由于建筑地点、时间的不同，施工组织方法的不同，施工质量管理的要求存在差异，使建筑工程项目的运作和施工不能标准化。

（4）工程体形庞大

建筑工程项目是由大量的工程材料、制品和设备构成的实体，体积庞大，无论是房屋建筑还是铁路、桥梁、码头等土木工程，都会占有很大的外部空间，一般只能露天进行施工生产，施工质量受气候和环境的影响较大。

（5）生产的预约性

施工产品不像一般的工业产品那样先生产后交易，只能是在施工现场根据预定的条件进行生产，即先交易后生产。因此，选择设计、施工单位，通过招标、投标、竞标、定约、成交，就成为建筑业物质生产的一种特有的方式。业主事先对这项工程产品的工期、造价和质量提出要求，并在生产过程中对工程质量进行必要的监督

控制。

2．施工质量控制的特点

施工质量控制的特点，见表 13-1。

表 13-1　施工质量控制的特点

特点	主要内容
控制难度大	建筑产品生产具有单件性和流动性，没有一般工业产品生产常有的固定生产流水线、规范化的生产工艺、完善的检测技术、成套的生产设备和稳定的生产环境，不能进行标准化施工，施工质量容易发生波动；而且施工场面大、人员多、工序多、关系复杂、作业环境差，加大了质量控制的难度
过程控制要求高	建筑工程项目在施工过程中，由于工序衔接多、中间交接多、隐蔽工程多，施工质量具有一定的过程性和隐蔽性。在施工质量控制工作中，必须加强对施工过程的质量检查，及时发现和整改存在的质量问题，避免事后从表面进行检查，因为过程结束后的检查难以发现过程中产生又被隐蔽了的质量隐患
终检局限大	建筑工程项目建成以后不能像一般工业产品那样，依靠终检来判断产品的质量和控制产品的质量；也不可能像工业产品那样将其拆卸或解体检查内在质量，或更换不合格的零件。所以，建筑工程项目的终检（竣工验收）存在一定的局限性。因此，建筑工程项目的施工质量控制应该强调过程控制，边施工边检查边整改，及时做好检查和认证记录
控制因素多	建筑工程项目的施工质量受多种因素的影响。这些因素包括设计、材料、机械、地质、水文、气象、施工工艺、操作方法、技术措施、管理制度、社会环境等。因此，要保证建筑工程项目的施工质量，必须对所有这些影响因素进行有效控制

三、施工质量的影响因素

施工质量的影响因素主要有人（Man）、材料（Material）、机械（Machine）、方法（Method）及环境（Environment）五大方面，即“4M1E”。

1．人的因素

这里所讲的“人”，是指直接参与施工的决策者、管理者和作业者。人的因素影响主要是指上述人员个人的质量意识及质量活动能力对施工质量造成的影响。我国实行的执业资格注册制度和管理及作业人员持证上岗制度等，从本质上说，就是对从事施工活动的人的素质和能力进行必要的控制。在施工质量管理中，人的因素起决定性的作用。所以，施工质量控制应以控制人的因素为基本出发点。作为控制对象，人的工作应避免失误；作为控制动力，应充分调动人的积极性，发挥人的主导作用。必须有效控制参与施工的人员的素质，不断提高人的质量活动能力，这样才能保证施工质量。

2．材料的因素

材料包括工程材料和施工用料，也包括原材料、半成品、成品、构配件等。各类材料是工程施工的物质条件，材料质量是工程质量的基础，材料质量不符合要求，工程质量就不可能达到标准。加强对材料的质量控制，是保证工程质量的重要基础。

3．机械的因素

机械设备包括工程设备、施工机械设备。工程设备是指组成工程实体的工艺设备和各类机具，如各类生产设备、装置和辅助配套的电梯、泵机，以及通风空调、消防设备、环保设备等，它们是建筑工程项目的重要组成部分，其质量的优劣，直接影响到工程使用功能的发挥。施工机械设备是指施工过程中使用的各类机具设备，包括运输设备、吊装设备、操作工具、测量仪器、计量器具以及施工安全设施等。施工机械设备是所有施工方案和工法得以实施的重要物质基础，合理选择和正确使用施工机械设备是保证施工质量的重要措施。

4．方法的因素

施工方法包括施工技术方案、施工工艺、工法和施工技术措施等。从某种程度上说，技术工艺水平的高低，决定了施工质量的优劣。采用先进、合理的工艺、技术，根据规范的工法和作业指导书进行施工，必将对组成质量因素的产品精度、平整度、清洁度、密封性等物理、化学特性等方面起到良性的推进作用。例如，近年来住房和城乡建设部在全国建筑业中推广应用的10项新技术，包括地基基础和地下空间工程技术、混凝土技术、钢筋和预应力技术、模板及脚手架技术、钢结构技术、建筑防水技术等，对确保建筑工程质量和消除质量通病起到了积极作用，收到了明显的效果。

5．环境的因素

环境的因素主要包括现场自然环境因素、施工质量管理环境因素和施工作业环境因素。环境因素对工程质量的影响，具有复杂多变和不确定性的特点。

（1）现场自然环境因素主要指工程地质、水文、气象条件和周边建筑、地下障碍物以及其他不可抗力等对施工质量的影响因素。例如，在地下水水位高的地区，若在雨期进行基坑开挖，遇到连续降雨或排水困难，就会引起基坑塌方或地基受水浸泡影响承载力等；在寒冷地区冬期施工措施不当，工程会因受到冻融而影响质量；在基层未干燥或大风天进行卷材屋面防水层的施工，就会导致粘贴不牢及空鼓等质量问题。

（2）施工质量管理环境因素主要指施工单位质量保证体系、质量管理制度和各参建施工单位之间的协调等因素。根据承发包的合同结构，理顺管理关系，建立统一的现场施工组织系统和质量管理的综合运行机制，确保质量保证体系处于良好的状态，创造良好的质量管理环境和氛围，是施工顺利进行、提高施工质量的保证。

（3）施工作业环境因素主要指施工现场的给排水条件，各种能源介质供应，施工照明、通风、安全防护设施，施工场地空间条件和通道，以及交通运输和道路条件等因素。这些条件是否良好，直接影响到施工能否顺利进行，以及施工质量能否得到保证。

四、质量控制的基本环节

施工质量控制应贯彻全面质量管理的思想，运用动态控制原理，进行事前质量控制、事中质量控制和事后质量控制（见表 13–2）。

表 13–2　质量控制的基本环节

基本环节	主要内容
事前质量控制	事前质量控制即在正式施工前进行的事前主动质量控制，通过编制施工质量计划，明确质量目标，制订施工方案，设置质量管理点，落实质量责任，分析可能导致质量目标偏离的各种影响因素，针对这些影响因素采取有效的预防措施，防患于未然
事中质量控制	事中质量控制指的是在施工质量形成过程中，对影响施工质量的各种因素进行全面的动态控制。事中质量控制首先是对质量活动的行为约束，其次是对质量活动过程和结果的监督控制。事中质量控制的关键是坚持质量标准，重点是工序质量、工作质量和质量控制点
事后质量控制	事后质量控制也称为事后质量把关，以使不合格的工序或最终产品（包括单位工程或整个工程项目）不流入下道工序、不进入市场。事后质量控制包括对质量活动结果的评价、认定和对质量偏差的纠正。事后质量控制的重点是发现施工质量方面的缺陷，并通过分析提出施工质量改进的措施，保证质量处于受控状态

以上三大环节不是互相孤立和截然分开的，它们共同构成有机的系统过程，实质上也就是质量管理 PDCA 循环的具体化，在每一次滚动循环中不断提高质量，使质量管理和质量控制得以持续改进。

五、质量检查的内容和方法

1．现场质量检查的内容

现场质量检查的内容，见表 13–3。

表 13–3　现场质量检查的内容

检测项目	主要内容
开工前的检查	主要检查是否具备开工条件，开工后能否保持连续正常施工，能否保证工程质量

续表

检测项目	主要内容
隐蔽工程的检查	施工中凡是隐蔽工程，必须经检查认证后方可进行隐蔽掩盖
工序交接检查	对于重要的工序或对工程质量有重大影响的工序,应严格执行“三检”制度,即自检、互检、专检，未经监理工程师（或建设单位技术负责人）检查认可，不得进行下道工序施工
分项分部工程完工后的检查	应经检查认可，并签署验收记录后，才能进行下一工程项目的施工
停工后复工的检查	因客观因素或处理质量事故等停工，经检查认可后方能复工
成品保护的检查	检查成品有无保护措施以及保护措施是否有效可靠

2．现场质量检查的方法

现场质量检查的方法主要有目测法、实测法和试验法等。

（1）目测法

目测法即凭借感官进行检查，也称观感质量检验法。目测法的手段可概括为“看”“摸”“敲”“照”四个字。看，就是根据质量标准要求进行外观检查。例如，清水墙面是否洁净，喷涂的密实度和颜色是否良好、均匀，工人的操作是否规范，内墙抹灰的大面及口角是否平直，混凝土外观是否符合要求等。摸，就是通过触摸进行检查、鉴别。例如，油漆的光滑度是否良好，刷浆是否牢固、不掉粉等。敲，就是运用敲击工具进行音感检查。例如，对地面工程、装饰工程中的水磨石、面砖、石材饰面等，均应进行敲击检查。照，就是通过人工光源或反射光照射，检查难以看到或光线较暗的部位。例如，管道井、电梯井等内的管线、设备安装质量，装饰吊顶内连接及设备安装质量等。

（2）实测法

实测法就是通过将实测数据与施工规范、质量标准的要求和允许偏差值进行对照，判断质量是否符合要求。实测法的手段可概括为“靠”“量”“吊”“套”四个字。靠，就是用直尺、塞尺检查墙面、地面、路面等的平整度。量，就是用测量工具和计量仪表等检查断面尺寸、轴线、标高、湿度、温度等的偏差。例如，大理石板拼缝尺寸与超差数量、摊铺沥青拌和料温度、混凝土坍落度的检测等。吊，就是利用托线板以及线锤吊线检查垂直度。例如，砌体垂直度检查、门窗的安装等。套，就是以方尺套方，辅以塞尺进行检查。例如，对阴阳角的方正、踢脚线的垂直度、预制构件的方正、门窗口及构件的对角线进行检查等。

（3）试验法

试验法是指通过必要的试验手段对质量进行判断的检查方法。

1）理化试验

工程中常用的理化试验包括力学性能的检验、物理性能的测定和化学成分及其含量的测定。力学性能的检验是指各种力学指标的测定，包括抗拉强度、抗压强度、抗弯强度、抗折强度、冲击韧性、硬度、承载力等。物理性能的测定，包括密度、含水量、凝结时间、安定性及抗渗性能、耐磨性能、耐热性能等的测定。化学成分及其含量的测定，包括测定钢筋中的磷、硫含量，混凝土中粗集料中的活性氧化硅成分，以及耐酸性、耐碱性、抗腐蚀性等。此外，根据规定有时还需进行现场试验，如对桩或地基的静载试验、下水管道的通水试验、压力管道的耐压试验、防水层的蓄水或淋水试验等。

2）无损检测

无损检测是指利用专门的仪器、仪表从表面探测结构物、材料、设备的内部组织结构或损伤情况。常用的无损检测方法有超声波探伤、X射线探伤、γ射线探伤等。

六、施工单位的质量责任和义务

（1）施工单位应当依法取得相应等级的资质证书，在其资质等级许可的范围内承揽工程，并不得转包或者违法分包工程。

（2）施工单位对建筑工程项目的施工质量负责。施工单位应当建立质量责任制，确定建筑工程项目的项目经理、技术负责人和施工管理负责人。建筑工程项目实行总承包的，总承包单位应当对全部建筑工程项目质量负责；对建筑工程项目勘察、设计、施工、设备采购的一项或者多项实行总承包的，总承包单位应当对其承包的建筑工程项目或者采购的设备的质量负责。

（3）总承包单位依法将建筑工程项目分包给其他单位的，分包单位应当按照分包合同的约定对其分包工程的质量向总承包单位负责，总承包单位与分包单位对分包工程的质量承担连带责任。

（4）施工单位必须按照工程设计图纸和施工技术标准施工，不得擅自修改工程设计，不得偷工减料。施工单位在施工过程中发现设计文件和图纸有差错的，应当及时提出意见和建议。

（5）施工单位必须按照工程设计要求、施工技术标准和合同约定，对建筑材料、建筑构配件、设备和商品混凝土进行检验，检验应当有书面记录和专人签字；未经检验或者检验不合格的，不得使用。

（6）施工单位必须建立、健全施工质量的检验制度，严格工序管理，做好隐蔽工程的质量检查和记录。隐蔽工程在隐蔽前，施工单位应当通知建设单位和建筑工程项目质量监督机构。

（7）施工人员对涉及结构安全的试块、试件以及有关材料，应当在建设单位或者工程监理单位的监督下现场取样，并送具有相应资质等级的质量检测单位进行检测。

（8）对施工中出现质量问题的建筑工程项目或者竣工验收不合格的建筑工程项目，施工单位应当负责返修；施工单位应当建立、健全教育培训制度，加强对职工的教育培训；未经教育培训或者考核不合格的人员，不得上岗作业。

七、工程监理单位的质量责任和义务

（1）工程监理单位应当依法取得相应等级的资质证书，在其资质等级许可的范围内承担工程监理业务，并不得转让工程监理业务。

（2）工程监理单位与被监理工程的施工承包单位以及建筑材料、建筑构配件和设备供应单位有隶属关系或者其他利害关系的，不得承担该项建筑工程项目的监理业务。

（3）工程监理单位应当依照法律、法规以及有关技术标准、设计文件和建设工程承包合同，代表建设单位对施工质量实施监理，并对施工质量承担监理责任。

（4）工程监理单位应当选派具备相应资格的总监理工程师和监理工程师进驻施工现场。未经监理工程师签字，建筑材料、建筑构配件和设备不得在工程上使用或者安装，施工单位不得进行下一道工序的施工。未经总监理工程师签字，建设单位不拨付工程款，不进行竣工验收；监理工程师应当按照工程监理规范的要求，采取旁站、巡视和平行检验等形式，对建设工程实施监理。

第二节　建筑工程项目质量控制体系

一、全面质量管理思想和方法的应用

1. 全面质量管理（TQM）的思想

全面质量管理是20世纪中期开始在欧美和日本广泛应用的质量管理理念和方法。我国从20世纪80年代开始引进和推广全面质量管理，其基本原理就是强调在企业或组织最高管理者的质量方针指引下，实行全面、全过程和全员参与的质量管理。

TQM 的主要特点是以顾客满意为宗旨，领导参与质量方针和目标的制定，提倡预防为主、科学管理、用数据说话等。在当今世界标准化组织颁布的 ISO9000：2008 质量管理体系标准中，处处都体现了这些重要特点和思想。建筑工程项目的质量管理，同样应贯彻“三全”管理的思想和方法。

（1）全面质量管理

建筑工程项目的全面质量管理，是指项目参与各方所进行的工程项目质量管理的总称，其中包括工程（产品）质量和工作质量的全面管理。工作质量是产品质量的保证，工作质量直接影响产品质量的形成。建设单位、监理单位、勘察单位、设计单位、施工总承包单位、施工分包单位、材料设备供应商等，任何一方、任何环节的怠慢疏忽或质量责任不落实都会对建筑工程质量产生不利影响。

（2）全过程质量管理

建筑工程项目的全过程质量管理，是指根据工程质量的形成规律，从源头抓起，全过程推进。《质量管理体系基础和术语》（GB/T 19000—2016/ISO 9000：2008）强调质量管理的“过程方法”管理原则，要求应用“过程方法”进行全过程质量控制。要控制的主要过程有项目策划与决策过程、勘察设计过程、设备材料采购过程、施工组织与实施过程、检测设施控制与计量过程、施工生产的检验试验过程、工程质量的评定过程、工程竣工验收与交付过程、工程回访维修服务过程等。

（3）全员参与质量管理

按照全面质量管理的思想，组织内部的每个部门和工作岗位都承担着相应的质量职能，组织的最高管理者确定了质量方针和目标，就应组织和动员全体员工参与到实施质量方针的系统活动中去，发挥自己的角色作用。开展全员参与质量管理的重要手段就是运用目标管理方法，将组织的质量总目标逐级进行分解，使之形成自上而下的质量目标分解体系和自下而上的质量目标保证体系，发挥组织系统内部每个工作岗位、部门或团队在实现质量总目标过程中的作用。

2. 质量管理的 PDCA 循环

在长期的生产实践和理论研究中形成的 PDCA 循环，是建立质量管理体系和进行质量管理的基本方法。从某种意义上讲，管理就是确定任务目标，并通过 PDCA 循环来实现预期目标。每一循环都围绕着实现预期的目标，进行计划、实施、检查和处置活动，随着对存在问题的解决和改进，在一次一次的滚动循环中逐步上升，不断增强质量管理能力，不断提高质量水平。每一个循环的四大职能活动相互联系，共同构成了质量管理的系统过程。

（1）计划 P（Plan）

计划由目标和实现目标的手段组成，所以说计划是一条“目标—手段链”。质量管理的计划职能，包括确定质量目标和制定实现质量目标的行动方案两个方面。实践表明，质量计划严谨周密、经济合理和切实可行，是保证工作质量、产品质量和服务质量的前提条件。

建筑工程项目的质量计划，是由项目参与各方根据其在项目实施中所承担的任务、责任范围和质量目标，分别制订质量计划而形成的质量计划体系。其中，建设单位的工程项目质量计划包括确定和论证项目总体的质量目标，制定项目质量管理的组织、制度、工作程序、方法和要求。项目其他各参与方，则根据国家法律法规和工程合同规定的质量责任和义务，在明确各自质量目标的基础上，制定实施相应范围质量管理的行动方案，包括技术方法、业务流程、资源配置、检验试验要求、质量记录方式、不合格处理及相应管理措施等具体内 容和做法的质量管理文件，同时亦须对其实现预期目标的可行性、有效性、经济合理性进行分析论证，并按照规定的程序与权限，经过审批后执行。

（2）实施 D（Do）

实施职能在于将质量的目标值，通过生产要素的投入、作业技术活动和产出过程，转换为质量的实际值。为保证工程质量的产出或形成过程能够达到预期的结果，在各项质量活动实施前，要根据质量管理计划进行行动方案的部署和交底。交底的目的在于使具体的作业者和管理者明确计划的意图和要求，掌握质量标准及其实现的程序与方法。在质量活动的实施过程中，要求严格执行计划的行动方案，规范行为，把质量管理计划的各项规定和安排落实到具体的资源配置和作业技术活动中去。

（3）检查 C（Check）

检查是指对计划实施过程进行各种检查，包括作业者的自检、互检和专职管理者专检。各类检查也都包含两大方面：一是检查是否严格执行了计划的行动方案，实际条件是否发生了变化，不执行计划的原因；二是检查计划执行的结果，即产出的质量是否达到标准的要求，对此进行确认和评价。

（4）处置 A（Action）

对于质量检查所发现的质量问题或质量不合格，及时进行原因分析，采取必要的措施，予以纠正，保持工程质量形成过程处于受控状态。处置分纠偏和预防改进两个方面。前者是采取有效措施，解决当前的质量偏差、问题或事故；后者是将目前质量状况信息反馈到管理部门，反思问题症结或计划时的不周，确定改进目标和措施，为今后类似质量问题的预防提供借鉴。

二、建筑工程项目质量控制体系的建立和运行

建筑工程项目的实施，涉及业主方、勘察方、设计方、施工方、监理方、供应

方等多方质量责任主体的活动，各方主体各自承担不同的质量责任和义务。为了有效地进行系统、全面的质量控制，必须由项目实施的总负责单位负责建筑工程项目质量控制体系的建立和运行，实施质量目标的控制。

1. 建筑工程项目质量控制体系的性质、特点和结构

（1）建筑工程项目质量控制体系的性质

建筑工程项目质量控制体系既不是业主方的质量管理体系或质量保证体系，也不是施工方的质量管理体系或质量保证体系，而是整个建筑工程项目目标控制的一个工作系统，其性质如下：

建筑工程项目质量控制体系是以项目为对象，由项目实施的总组织者负责建立的、面向项目对象开展质量控制工作体系；建筑工程项目质量控制体系是项目管理组织的一个目标控制体系，它与项目投资控制、进度控制、职业健康安全与环境管理等目标控制体系共同依托于同一项目管理的组织机构；建筑工程项目质量控制体系根据项目管理的实际需要而建立，随着项目的完成和项目管理组织的解体而消失，因此是一个一次性的质量控制工作体系，不同于企业的质量管理体系。

（2）建筑工程项目质量控制体系的特点

如前所述，建筑工程项目质量控制体系是面向项目对象建立的质量控制工作体系，它与建筑企业或其他组织机构按照 GB/T 19000—2016 族标准建立的质量管理体系相比较，有如下不同（见表 13–4）。

表 13–4　建筑工程项目质量控制体系的特点

特点	主要内容
服务的范围不同	建筑工程项目质量控制体系涉及项目实施过程所有的质量责任主体，而不只是针对某一个承包企业或组织机构
建立的目的不同	建筑工程项目质量控制体系只用于特定的项目质量控制，而不是用于建筑企业或组织的质量管理
作用的时效不同	建筑工程项目质量控制体系与项目管理组织系统相融合，是一次性的质量工作体系，并非永久性的质量管理体系
控制的目标不同	建筑工程项目质量控制体系的控制目标是项目的质量目标，并非某一具体建筑企业或组织的质量管理目标
评价的方式不同	建筑工程项目质量控制体系的有效性一般由项目管理的总组织者进行自我评价与诊断，不需要第三方认证

（3）建筑工程项目质量控制体系的结构

建筑工程项目质量控制体系一般形成多层次、多单元的结构形态，这是由其实

施任务的委托方式和合同结构所决定的。

1）多层次结构

多层次结构是对应于项目工程系统纵向垂直分解的单项、单位工程项目的质量控制体系。在大中型项目尤其是群体工程项目中，第一层次的质量控制体系应由建设单位的工程项目管理机构负责建立；在委托代建、委托项目管理或实行交钥匙式工程总承包的情况下，应由相应的代建方项目管理机构、受托项目管理机构或工程总承包企业项目管理机构负责建立；第二层次的质量控制体系通常是指分别由项目的设计总负责单位、施工总承包单位等建立的相应管理范围内的质量控制体系；第三层次及其以下的质量控制体系承担工程设计、施工安装、材料设备供应等各承包单位的现场质量自控，或是各自的施工质量保证体系。系统纵向层次机构的合理性是项目质量目标、控制责任和措施分解落实的重要保证。

2）多单元结构

多单元结构是指在建筑工程项目质量控制体系下，第二层次的质量控制体系及其以下的质量自控或保证体系可能有多个。这是项目质量目标、责任和措施分解的必然结果。

2. 建筑工程项目质量控制体系的建立

建筑工程项目质量控制体系的建立过程，实际上就是项目质量总目标的确定和分解过程，也是项目各参与方之间质量管理关系和控制责任的确立过程。为了保证质量控制体系的科学性和有效性，必须明确体系建立的原则、内容、程序和主体。

（1）建立的原则

实践经验表明，建筑工程项目质量控制体系的建立，遵循以下原则对于质量目标的规划、分解和有效实施控制是非常重要的。建立原则的主要内容，见表13–5。

表13–5 建立的原则

原则	主要内容
目标分解原则	建筑工程项目质量控制体系总目标的分解，是根据控制体系内工程项目的分解结构，将工程项目的建设标准和质量总体目标分解到各个责任主体，明示于合同条件，由各责任主体制订出相应的质量计划，确定其具体的控制方式和控制措施
质量责任制原则	建筑工程项目质量控制体系的建立，应按照《中华人民共和国建筑法》和《建设工程质量管理条例》有关工程质量责任的规定，界定各方的质量责任范围和控制要求
系统有效性原则	建筑工程项目质量控制体系应从实际出发，结合项目特点、合同结构和项目管理组织系统的构成情况，建立项目各参与方共同遵循的质量管理制度和控制措施，并形成有效的运行机制

续表

原则	主要内容
分层次规划原则	建筑工程项目质量控制体系的分层次规划，是指项目管理的总组织者（建设单位或代建制项目管理企业）和承担项目实施任务的各参与单位，分别进行不同层次和范围的建筑工程项目质量控制体系规划

（2）建立的程序

建筑工程项目质量控制体系的建立一般可按以下环节依次展开工作。

1）确立系统质量控制网络

首先明确系统各层面的工程质量控制负责人，一般应包括承担项目实施任务的项目经理（或工程负责人）、总工程师，项目监理机构的总监理工程师、专业监理工程师等，以形成明确的项目质量控制责任者的关系网络架构。

2）制定质量控制制度

质量控制制度包括质量控制例会制度、协调制度、报告审批制度、质量验收制度和质量信息管理制度等，应形成建筑工程项目质量控制体系的质量管理文件或手册，作为承担建筑工程项目实施任务的各方主体共同遵循的管理依据。

3）分析质量控制界面

建筑工程项目质量控制体系的质量责任界面包括静态界面和动态界面。一般来说，静态界面根据法律法规、合同条件、组织内部职能分工来确定。动态界面主要是指项目实施过程中设计单位之间、施工单位之间、设计单位与施工单位之间的衔接配合关系及其责任划分，必须通过分析研究，确定管理原则与协调方式。

4）编制质量控制计划

项目管理总组织者负责主持编制建筑工程项目总质量计划，并根据质量控制体系的要求，部署各质量责任主体编制与其承担任务相符合的质量计划，并按规定程序完成质量计划的审批，作为其实施自身工程质量控制的依据。

（3）建立质量控制体系的责任主体

根据建筑工程项目质量控制体系的性质、特点和结构，一般情况下，建筑工程项目质量控制体系应由建设单位或工程项目总承包企业的工程项目管理机构负责建立。在分阶段依次对勘察、设计、施工、安装等任务进行分别招标发包的情况下，该体系通常应由建设单位或其委托的工程项目管理企业负责建立，并由各承包企业根据项目质量控制体系的要求，建立隶属于总的建筑工程项目质量控制体系的设计项目质量保证体系、施工项目质量保证体系、采购供应项目质量保证体系等分质量保证体系（可称相应的质量控制子系统），以具体实施其质量责任范围内的质量管理和目标控制。

3. 建筑工程项目质量控制体系的运行

建筑工程项目质量控制体系的建立，为项目的质量控制提供了组织制度方面的保证。建筑工程项目质量控制体系的运行，实质上就是系统功能的发挥过程，也是质量活动职能和效果的控制过程。建筑工程项目质量控制体系要有效地运行，还有赖于系统内部的运行环境和运行机制的完善。

（1）运行环境

建筑工程项目质量控制体系的运行环境，主要是指以下几个方面为系统运行提供支持的管理关系、组织制度和资源配置的条件。

1）建筑工程项目的合同结构

建筑工程合同是联系建筑工程项目各参与方的纽带，只有在建筑工程项目合同结构合理、质量标准和责任条款明确，并严格进行履约管理的条件下，建筑工程项目质量控制体系的运行才能成为各方的自觉行动。

2）质量管理的资源配置

质量管理的资源配置包括专职的工程技术人员和质量管理人员的配置，实施技术管理和质量管理所必需的设备、设施、器具、软件等物质资源的配置。人员和资源的合理配置是质量控制体系得以运行的基础条件。

3）质量管理的组织制度

建筑工程项目质量控制体系内部的各项管理制度和程序性文件的建立，为质量控制体系各个环节的运行提供必要的行动指南、行为准则和评价基准的依据，是其系统有序运行的基本保证。

（2）运行机制

建筑工程项目质量控制体系的运行机制是由一系列质量管理制度安排所形成的内在动力。运行机制是质量控制体系的生命，机制缺陷是系统运行无序、失效和失控的重要原因。因此，在制定系统内部的管理制度时，必须予以高度的重视，防止重要管理制度的缺失、制度本身的缺陷、制度之间的矛盾等现象出现，这样才能为系统的运行注入动力机制、约束机制、反馈机制和持续改进机制。

1）动力机制

动力机制是建筑工程项目质量控制体系运行的核心机制，它来源于公正、公开、公平的竞争机制和利益机制的制度设计或安排。这是因为项目的实施过程是由多主体参与的价值增值链，只有保持合理的供方及分供方等各方关系，才能形成合力。

2）约束机制

没有约束机制的建筑工程项目质量控制体系是无法使工程质量处于受控状态

的。约束机制的约束能力取决于各质量责任主体内部的自我约束能力和外部的监控效力。约束能力表现为组织及个人的经营理念、质量意识、职业道德及技术能力的发挥；监控效力取决于项目实施主体外部对质量工作的推动和检查监督。两者相辅相成，构成了质量控制过程的制衡关系。

3）反馈机制

运行状态和结果的信息反馈，是对建筑工程项目质量控制体系的能力和运行效果进行评价，并为及时做出处置提供决策依据。因此，必须有相关的制度安排，保证质量信息反馈的及时和准确；坚持质量管理者深入生产第一线，掌握第一手资料，才能形成有效的质量信息反馈机制。

4）持续改进机制

在项目实施的各个阶段，不同的层面、不同的范围和不同的质量责任主体之间，应用PDCA循环原理，即计划、实施、检查和处置不断循环的方式展开质量控制，同时注重抓好控制点的设置，加强重点控制和例外控制，并不断寻求改进机会、研究改进措施，才能保证建筑工程项目质量控制体系的不断完善和持续改进，不断提高质量控制能力和控制水平。

第三节　建筑工程项目施工质量控制

一、施工质量控制的依据与基本环节

1．施工质量的基本要求

工程项目施工是实现项目设计意图形成工程实体的阶段，是最终形成项目质量和实现项目使用价值的阶段。项目施工质量控制是整个工程项目质量控制的关键和重点。

施工质量要达到的最基本要求是通过施工形成的项目工程实体质量经检查验收合格。

建筑工程项目施工质量验收合格应符合下列规定。

（1）符合工程勘察、设计文件的要求。

（2）符合《建筑工程施工质量验收统一标准》（GB 50300—2013）和相关专业验收规范的规定。

上述规定（1）是要符合勘察、设计单位对施工提出的要求。工程勘察、设计单位针对本工程的水文地质条件，根据建设单位的要求，从技术和经济结合的角度，

为满足工程的使用功能和安全性、经济性、与环境的协调性等要求，以图纸、文件的形式对施工提出的要求，是针对每个工程项目的个性化要求。

规定（2）是要符合国家法律、法规的要求。国家建设行政主管部门为了加强建筑工程质量管理、规范建筑工程施工质量的验收、保证工程质量，制定了相应的标准和规范。这些标准、规范主要是从技术的角度，为保证房屋建筑各专业工程的安全性、可靠性和耐久性而提出的一般性要求。

施工质量在合格的前提下，还应符合施工承包合同约定的要求。施工承包合同的约定具体体现了建设单位的要求和施工单位的承诺，合同的约定全面体现了对施工形成的工程实体的适用性、安全性、耐久性、可靠性、经济性以及与环境的协调性六个方面质量特性的要求。

为了达到上述要求，项目的建设单位、勘察单位、设计单位、施工单位、工程监理单位应切实履行法定的质量责任和义务，在整个施工阶段对影响项目质量的各项因素实行有效的控制，以保证项目实施过程的工作质量，进而保证项目工程实体的质量。

合格是对项目质量的最基本要求，国家鼓励采用先进的科学技术和管理方法，提高建设工程质量。全国和地方（部门）的建设行政主管部门或行业协会设立的中国建筑工程鲁班奖（国家优质工程）以及金钢奖、白玉兰奖、以“某某杯”命名的各种优质工程奖等，都是为了鼓励项目参建单位创造更好的工程质量。

2. 施工质量控制的依据

施工质量控制的依据，见表 13–6。

表 13–6　施工质量控制的依据

控制依据	主要内容
专业技术性依据	专业技术性依据是指针对不同的行业、不同质量控制对象制定的专业技术规范文件，包括规范、规程、标准、规定等，如《建筑工程质量检验评定标准》，有关建筑材料、半成品和构配件质量方面的专门技术法规性文件，有关材料验收、包装和标志等方面的技术标准和规定，施工工艺质量等方面的技术法规性文件，有关新工艺、新技术、新材料、新设备的质量规定和鉴定意见等
项目专用性依据	项目专用性依据是指项目的工程建设合同、勘察设计文件、设计交底及图纸会审记录、设计修改和技术变更通知，以及相关会议记录和工程联系单等
共同性依据	共同性依据是指适用于施工质量管理有关的、通用的、具有普遍指导意义和必须遵守的基本法规，主要包括国家和政府有关部门颁布的与工程质量管理有关的法律法规性文件，如《中华人民共和国建筑法》《中华人民共和国招标投标法》和《建设工程质量管理条例》等

3. 施工质量控制的基本环节

施工质量控制应贯彻全面、全过程、全员质量管理的思想，运用动态控制原理，进行事前质量控制、事中质量控制和事后质量控制。

（1）事前质量控制

事前质量控制即在正式施工前进行的事前主动质量控制，通过编制施工质量计划，明确质量目标，制定施工方案，设置质量管理点，落实质量责任，分析可能导致质量目标偏离的各种影响因素，针对这些影响因素制定有效的预防措施，防患于未然。

事前质量控制必须充分发挥组织的技术和管理方面的整体优势，把长期形成的先进技术、管理方法和经验智慧创造性地应用于工程项目中。事前质量控制要求针对质量控制对象的控制目标、活动条件、影响因素进行周密分析，找出薄弱环节，制定有效的控制措施和对策。

（2）事中质量控制

事中质量控制是指在施工质量形成过程中，对影响施工质量的各种因素进行全面的动态控制。事中质量控制也称作业活动过程质量控制，包括质量活动主体的自我控制和他人监控。自我控制是第一位的，即作业者在作业过程中对自己质量活动行为的约束和技术能力的发挥，以完成符合预定质量目标的作业任务；他人监控是对作业者的质量活动过程和结果，由来自企业内部管理者和企业外部有关方面进行监督检查，如工程监理机构、政府质量监督部门等。

施工质量的自控和他人监控是相辅相成的系统过程。自控主体的质量意识和能力是关键，是施工质量的决定因素；各监控主体所进行的施工质量监控是对自控行为的推动和约束。

因此，自控主体必须正确处理自控和监控的关系，在致力于施工质量自控的同时，还必须接受来自业主、监理单位等方面对其质量行为和结果所进行的监督管理，包括质量检查、评价和验收。自控主体不能因为监控主体的存在和监控职能的实施而减轻或免除其质量责任。

事中质量控制的目标是确保工序质量合格，杜绝质量事故发生；控制的关键是坚持质量标准；控制的重点是工序质量、工作质量和质量控制点。

（3）事后质量控制

事后质量控制也称为事后质量把关，以使不合格的工序或最终产品（包括单位工程或整个工程项目）不流入下道工序、不进入市场。事后质量控制包括对质量活动结果的评价、认定，对工序质量偏差的纠正，对不合格产品进行整改和处理。事后质量控制的重点是发现施工质量方面的缺陷，并通过分析提出施工质量改进的措施，保持质量处于受控状态。

以上三大环节不是互相孤立和截然分开的，它们共同构成有机的系统过程，实质上也就是质量管理 PDCA 循环的具体化，在每一次滚动循环中不断提高质量，达到质量管理和质量控制的持续改进。

二、施工质量计划的内容与编制方法

1. 施工质量计划的形式和内容

在建筑工程施工企业的质量管理体系中，以施工项目为对象的质量计划称为施工质量计划。

（1）施工质量计划的形式

目前，我国除了已经建立质量管理体系的施工企业直接采用施工质量计划的形式外，通常还采用在工程项目施工组织设计或施工项目管理实施规划中包含质量计划内容的形式，因此现行的施工质量计划有以下三种形式。

1）工程项目施工质量计划。

2）工程项目施工组织设计（含施工质量计划）。

3）施工项目管理实施规划（含施工质量计划）。

工程项目施工组织设计或施工项目管理实施规划之所以能发挥施工质量计划的作用，是因为根据建筑生产的技术经济特点，每个工程项目都需要进行施工生产过程的组织与计划，包括施工质量、进度、成本、安全等目标的设定，实现目标的计划和控制措施的安排等。因此，施工质量计划所要求的内容，理所当然地被包含于工程项目施工组织设计或施工项目管理实施规划中，而且能够充分体现施工项目管理目标（质量、工期、成本、安全）的关联性、制约性和整体性，这也和全面质量管理的思想方法相一致。

（2）施工质量计划的基本内容

在已经建立质量管理体系的情况下，质量计划的内容必须全面体现和落实企业质量管理体系文件的要求（也可引用质量体系文件中的相关条文），编制程序、内容和编制依据符合有关规定，同时结合工程的特点，在质量计划中编写专项管理要求。施工质量计划的基本内容一般应包括以下内容：

工程特点及施工条件（合同条件、法规条件和现场条件等）分析；质量总目标及其分解目标；质量管理组织机构和职责，人员及资源配置计划；确定施工工艺与操作方法的技术方案和施工组织方案；施工材料、设备等物资的质量管理及控制措施；施工质量检验、检测、试验工作的计划安排及其实施方法与检测标准；施工质量控制点及其跟踪控制的方式与要求；质量记录的要求等。

2. 施工质量计划的编制与审批

对于建筑工程项目施工任务的组织，无论业主方是采用平行发包模式还是总分包模式，都将涉及多方参与主体的质量责任。也就是说，建筑产品的直接生产过程是在协同方式下进行的。因此，在工程项目质量控制体系中，要按照“谁实施谁负责”的原则，明确施工质量控制的主体构成及其各自的控制范围。

（1）施工质量计划的编制主体

施工质量计划应由自控主体即施工承包企业进行编制。在平行发包模式下，各承包单位应分别编制施工质量计划；在总分包模式下，施工总承包单位应编制总承包工程范围的施工质量计划，各分包单位编制相应分包范围的施工质量计划，作为施工总承包方质量计划的深化和组成部分。施工总承包方有责任对各分包方施工质量计划的编制进行指导和审核，并承担相应施工质量的连带责任。

（2）施工质量计划涵盖的范围

施工质量计划涵盖的范围，按整个工程项目质量控制的要求，应与建筑安装工程施工任务的实施范围相一致，以此保证整个项目建筑安装工程的施工质量总体受控；对具体施工任务承包单位而言，施工质量计划涵盖的范围，应能满足其履行工程承包合同质量责任的要求。项目的施工质量计划，应在施工程序、控制组织、控制措施、控制方式等方面，形成一个有机的质量计划系统，确保实现项目质量总目标和各分解目标的控制能力。

（3）施工质量计划的审批

施工单位的工程项目施工质量计划或施工组织设计文件编成后，应按照工程施工管理程序进行审批，审批包括施工企业内部的审批和项目监理机构的审查。

1）施工企业内部的审批

施工单位的工程项目施工质量计划或施工组织设计文件的编制与内部审批，应根据企业质量管理程序性文件规定的权限和流程进行，通常是由项目经理部主持编制，报企业组织管理层批准。施工质量计划或施工组织设计文件的内部审批过程，是施工企业自主技术决策和管理决策的过程，也是发挥企业职能部门与施工项目管理团队的智慧和经验的过程。

2）项目监理机构的审查

对于实施工程监理的施工项目，按照我国建设工程监理规范的规定，施工承包单位必须在工程开工前填写施工组织设计 /（专项）施工方案报审表并附施工组织设计（含施工质量计划），报送项目监理机构审查。项目监理机构应审查施工单位报审的施工组织设计文件，符合要求时，应由总监理工程师签认后报建设单位。施工组织设计需要调整时，应按程序重新审查。

（4）审批关系的处理原则

正确执行施工质量计划的审批程序，是正确理解工程质量目标和要求，保证施工部署、技术工艺方案和组织管理措施的合理性、先进性和经济性的重要环节，也是进行施工质量事前预控的重要方法。因此，在执行审批程序时，必须正确处理施工企业内部审批和监理机构审查的关系，其基本原则如下。

1）充分发挥质量自控主体和监控主体的共同作用，在坚持项目质量标准和质量控制能力的前提下，正确处理承包人利益和项目利益的关系；施工企业内部的审批首先应从履行工程承包合同的角度，审查实现合同质量目标的合理性和可行性，以项目质量计划向发包方提供可信任的依据。

2）施工质量计划在审批过程中，对监理机构审查所提出的建议、希望、要求等是否采纳以及采纳的程度，应由负责质量计划编制的施工单位自主决策。在满足合同和相关法规要求的情况下，确定质量计划的调整、修改和优化，并对相应执行结果承担责任；经过按规定程序审查批准的施工质量计划，在实施过程中如因条件变化需要对某些重要决定进行修改时，其修改内容仍应按照相应程序经过审批后执行。

3. 质量控制点的设置与管理

质量控制点的设置是施工质量计划的重要组成内容。质量控制点是施工质量控制的重点对象。

（1）质量控制点的设置

质量控制点应选择那些技术要求高、施工难度大、对工程质量影响大或发生质量问题时危害大的对象。一般选择下列部位或环节作为质量控制点：

对工程质量形成过程产生直接影响的关键部位、工序、环节及隐蔽工程；施工过程中的薄弱环节，或者质量不稳定的工序、部位或对象；对下道工序有较大影响的上道工序；采用新技术、新工艺、新材料的部位或环节；施工质量无把握的、施工条件困难的或技术难度大的工序或环节；用户反馈指出的和过去有过返工的不良工序。

一般建筑工程项目质量控制点的设置可参考表13-7。

表13-7　一般建筑工程项目质量控制点的设置

分项工程	质量控制点
工程测量定位	标准轴线桩、水平桩、龙门板、定位轴线、标高
地基、基础（含设备基础）	基坑（槽）尺寸、标高、土质、地基承载力，基础垫层标高，基础的位置、尺寸、标高，预埋件、预留洞孔的位置、标高、规格、数量，基础杯口弹线
砌体	砌体轴线，皮数杆，砂浆配合比，预留洞孔、预埋件的位置、数量，砌块排列

续表

分项工程	质量控制点
模板	位置、标高、尺寸，预留洞孔的位置、尺寸，预埋件的位置，模板的承载力、刚度和稳定性，模板内部清理及隔离剂情况
钢筋混凝土	水泥品种、强度等级，砂石质量，混凝土配合比，外加剂比例，混凝土振捣，钢筋品种、规格、尺寸、搭接长度，钢筋焊接、机械连接，预留洞、孔及预埋件的规格、位置、尺寸、数量，预制构件吊装或出厂（脱模）强度、吊装位置、标高、支承长度、焊缝长度
吊装	吊装设备的起重能力、吊具、索具、地锚
钢结构	翻样图、放大样
焊接	焊接条件、焊接工艺
装修	视具体情况而定

（2）质量控制点的重点控制对象

质量控制点的选择要准确，还要根据对重要的质量特性进行重点控制的要求，要选择质量控制的重点部位、重点工序和重点的质量因素作为质量控制点的重点控制对象，进行重点预控和监控，从而有效地控制和保证施工质量。质量控制点的重点控制对象主要包括以下几个方面。

1）人的行为。某些操作或工序，应以人为重点控制对象，如高空、高温、水下、易燃易爆、重型构件吊装作业以及操作要求高的工序和技术难度大的工序等，都应从人的生理、心理、技术能力等方面进行控制。

2）材料的质量与性能。这是直接影响工程质量的重要因素，在某些工程中应作为控制的重点。例如，钢结构工程中使用的高强度螺栓、某些特殊焊接使用的焊条，都应重点控制其材质与性能。又例如，水泥的质量是直接影响混凝土工程质量的关键因素，施工中应对进场的水泥质量进行重点控制，必须检查核对其出厂合格证，并按要求进行强度和安定性的复验等。

3）施工方法与关键操作。某些直接影响工程质量的关键操作应作为控制的重点。例如，预应力钢筋的张拉工艺操作过程及张拉力的控制，是可靠地建立预应力值和保证预应力构件质量的关键过程。同时，那些易对工程质量产生重大影响的施工方法，也应列为控制的重点，如大模板施工中模板的稳定和组装问题、液压滑模施工时支撑杆的稳定问题、升板法施工中提升量的控制问题等。

4）施工技术参数与指标。混凝土的外加剂掺量、水胶比，回填土的含水量，砌体的砂浆饱满度，防水混凝土的抗渗等级，建筑物沉降与基坑边坡稳定监测数据，大体积混凝土内外温差及混凝土冬期施工受冻临界强度等技术参数都是应重点控制的施工技术参数与指标。

5）技术间歇。有些工序之间必须留有必要的技术间歇时间。例如，砌筑与抹灰之间，应在墙体砌筑后留 6 ~ 10 天时间，让墙体充分沉陷、稳定、干燥，然后抹灰，抹灰层干燥后，才能喷白、刷浆；混凝土浇筑与模板拆除之间，应保证混凝土有一定的硬化时间，达到规定拆模强度后方可拆除等。

6）施工顺序。某些工序之间必须严格控制先后的施工顺序，例如，对冷拉的钢筋应当先焊接后冷拉，否则会失去冷强；屋架的安装固定应采取对角同时施焊的方法，否则会由于焊接应力导致校正好的屋架发生倾斜。

7）易发生或常见的质量通病。例如，混凝土工程的蜂窝、麻面、空洞，墙、地面、屋面工程渗水、漏水、空鼓、起砂、裂缝等，都与工序操作有关，均应事先研究对策，提出预防措施。

8）新技术、新材料及新工艺的应用。由于缺乏经验，施工时应将其作为重点进行控制。

9）产品质量不稳定和不合格率较高的工序应列为重点，认真分析，严格控制。

10）特殊地基或特种结构。对于湿陷性黄土、膨胀土、红黏土等特殊土地基的处理，以及大跨度结构、高耸结构等技术难度较大的施工环节和重要部位，均应予以重视。

（3）质量控制点的管理

设定了质量控制点，质量控制的目标及工作重点就更加明晰。

首先，要做好质量控制点的事前质量控制工作，包括明确质量控制的目标与控制参数，编制作业指导书和质量控制措施、确定质量检查检验方式及抽样的数量与方法、明确检查结果的判断标准及质量记录与信息反馈要求等。

其次，要向施工作业班组进行认真交底，使每一个质量控制点上的作业人员明白施工作业规程及质量检验评定标准，掌握施工操作要领；在施工过程中，相关技术管理和质量控制人员要在现场进行重点指导和检查验收。

最后，要做好质量控制点的动态设置和动态跟踪管理。所谓动态设置，是指在工程开工前、设计交底和图纸会审时，可确定项目的一批质量控制点，随着工程的展开、施工条件的变化，随时或定期进行质量控制点的调整和更新。动态跟踪是指应用动态控制原理，落实专人负责跟踪和记录控制点质量控制的状态和效果，并及时向项目管理组织的高层管理者反馈质量控制信息，保持施工质量控制点处于受控状态。

对于危险性较大的分部分项工程或特殊施工过程，除按一般过程质量控制的规定执行外，还应由专业技术人员编制专项施工方案或作业指导书，经施工单位技术负责人、项目总监理工程师、建设单位项目负责人签字后执行。超过一定规模的危险性较大的分部分项工程，还要组织专家对专项方案进行论证。作业前施工员、技术员做好交底和记录，使操作人员在明确工艺标准、质量要求的基础上进行作业。为保证实现质量控制点的目标，应严格按照三级检查制度进行检查控制。在施工中发现质量控制点有异常时，应立即停止施工，召开分析会，查找原因，采取对策予以解决。

施工单位应积极主动地支持、配合监理工程师的工作，应根据现场工程监理机构的要求，对施工作业质量控制点按照不同的性质和管理要求，细分为见证点和待检点进行施工质量的监督和检查。凡属见证点的施工作业，如重要部位、特种作业、专门工艺等，施工方必须在该项作业开始前，书面通知现场监理机构到位旁站，见证施工作业过程；凡属待检点的施工作业，如隐蔽工程等，施工方必须在完成施工质量自检的基础上，提前通知项目监理机构进行检查验收，然后才能进行工程隐蔽或下道工序的施工。未经过项目监理机构检查验收合格，不得进行工程隐蔽或下道工序的施工。

三、施工生产要素的质量控制

施工生产要素是施工质量形成的物质基础，其质量的含义包括：作为劳动主体的施工人员，即直接参与施工的管理者、作业者的素质及其组织效果；作为劳动对象的建筑材料、半成品、工程用品、设备等的质量；作力劳动方法的施工工艺及技术措施的水平；作为劳动手段的施工机械、设备、工具、模具等的技术性能；施工环境——现场水文、地质、气象等自然环境，通风、照明、安全等作业环境以及协调配合的管理环境。

1. 施工人员的质量控制

施工人员的质量包括参与工程施工各类人员的施工技能、文化素养、生理体能、心理行为等方面的个体素质，以及经过合理组织和激励发挥个体潜能综合形成的群体素质。因此，企业应通过择优录用、加强思想教育及技能方面的教育培训，合理组织、严格考核，并辅以必要的激励机制，使企业员工的潜在能力得到充分的发挥和实现最好的组合，使施工人员在质量控制体系中发挥主体自控作用。

施工企业必须坚持执业资格注册制度和作业人员持证上岗制度；对所选派的施工项目领导者、组织者进行教育和培训，使其质量意识和组织管理能力能满足施工质量控制的要求；对所属施工队伍进行全员培训，加强质量意识的教育和技术训练，提高每个作业者的质量活动能力和自主能力；对分包单位进行严格的资质考核，对施工人员进行资格考核，其资质、资格必须符合相关法规的规定，与其分包的工程相适应。

2. 材料设备的质量控制

原材料、半成品及工程设备是工程实体的构成部分，其质量是项目工程实体质量的基础。加强原材料、半成品及工程设备的质量控制，既是提高工程质量的必要条件，也是实现工程项目投资目标和进度目标的前提。

对原材料、半成品及工程设备进行质量控制的主要内容为：控制材料、设备的性能、标准、技术参数与设计文件的相符性；控制材料、设备各项技术性能指标、检验测试指标与标准规范要求的相符性；控制材料、设备进场验收程序的正确性及质量文件资料的完备性；优先采用节能低碳的新型建筑材料和设备，禁止使用国家明令禁用或淘汰的建筑材料和设备等。

施工单位应在施工过程中贯彻执行企业质量程序文件中关于材料和设备封样、采购、进场检验、抽样检测及质保资料提交等方面明确规定的一系列控制标准。

3. 工艺方案的质量控制

施工工艺的先进合理性是直接影响工程质量、工程进度及工程造价的关键因素，也直接影响到工程施工安全。因此，在工程项目质量控制体系中，制定和采用技术先进、经济合理、安全可靠的施工技术工艺方案，是工程质量控制的重要环节。对施工工艺方案的质量控制主要包括以下内容：

深入正确地分析工程特征、技术关键点及环境条件等资料，明确质量目标、验收标准、控制的重点和难点；制定合理有效的有针对性的施工技术方案和组织方案。前者包括施工工艺、施工方法，后者包括施工区段划分、施工流向及劳动组织等；合理选用施工机械设备和设置施工临时设施，合理布置施工总平面图和各阶段施工平面图；选用和设计保证质量和安全的模具、脚手架等施工设备；编制工程所采用的新材料、新技术、新工艺的专项技术方案和质量管理方案；针对工程具体情况，分析气象、地质等环境因素对施工的影响，制定应对措施。

4. 施工机械的质量控制

施工机械是指施工过程中使用的各类机械设备，包括起重运输设备、人货两用电梯、加工机械、操作工具、测量仪器、计量器具以及专用工具和施工安全设施等。施工机械是所有施工方案和工法得以实施的重要物质基础，合理选择和正确使用施工机械是保证施工质量的重要措施。

（1）对施工所用的机械设备，应根据工程需要从设备选型、主要性能参数及使用操作要求等方面加以控制，使其符合安全、适用、经济、可靠、节能和环保等方面的要求。

（2）对施工中使用的模具、脚手架等施工设备，除可按适用的标准定型选用之外，一般需按设计及施工要求进行专项设计，对其设计方案及制作质量的控制和验收应作为重点进行控制。

（3）按现行施工管理制度要求，工程所用的施工机械、模板、脚手架，特别是危险性较大的现场安装的起重机械设备，不仅要对其设计安装方案进行审批，而且在安装完毕交付使用前必须经专业管理部门的验收，合格后方可使用。同时，在使用过程中尚需落实相应的管理制度，以确保其安全正常使用。

5．环境因素的控制

环境因素主要包括施工现场自然环境因素、施工质量管理环境因素和施工作业环境环境因素。环境因素对工程质量的影响，具有复杂多变和不确定性的特点，具有明显的风险特性。要减少其对施工质量的不利影响，主要是采取预测预防的风险控制方法。

（1）对施工现场自然环境因素的控制

对地质、水文等方面的影响因素，应根据设计要求，分析工程岩土地质资料，预测不利因素，并会同设计等方面制定相应的措施，采取如基坑降水、排水、加固围护等技术控制方案。对天气气象方面的影响因素，应在施工方案中制定专项紧急预案，明确在不利条件下的施工措施，落实人员、器材等方面的准备，加强施工过程中的监控与预警。

（2）对施工质量管理环境因素的控制

施工质量管理环境因素主要是指施工单位质量保证体系、质量管理制度和各参建施工单位之间的协调等因素。要根据工程承发包的合同结构，理顺管理关系，建立统一的现场施工组织系统和质量管理的综合运行机制，确保质量保证体系处于良好的状态，创造良好的质量管理环境和氛围，使施工顺利进行，保证施工质量。

（3）对施工作业环境因素的控制

施工作业环境因素主要是指施工现场的给水排水条件，各种能源介质供应，施工照明、通风、安全防护设施，施工场地空间条件和通道，以及交通运输和道路条件等因素。要认真实施经过审批的施工组织设计和施工方案，落实保证措施，严格执行相关管理制度和施工纪律，保证上述环境条件良好，使施工顺利进行，施工质量得到保证。

四、施工准备的质量控制

1．施工技术准备工作的质量控制

施工技术准备是指在正式开展施工作业活动前进行的技术准备工作。这类工作内容繁多，主要在室内进行，例如熟悉施工图纸，组织设计交底和图纸审查；进行工程项目检查验收的项目划分和编号；审核相关质量文件，细化施工技术方案和施工人员、机具的配置方案，编制施工作业技术指导书，绘制各种施工详图（如测量放线图，大样图，配筋、配板、配线图表等），进行必要的技术交底和技术培训。施工技术准备工作出错，必然影响施工进度和作业质量，甚至直接导致质量事故。

施工技术准备工作的质量控制，包括对上述技术准备工作成果的复核审查，检查这些成果是否符合设计图纸和施工技术标准的要求；根据经过审批的质量计划审查、完善施工质量控制措施；针对质量控制点，明确质量控制的重点对象和控制方法；尽可能地提高上述工作成果对施工质量的保证程度等。

2．现场施工准备工作的质量控制

现场施工准备工作的质量控制，见表 13–8。

表 13–8　现场施工准备工作的质量控制

控制项目	主要内容
计量控制	施工过程中的计量，包括投料计量、施工测量、监测计量，以及对项目、产品或过程的测试、检验、分析计量等。开工前，要建立和完善施工现场计量管理的规章制度；明确计量控制责任者和配置必要的计量人员；严格按规定对计量器具进行维修和校验；统一计量单位，组织量值传递，保证量值统一，从而保证施工过程中计量的准确
测量控制	工程测量放线是建筑工程产品由设计转化为实物的第一步。施工测量的质量直接决定工程的定位和标高，并且制约施工过程有关工序的质量。因此，施工单位在开工前应编制测量控制方案，经项目技术负责人批准后实施。要对建设单位提供的原始坐标点、基准线和水准点等测量控制点线进行复测，并将复测结果上报监理工程师审核，批准后施工单位才能建立施工测量控制网，进行工程定位和标高基准的控制
施工平面布置图控制	建设单位应按照合同约定并充分考虑施工的实际需要，事先划定并提供施工用地和现场临时设施用地的范围，协调平衡和审查批准各施工单位的施工平面设计。施工单位要严格按照批准的施工平面布置图，科学合理地使用施工场地，正确安装设置施工机械设备和其他临时设施，维护现场施工道路畅通无阻和通信设施完好，合理控制材料的进场与堆放，保持良好的防洪排水能力，保证充分的给水和供电。建设（监理）单位应会同施工单位制定严格的施工场地管理制度、施工纪律和相应的奖惩措施，严禁乱占场地和擅自断水、断电、断路，及时制止和处理各种违纪行为，并做好施工现场的质量检查记录

3．工程质量检查验收的项目划分

一个建筑工程项目从施工准备开始到竣工交付使用，要经过若干工序、工种的配合施工。施工质量取决于各个施工工序、工种的管理水平和操作质量。因此，为了便于控制、检查、评定和监督每个工序和工种的工作质量，就要把整个项目逐级划分为若干个子项目，并分级进行编号，在施工过程中据此来进行质量控制和检查验收。这是进行施工质量控制的一项重要准备工作，应在项目施工开始之前进行。

项目划分越合理、明细，越有利于分清质量责任，便于施工人员进行质量自控和检查监督人员检查验收，也有利于质量记录等资料的填写、整理和归档。

根据《建筑工程施工质量验收统一标准》（GB 50300—2013）的规定，建筑工程施工质量验收应划分为单位工程、分部工程、分项工程和检验批。

（1）单位工程的划分应按下列原则确定：

具备独立施工条件并能形成独立使用功能的建筑物及构筑物为一个单位工程；对于建筑规模较大的单位工程，可将其能形成独立使用功能的部分划分为一个子单位工程。

（2）分部工程的划分应按下列原则确定：

可按专业性质、工程部位确定。例如，一般的建筑工程可划分为地基与基础、主体结构、建筑装饰装修、建筑屋面、建筑给水排水及供暖、建筑电气、智能建筑、通风与空调、建筑节能、电梯等分部工程；当分部工程较大或较复杂时，可按材料种类、施工特点、施工程序、专业系统及类别等划分为若干子分部工程。

（3）分项工程可按主要工种、材料、施工工艺、设备类别等进行划分。

（4）检验批可根据施工质量控制和专业验收需要，按工程量、楼层、施工段、变形缝等进行划分。

（5）建筑工程的分部分项工程划分宜按《建筑工程施工质量验收统一标准》附录 B 进行。

（6）室外工程可根据专业类别和工程规模按《建筑工程施工质量验收统一标准》附录 C 的规定划分单位工程、分部工程。

五、施工过程的质量控制

施工过程的质量控制是在工程项目质量实际形成过程中的事中质量控制。

建筑工程项目施工是由一系列相互关联、相互制约的作业过程（工序）构成的，因此施工质量控制，必须对全部作业过程，即各道工序的作业质量持续进行控制。从项目管理的立场看，工序作业质量的控制，首先是质量生产者即作业者的自控，在施工生产要素合格的条件下，作业者能力及其发挥的状况是决定作业质量的关键。其次是来自作业者外部的各种作业质量检查、验收和对质量行为的监督，也是不可缺少的设防和把关的管理措施。

工序是人、材料、机械设备、施工方法和环境因素对工程质量综合起作用的过程，所以对施工过程的质量控制，必须以工序作业质量控制为基础和核心。因此，工序的质量控制是施工阶段质量控制的重点。只有严格控制工序质量，才能确保施工项目的实体质量。工序施工质量控制主要包括工序施工条件质量控制和工序施工效果质量控制。

工序施工条件是指从事工序活动的各生产要素质量及生产环境条件。工序施工条件控制就是控制工序活动的各种投入要素质量和环境条件质量，控制的手段主要有检查、测试、试验、跟踪监督等，控制的依据主要是设计质量标准、材料质量标准、机械设备技术性能标准、施工工艺标准以及操作规程等。

工序施工效果是工序产品的质量特征和特性指标的反映。对工序施工效果的控制就是控制工序产品的质量特征和特性指标，使其达到设计质量标准以及施工质量验收标准的要求。工序施工效果控制属于事后质量控制。其控制的主要途径是由实测获取数据、由统计分析获取数据、判断认定质量等级和纠正质量偏差。

按有关施工验收规范规定，下列工序质量必须进行现场质量检测，合格后才能进行下道工序。

1. 地基基础工程

（1）地基及复合地基承载力检测

对灰土地基、砂和砂石地基、土工合成材料地基、粉煤灰地基、强夯地基、注浆地基、预压地基，其竣工后的结果（地基强度或承载力）必须达到设计要求的标准。检验数量为：每单位工程不应少于 3 点；1000m^2 以上工程，每 100m^2 至少应有 1 点；3000m^2 以上工程，每 300m^2 至少应有 1 点；每一独立基础下至少应有 1 点，基槽每 20 延米应有 1 点。

对水泥土搅拌桩复合地基、高压喷射注浆桩复合地基、砂桩地基、振冲桩复合地基、土和灰土挤密桩复合地基、水泥粉煤灰碎石桩复合地基及夯实水泥土桩复合地基，其承载力检验数量为总数的 0.5% ~ 1%，但不应小于 3 处。有单桩强度检验要求时，检验数量为总数的 0.5% ~ 1%，但不应少于 3 根。

（2）工程桩的承载力检测

对于地基基础设计等级为甲级或地质条件复杂、成桩质量可靠性低的灌注桩，应采用静载荷试验的方法进行检验，检验桩数不应少于总数的 1%，且不应少于 3 根；当总桩数少于 50 根时，不应少于 2 根。

设计等级为甲级、乙级的桩基或地质条件复杂、桩施工质量可靠性低、本地区采用的新桩型或新工艺的桩基应进行桩的承载力检验，检验数量在同一条件下不应少于 3 根，且不宜少于总桩数的 1%。

（3）桩身质量检验

对设计等级为甲级或地质条件复杂、成桩质量可靠性低的灌注桩，抽检数量不应少于总数的 30%，且不应少于 20 根；其他桩基工程的抽检数量不应少于总数的 20%，且不应少于 10 根；对混凝土预制桩及地下水位以上且终孔后经过核验的灌注桩，检验数量不应少于总桩数的 10%，且不得少于 10 根。每个柱子承台下不得少于 1 根。

2. 主体结构工程

（1）混凝土、砂浆、砌体强度现场检测

检测同一强度等级、同条件养护的试块强度，以此检测结果代表工程实体的结构强度。

混凝土：按统计方法评定混凝土强度的基本条件是，同一强度等级、同条件养护试件的留置数量不宜少于10组；按非统计方法评定混凝土强度时，留置数量不应少于3组。

砂浆抽检数量：每一检验批且不超过250m^3砌体的各种类型及强度等级的砌筑砂浆，每台搅拌机应至少抽检一次。

砌体：普通砖15万块、多孔砖5万块、灰砂砖及粉煤灰砖10万块各为一检验批，抽检数量为一组。

（2）钢筋保护层厚度检测

钢筋保护层厚度检测的结构部位，应由监理（建设）单位、施工单位等各方根据结构构件的重要性共同选定。

对梁类、板类构件，应各抽取构件数量的2%且不少于5个构件进行检验。

（3）混凝土预制构件结构性能检测

对成批生产的构件，应按同一工艺正常生产的不超过1000件且不超过3个月的同类型产品为一批。在每批中应随机抽取一个构件作为试件进行检验。

3. 建筑幕墙工程

建筑幕墙工程检测内容包括：铝塑复合板的剥离强度检测；石材的弯曲强度，室内用花岗石的放射性检测；玻璃幕墙用结构胶的邵氏硬度、标准条件拉伸黏结强度、相容性试验；石材用结构胶黏结强度及石材用密封胶的污染性检测；建筑幕墙的气密性、水密性、风压变形性能、层间变位性能检测；硅酮结构胶相容性检测。

4. 钢结构及管道工程

钢结构及管道工程检测内容包括钢结构及钢管焊接质量无损检测：对有无损检验要求的焊缝，竣工图上应标明焊缝编号、无损检验方法、局部无损检验焊缝的位置、底片编号、热处理焊缝位置及编号、焊缝补焊位置及施焊焊工代号；焊缝施焊记录及检查、检验记录应符合相关标准的规定；钢结构、钢管防腐及防火涂装检测；钢结构节点、机械连接用紧固标准件及高强度螺栓力学性能检测。

六、施工作业质量的自控

1. 施工作业质量自控的意义

施工作业质量的自控，从经营的层面上说，强调的是作为建筑产品生产者和经营者的施工企业，应全面履行企业的质量责任，向顾客提供质量合格的工程产品；从生产的过程来说，强调的是施工作业者的岗位质量责任，向后道工序提供合格的作业成果（中间产品）。因此，施工方是施工阶段质量自控主体。施工方不能因为监控主体的存在和监控责任的实施而减轻或免除其质量责任。《中华人民共和国建筑法》和《建设工程质量管理条例》规定：施工单位对建设工程的施工质量负责；施工单位必须按照工程设计要求、施工技术标准和合同的约定，对建筑材料、建筑构配件和设备进行检验，不合格的不得使用。

施工方作为工程施工质量的自控主体，既要遵循本企业质量管理体系的要求，也要根据其在所承建的工程项目质量控制体系中的地位和责任，通过具体项目质量计划的编制与实施，有效地实现施工质量的自控目标。

2. 施工作业质量自控的程序

施工作业质量的自控过程是由施工作业组织的成员进行的，其基本的控制程序包括施工作业技术的交底、施工作业活动的实施和施工作业质量的检验以及专职管理人员的质量检查等。

（1）施工作业技术的交底

技术交底是施工组织设计和施工方案的具体化，施工作业技术交底的内容必须具有可行性和可操作性。

从项目的施工组织设计到分部分项工程的作业计划，在实施之前都必须逐级进行交底，其目的是使管理者的计划和决策意图为实施人员所理解。施工作业技术交底是最基层的技术和管理交底活动。施工总承包方和工程监理机构都要对施工作业技术交底进行监督。施工作业技术交底的内容包括作业范围、施工依据、作业程序、技术标准和要领、质量目标，以及其他与安全、进度、成本、环境等目标管理有关的要求和注意事项。

（2）施工作业活动的实施

施工作业活动是由一系列工序组成的。为了保证工序质量的受控，首先要对作业条件进行再确认，即按照作业计划检查作业准备状态是否落实到位，其中包括对施工程序和作业工艺顺序的检查确认，在此基础上，严格按作业计划的程序、步骤和质量要求展开工序作业活动。

（3）施工作业质量的检验

施工作业质量的检验，是贯穿整个施工过程的最基本的质量控制活动，包括施工单位内部的工序作业质量自检、互检、专检和交接检查，以及现场监理机构的旁站检查、平行检验等。施工作业质量检验是施工质量验收的基础，已完检验批及分部分项工程的施工质量必须在施工单位完成质量自检并确认合格之后，才能报请现场监理机构进行检查验收。

前道工序作业质量经验收合格后，才可进入下道工序施工。未经验收合格的工序，不得进入下道工序施工。

3．施工作业质量自控的要求

工序作业质量是直接形成工程质量的基础，为达到对工序作业质量控制的效果，在加强工序管理和质量目标控制方面应坚持以下要求（见表 13–9）。

表 13–9　施工作业质量自控的要求

要求	主要内容
预防为主	严格按照施工质量计划的要求，进行各分部分项施工作业的部署。同时，根据施工作业的内容、范围和特点，制订施工作业计划，明确作业质量目标和作业技术要领，认真进行作业技术交底，落实各项作业技术组织措施
重点控制	在施工作业计划中，一方面要认真贯彻实施施工质量计划中的质量控制点的控制措施；另一方面要根据作业活动的实际需要，进一步建立工序作业控制点，深化工序作业的重点控制
坚持标准	工序作业人员对工序作业过程应严格进行质量自检，通过自检不断改善作业，并创造条件开展作业质量互检，通过互检加强技术与经验的交流。对已完工序作业产品，即检验批或分部分项工程，应严格坚持质量标准。对不合格的施工作业质量，不得进行验收签证，必须按照规定的程序进行处理。《建筑工程施工质量验收统一标准》（GB 50300—2013）及配套使用的专业质量验收规范，是施工作业质量自控的合格标准。有条件的施工企业或项目经理部应结合自己的条件编制高于国家标准的企业内控标准或工程项目内控标准，或采用施工承包合同明确规定的更高标准，将其列入质量计划中，努力提升工程质量水平
记录完整	施工图纸、质量计划、作业指导书、材料质保书、检验试验及检测报告、质量验收记录等，是形成可追溯性质量保证的依据，也是工程竣工验收所不可缺少的质量控制资料。因此，对工序作业质量，应有计划、有步骤地按照施工管理规范的要求进行填写记录，做到及时、准确、完整、有效，并具有可追溯性

4．施工作业质量自控的制度

根据实践经验的总结，施工作业质量自控的有效制度有：①质量自检制度；②质量例会制度；③质量会诊制度；④质量样板制度；⑤质量挂牌制度；⑥每月质量讲评制度等。

七、施工作业质量的监控

1．施工作业质量的监控主体

为了保证项目质量，建设单位、监理单位、设计单位及政府的工程质量监督部门，在施工阶段根据法律法规和工程施工承包合同，对施工单位的质量行为和项目实体质量实施监督控制。

设计单位应当就审查合格的施工图纸设计文件向施工单位做出详细说明；应当参与建筑工程项目质量事故分析，并对因设计造成的质量事故提出相应的技术处理方案。建设单位在领取施工许可证或者开工报告前，应当按照国家有关规定办理工程质量监督手续。

作为监控主体之一的项目监理机构，在施工作业实施过程中，根据其监理规划与实施细则，采取现场旁站、巡视、平行检验等形式，对施工作业质量进行监督检查，如发现工程施工不符合工程设计要求、施工技术标准和合同约定，有权要求施工单位改正。监理机构应进行检查而没有检查或没有按规定进行检查，给建设单位造成损失时，监理机构应承担赔偿责任。

必须强调，施工质量的自控主体和监控主体在施工全过程相互依存、各尽其责，共同推动着施工质量控制过程的展开和最终实现工程项目的质量总目标。

2. 现场质量检查

现场质量检查是施工作业质量监控的主要手段。

（1）现场质量检查的内容

现场质量检查的内容，见表 13-10。

表 13-10　现场质量检查的内容

检测项目	主要内容
开工前的检查	主要检查是否具备开工条件、开工后能否保持连续正常施工、能否保证工程质量
工序交接检查	对于重要的工序或对工程质量有重大影响的工序，应严格执行“三检”制度（即自检、互检、专检），未经监理工程师（或建设单位本项目技术负责人）检查认可，不得进行下道工序施工
隐蔽工程的检查	施工中凡是隐蔽工程，必须检查认证后方可进行隐蔽掩盖
停工后复工的检查	因客观因素停工或处理质量事故等停工，经检查认可后方能复工
分项分部工程完工后的检查	应经检查认可，并签署验收记录后，才能进行下一工程的施工
成品保护的检查	检查成品有无保护措施以及保护措施是否有效可靠

（2）现场质量检查的方法

1）目测法

目测法即凭借感官进行检查，也称观感质量检验法。其手段可概括为

"看""摸""敲""照"四个字（见表 13-11）。

表 13-11　目测法的手段

手段	内容
看	根据质量标准要求进行外观检查。例如，检查清水墙面是否洁净，喷涂的密实度和颜色是否良好，工人的操作是否正常，内墙抹灰的大面及口角是否平直，混凝土外观是否符合要求等
摸	通过触摸进行检查、鉴别。例如，检查油漆的光滑度是否良好，刷浆是否牢固、不掉粉等
敲	运用敲击工具进行音感检查。对地面工程、装饰工程中的水磨石、面砖、石材饰面等，均应进行敲击检查
照	通过人工光源或反射光照射，检查难以看到或光线较暗的部位。例如，检查管道井、电梯井等内部管线、设备安装质量，装饰吊顶内连接及设备安装质量等

2）实测法

实测法就是通过实测数据与施工规范、质量标准的要求及允许偏差值进行对照，以此判断质量是否符合要求、其手段可概括为"靠""量""吊""套"四个字（见表 13-12）。

表 13-12　实测法的手段

手段	主要内容
靠	用直尺、塞尺检查墙面、地面、路面等的平整度
量	用测量工具和计量仪表等检查断面尺寸、轴线、标高、湿度、温度等的偏差，如大理石板拼缝尺寸，摊铺沥青拌和料的温度，混凝土坍落度的检测等
吊	利用托线板以及线坠吊线检查垂直度，如砌体的垂直度检查、门窗的安装质量检查等
套	以方尺套方，辅以塞尺检查。例如，对阴阳角的方正、踢脚线的垂直度、预制构件的方正、门窗口及构件的对角线进行检查等

3）试验法

试验法是指通过必要的试验手段对质量进行判断的检查方法，主要包括以下内容：

理化试验。工程中常用的理化试验包括物理力学性能方面的检验和化学成分及化学性能的测定两个方面。物理力学性能方面的检验包括各种力学指标的测定，如抗拉强度、抗压强度、抗弯强度、抗折强度、冲击韧性、硬度、承载力的测度等，以及各种物理性能方面的测定，如密度、含水量、凝结时间、安定性及抗渗、耐磨、耐热性能的测度等。化学成分及化学性质的测定包括钢筋中的磷、硫含量，混凝土中粗骨料中的活性氧化硅成分，以及耐酸、耐碱、抗腐蚀性的测度等。此外，根据规定有时还需进行现场试验，如对桩或地基的静载试验、下水管道的通水试验、压力管道的耐压试验、防水层的蓄水或淋水试验等。

无损检测。无损检测是指利用专门的仪器仪表从表面探测结构物、材料、设备的内部组织结构或损伤情况。常用的无损检测方法有超声波探伤、X射线探伤、γ射线探伤等。

3. 技术核定与见证取样送检

（1）技术核定

在建筑工程项目施工过程中，因施工方对施工图纸的某些要求不甚明白，或图纸内部存在某些矛盾，或工程材料调整与代用，改变建筑节点构造、管线位置或走向等，需要通过设计单位明确或确认的，施工方必须以技术核定单的方式向监理工程师提出，报送设计单位核准确认。

（2）见证取样送检

为了保证建筑工程项目的质量，我国规定对项目所使用的主要材料、半成品、构配件以及施工过程留置的试块、试件等应实行现场见证取样送检。见证人员由建设单位及工程监理机构中有相关专业知识的人员担任；送检的试验室应具备经国家或地方工程检验检测主管部门核准的相关资质；见证取样送检必须严格按规定的程序进行，包括取样见证并记录、样本编号、填单、封箱、送试验室、核对、交接、试验检测、报告等。

检测机构应当建立档案管理制度。检测合同、委托单、原始记录、检测报告应当按年度统一编号，编号应当连续，不得随意抽撤、涂改。

4. 隐蔽工程验收与施工成品质量保护

（1）隐蔽工程验收

凡被后续施工所覆盖的施工内容，如地基基础工程、钢筋工程、预埋管线工程等均属隐蔽工程。加强隐蔽工程质量验收，是施工质量控制的重要环节。其程序要求施工方首先应完成自检并合格，然后填写专用的隐蔽工程验收单。验收单所列的验收内容应与已完的隐蔽工程实物相一致，并事先通知监理机构及有关方面，按约定时间进行验收。验收合格的隐蔽工程由各方共同签署验收记录；验收不合格的隐蔽工程，应按验收整改意见进行整改后重新验收。严格隐蔽工程验收的程序和记录，对于预防工程质量隐患、提供可追溯质量记录具有重要作用。

（2）施工成品质量保护

建筑工程项目已完施工成品的保护，目的是避免已完施工成品受到来自后续施工以及其他方面的污染或损坏。已完施工成品的保护问题和相应措施，在工程施工组织设计与计划阶段就应该从施工顺序上进行考虑，防止施工顺序不当或交叉作业造成相互干扰、污染和损坏；成品形成后可采取防护、覆盖、封闭、包裹等相应措施进行保护。

八、施工质量与设计质量的协调

建筑工程项目施工是按照工程设计图纸（施工图）进行的，施工质量离不开设计质量，优良的施工质量要靠优良的设计质量和周到的设计现场服务来保证。

1. 项目设计质量的控制

要保证施工质量，首先要控制设计质量。项目设计质量的控制，主要是从满足项目建设需求入手，包括国家相关法律法规、强制性标准和合同规定的明确需求以及潜在需求，以使用功能和安全可靠性为核心，进行下列设计质量的综合控制。

（1）项目功能性质量控制

项目功能性质量控制的目的是保证建筑工程项目使用功能的符合性，其内容包括项目内部的平面空间组织、生产工艺流程组织，如满足使用功能的建筑面积分配以及宽度、高度、净空、通风、保暖、日照等物理指标和节能、环保、低碳等方面的符合性要求。

（2）项目可靠性质量控制

项目可靠性质量控制主要是指建筑工程项目建成后，在规定的使用年限和正常的使用条件下，保证使用安全和建筑物、构筑物及其设备系统性能稳定、可靠。

（3）项目观感性质量控制

对于建筑工程项目，项目观感性质量主要是指建筑物的总体格调、外部形体及内部空间观感效果，整体环境的适宜性、协调性，文化内涵的韵味及其魅力等的体现。道路、桥梁等基础设施工程同样也有其独特的构型格调、观感效果及其环境适宜的要求。

（4）项目经济性质量控制

建筑工程项目设计经济性质量是指不同设计方案的选择对建设投资的影响。设计经济性质量控制的目的在于强调设计过程的多方案比较，通过价值工程、优化设计，不断提高建筑工程项目的性价比。在满足项目投资目标要求的条件下，做到经济高效，防止浪费。

（5）项目施工可行性质量控制

任何设计意图都要通过施工来实现，设计意图不能脱离现实的施工技术和装备水平，否则设计意图再好也无法实现。设计一定要充分考虑施工的可行性，并尽量做到方便施工，这样施工才能顺利进行，保证项目施工质量。

2. 施工与设计的协调

从项目施工质量控制的角度来说，项目建设单位、施工单位和监理单位都要注重施工与设计的相互协调。这项协调工作主要包括以下几个方面。

（1）设计联络

项目建设单位或监理单位应组织施工单位到设计单位进行设计联络，其主要任务如下。

1）了解设计意图、设计内容和特殊技术要求，分析其中的施工重点和难点，以便有针对性地编制施工组织设计，及早做好施工准备；对于以现有的施工技术和装备水平实施有困难的设计，要及时提出意见，协商修改设计，或者探讨通过技术攻关提高技术装备水平来实施的可能性，同时向设计单位介绍和推荐先进的施工新技术、新工艺和新工法，争取通过适当的设计，使这些新技术、新工艺和新工法在施工中得到应用。

2）了解设计进度，根据项目进度控制总目标、施工工艺顺序和施工进度安排，提出设计出图的时间和顺序要求，对设计和施工进度进行协调，使施工得以连续顺利进行。

3）从施工质量控制的角度提出合理化建议，优化设计，为保证和提高施工质量创造更好的条件。

（2）设计交底和图纸会审

建设单位和监理单位应组织设计单位向所有的施工实施单位进行详细的设计交底，使实施单位充分理解设计意图，了解设计内容和技术要求，明确质量控制的重点和难点；同时认真地进行图纸会审，深入发现和解决各专业设计之间可能存在的矛盾，消除施工图的差错。

（3）设计现场服务和技术核定

建设单位和监理单位应要求设计单位派出得力的设计人员到施工现场进行设计服务，解决施工中发现和提出的与设计有关的问题，及时做好相关设计核定工作。

（4）设计变更

在施工期间无论是建设单位、设计单位还是施工单位提出需要进行局部设计变更的内容，都必须按照规定的程序，先将变更意图或请求报送监理工程师审查，经设计单位审核认可并签发设计变更通知书后，再由监理工程师下达变更指令。

第四节　建筑工程项目质量改进和质量事故处理

一、建筑工程项目质量改进

施工项目应利用质量方针、质量目标定期分析和评价项目管理状况，识别质量持续改进区域，确定改进目标，实施选定的解决办法，提高质量管理体系的有效性。

1. 改进的步骤

改进的步骤包括：①分析和评价现状，以识别改进的区域；②确定改进目标；③寻找可能的解决办法以实现这些目标；④评价这些解决办法并做出选择；⑤实施选定的解决办法；⑥测量、验证、分析和评价实施的结果以确定这些目标已经实现；⑦正式采纳更正（形成正式的规定）；⑧必要时，对结果进行评审，以确定进一步改进的机会。

2. 改进的方法

改进的方法包括：①通过建立和实施质量目标，营造一个激励改进的氛围和环境；②确立质量目标以明确改进方向；③通过数据分析、内部审核不断寻求改进的机会，并做出适当的改进活动安排；④通过纠正和预防措施及其他适用的措施实现改进；⑤在管理评审中评价改进效果，确定新的改进目标和改进的决定。

3. 改进的内容

持续改进的范围包括质量体系、过程和产品三个方面，改进的内容涉及产品质量、日常的工作和企业长远的目标，不仅不合格现象必须纠正，目前合格但不符合发展需要的也要不断改进。

二、质量事故的概念和分类

1. 质量事故的概念

（1）质量不合格

根据我国质量管理体系标准的规定，凡工程产品没有满足某个规定的要求，就称为质量不合格；而没有满足某个预期使用要求或合理的期望（包括安全性方面）要求，就称为质量缺陷。

（2）质量问题

凡是质量不合格的工程必须进行返修、加固或报废处理，由此造成直接经济损失低于 5000 元的称为质量问题。

（3）质量事故

凡是质量不合格的工程，必须进行返修、加固或报废处理，由此造成直接经济损失在5000元（含5000元）以上的称为质量事故。

2．质量事故的分类

由于工程质量事故具有复杂性、严重性、可变性和多发性的特点，所以建筑工程项目质量事故分类有多种方法，但一般可按以下条件进行分类。

（1）按事故造成损失的严重程度分类

质量事故按事故造成损失的严重程度分类，见表13–13。

表13–13　按事故造成损失的严重程度分类

事故类别	主要内容
一般质量事故	经济损失在5000元（含5000元）以上，不满5万元；或影响使用功能或工程结构安全，造成永久质量缺陷
严重质量事故	直接经济损失在5万元（含5万元）以上，不满10万元；或严重影响使用功能或工程结构安全，存在重大质量隐患；或事故性质恶劣或造成2人以下重伤
重大质量事故	工程倒塌或报废，或由于质量事故造成人员死亡或重伤3人以上，或直接经济损失10万元以上
特别重大事故	凡具备国务院发布的《特别重大事故调查程序暂行规定》所列发生一次死亡30人及其以上，或直接经济损失达500万元及其以上，或其他性质特别严重的情况之一均属特别重大事故

（2）按事故责任分类

1）指导责任事故：由于工程实施指导或领导失误而造成的质量事故。例如，由于工程负责人片面追求施工进度，放松或不按质量标准进行控制和检验，降低施工质量标准等。

2）操作责任事故：在施工过程中，由于实施操作者不按规程和标准实施操作而造成的质量事故。例如，浇筑混凝土时随意加水，或振捣疏漏造成混凝土质量事故等。

3．按质量事故产生的原因分类

按质量事故产生的原因分类，见表13–14。

表13–14　按质量事故产生的原因分类

事故类别	主要内容
管理原因引发的质量事故	管理上的不完善或失误引发的质量事故。例如，施工单位或监理单位的质量体系不完善、检验制度不严密、质量控制不严格、质量管理措施落实不力、检测仪器设备管理不善而失准、材料检验不严等原因引起的质量事故

续表

事故类别	主要内容
经济原因引发的质量事故	由于经济因素及社会上存在的弊端和不正之风引起建设中的错误行为，而导致出现的质量事故。例如，某些施工企业盲目追求利润而不顾工程质量；在投标报价中随意压低标价，中标后则依靠违法的手段或修改方案追加工程款，或偷工减料等，这些因素往往会导致出现重大质量事故，必须予以重视
技术原因引发的质量事故	在工程项目实施中由于设计、施工在技术上的失误而造成的质量事故。例如，结构设计计算错误，地质情况估计错误，采用了不适宜的施工方法或施工工艺等造成的质量事故

三、质量事故的处理程序

1．事故调查

事故发生后，施工项目负责人应按规定的时间和程序及时向企业报告事故的状况，积极组织事故调查。事故调查应力求及时、客观、全面，以便为事故的分析与处理提供正确的依据。调查结果要整理撰写成事故调查报告，其主要内容包括：工程概况，事故情况，事故发生后所采取的临时防护措施，事故调查中的有关数据、资料，事故原因分析与初步判断，事故处理的建议方案与措施，事故涉及人员与主要责任者的情况等。

2．事故原因分析

事故原因分析要建立在事故调查的基础上，避免情况不明就主观推断事故的原因。特别是涉及勘察、设计、施工、材料和管理等方面的质量事故，往往事故的原因错综复杂，因此，必须对调查所得到的数据、资料进行仔细的分析，去伪存真，找出造成事故的主要原因。

3．制定事故处理方案

事故的处理要建立在事故原因分析的基础上，并广泛地听取专家及有关方面的意见，经科学论证，决定事故是否进行处理和怎样处理。在制定事故处理方案时，应做到安全可靠，技术可行，不留隐患，经济合理，具有可操作性，满足建筑功能和使用要求。

4．事故处理

根据制定的事故处理方案，对质量事故进行认真的处理。处理的内容主要包括：事故的技术处理，以解决施工质量不合格和缺陷问题；事故的责任处罚，根据事故的性质、损失大小、情节轻重对事故的责任单位和责任人做出相应的行政处罚甚至追究刑事责任。

5．事故处理的鉴定验收

质量事故的处理是否达到预期的目的，是否依然存在隐患，应当通过检查鉴定和验收做出确认。事故处理的质量检查鉴定，应严格按施工验收规范和相关质量标准的规定进行，必要时还应通过实际测量、试验和仪器检测等方法获取必要的数据，以便准确地对事故处理的结果做出鉴定。事故处理后，必须尽快提交完整的事故处理报告，其内容包括事故调查的原始资料、测试的数据，事故原因分析、论证，事故处理的依据，事故处理的方案及技术措施，实施质量处理中有关的数据、记录、资料，检查验收记录，事故处理的结论等。

四、质量事故的处理方法

1．修补处理

当工程某些部分的质量虽未达到规定的规范、标准或设计的要求，存在一定的缺陷，但经过修补后可以达到要求的质量标准，又不影响使用功能或外观的要求时，可采取修补处理的方法。

2．加固处理

加固处理主要是针对危及承载力的质量缺陷的处理。通过对缺陷的加固处理，使建筑结构恢复或提高承载力，重新满足结构安全性、可靠性的要求，使结构能继续使用或改作其他用途。例如，对混凝土结构常用加固的方法主要有增大截面加固法、外包角钢加固法、粘钢加固法、增设支点加固法、增设剪力墙加固法、预应力加固法等。

3．返工处理

当工程质量缺陷经过修补或加固处理后仍不能满足规定的质量标准要求，或不具备补救可能性时，必须返工处理。

4．限制使用

在工程质量缺陷按修补方法处理后无法保证达到规定的使用要求和安全要求，而又无法返工处理的情况下，不得已时可做出诸如结构卸荷或减荷以及限制使用的决定。

5．不做处理

某些工程质量问题虽然达不到规定的要求或标准，但其情况不严重，对工程或结构的使用及安全影响很小，经过分析、论证、法定检测单位鉴定和设计单位等认可后，可不专门做处理。一般可不专门做处理的情况有以下几种。

（1）不影响结构安全、生产工艺和使用要求的。例如，有的工业建筑物出现放线定位的偏差，且超过规范标准规定，若要纠正会造成重大经济损失，但经过分析、论证，其偏差不影响生产工艺和正常使用，在外观上也无明显影响，可不做处理。又如，某些部位的混凝土表面的裂缝，经检查分析，属于表面养护不够而出现的干缩微裂，不影响使用和外观，也可不做处理。

（2）后道工序可以弥补的质量缺陷。例如，混凝土结构表面的轻微麻面，可通过后续的抹灰、刮涂、喷涂等弥补，也可不做处理。再如，混凝土现浇楼面的平整度偏差达到 10mm，但由于后续垫层和面层的施工可以弥补，所以也可不做处理。

（3）法定检测单位鉴定合格的。例如，某检验批混凝土试块强度值不满足规范要求，强度不足，但经法定检测单位对混凝土实体强度进行实际检测后，其实际强度达到规范允许和设计要求值时，可不做处理。对经检测未达到要求值，但相差不多，经分析论证，只要使用前经再次检测达到设计强度的，也可不做处理，但应严格控制施工荷载。

（4）出现的质量缺陷，经检测鉴定达不到设计要求，但经原设计单位核算，仍能满足结构安全和使用功能的。例如，某一结构构件截面尺寸不足，或材料强度不足，影响结构承载力，但按实际情况进行复核验算后仍能满足设计要求的承载力时，可不专门进行处理。这种做法实际上是挖掘设计潜力或降低设计的安全系数，应谨慎处理。

6．报废处理

出现质量事故的工程，通过分析或实践，采取上述处理方法后仍不能满足规定的质量要求或标准，则必须予以报废处理。

第五节　建筑工程项目质量的政府监督管理

一、政府对工程项目质量的监督职能

为了加强房屋建筑和市政基础设施工程质量的监督，保护人民生命和财产安全，规范住房和城乡建设行政主管部门及工程质量监督机构（以下简称主管部门）的质量监督行为，根据《中华人民共和国建筑法》《建设工程质量管理条例》等有关法律、行政法规，住房和城乡建设部制定了《房屋建筑和市政基础设施工程质量监督管理规定》（住建部令第 5 号），在中华人民共和国境内主管部门实施对新建、扩建、改建房屋建筑和市政基础设施工程质量监督管理的，适用该规定；而抢险救灾工程、临时性房屋建筑工程和农民自建低层住宅工程，不适用该规定。

1．监督管理部门职责的划分

国务院建设行政主管部门对全国的建设工程质量实施统一监督管理。国家交通、

水利等有关部门按照国务院规定的职责分工，负责全国有关专业建设工程质量的监督管理。

县级以上地方人民政府建设行政主管部门对本行政区域内的建设工程质量实施监督管理。县级以上地方人民政府交通、水利等有关部门在各自的职责范围内，负责对本行政区域内的专业建设工程质量进行监督管理。

国务院发展计划部门按照国务院规定的职责，组织稽查特派员，对国家出资的重大建设项目实施监督检查。

国务院经济贸易主管部门按照国务院规定的职责，对国家重大技术改造项目实施监督检查。

2. 政府质量监督的性质与职权

（1）政府质量监督的性质

政府质量监督的性质属于行政执法行为，是主管部门根据有关法律法规和工程建设强制性标准，对工程实体质量和工程建设单位、勘察单位、设计单位、施工单位、监理单位（以下简称工程质量责任主体）和质量检测单位等的工程质量行为实施监督。

工程实体质量监督是指主管部门对涉及工程主体结构安全、主要使用功能的工程实体质量情况实施监督。工程质量行为监督是指主管部门对工程质量责任主体和质量检测等单位履行法定质量责任和义务的情况实施监督。

（2）政府质量监督的职权

政府建设行政主管部门和其他有关部门履行工程质量监督检查职责时，有权采取下列措施：①要求被检查的单位提供有关工程质量的文件和资料；②进入被检查单位的施工现场进行检查；③发现有影响工程质量的问题时，责令改正。

有关单位和个人对政府建设行政主管部门和其他有关部门的监督检查应当支持与配合，不得拒绝或者阻碍建设工程质量监督检查人员依法执行职务。

3. 政府质量监督的机构

根据《建设工程质量管理条例》，建设工程质量监督管理可以由建设行政主管部门或者其他有关部门委托的建设工程质量监督机构具体实施。

（1）监督机构

从事房屋建筑工程和市政基础设施工程质量监督的机构，必须按照国家有关规定经国务院建设行政主管部门或者省、自治区、直辖市人民政府建设行政主管部门考核；从事专业建设工程质量监督的机构，必须按照国家有关规定经国务院有关部门或者省、自治区、直辖市人民政府有关部门考核。监督机构经考核合格后，方可实施质量监督，并对工程质量监督承担监督责任。

监督机构应当具备的条件有：①具有符合规定条件的监督人员，人员数量由县级以上地方人民政府建设行政主管部门根据实际需要确定，监督人员应当占监督机构总人数的 75% 以上；②有固定的工作场所和满足工程质量监督检查工作所需要的仪器、设备和工具等；③有健全的质量监督工作制度，具备与质量监督工作相适应的信息化管理条件。

（2）监督人员

监督人员应当具备的条件有：①具有工程类专业大学专科以上学历或者工程类执业注册资格；②具有三年以上工程质量管理或者设计、施工、监理等工作经历；③熟练掌握相关法律法规和工程建设强制性标准；④具有一定的组织协调能力和良好的职业道德。

监督人员符合上述条件经考核合格后，方可从事工程质量监督工作。监督机构可以聘请中级职称以上的工程类专业技术人员协助实施工程质量监督。

省、自治区、直辖市人民政府建设行政主管部门每两年对监督人员进行一次岗位考核，每年进行一次法律法规、业务知识培训，并适时组织开展继续教育培训。

国务院住房和城乡建设行政主管部门对监督机构和监督人员的考核情况进行监督抽查。

主管部门工作人员玩忽职守、滥用职权、徇私舞弊，构成犯罪的，依法追究刑事责任；尚不构成犯罪的，依法给予行政处分。

二、政府对工程项目质量监督的内容

1. 质量监督的内容

政府建设行政主管部门和其他有关部门的工程质量监督管理应当包括：①执行法律法规和工程建设强制性标准的情况；②抽查涉及工程主体结构安全和主要使用功能的工程实体质量；③抽查工程质量责任主体和质量检测单位等的工程质量行为；④抽查主要建筑材料、建筑构配件的质量；⑤对工程竣工验收进行监督；⑥组织或者参与工程质量事故的调查处理；⑦定期对本地区工程质量状况进行统计分析；⑧依法对违法违规行为实施处罚。

2. 质量监督的程序

对工程项目实施质量监督，应当按照下列程序进行。

（1）受理建设单位办理质量监督手续

在工程项目开工前，监督机构接受建设单位有关建设工程质量监督的申报手续，并对建设单位提供的有关文件进行审查，审查合格后签发有关质量监督文件。建设单位凭工程质量监督文件，向建设行政主管部门申领施工许可证。

（2）制订质量监督工作计划并组织实施

监督机构根据项目具体情况，制订质量监督工作计划并组织实施。质量监督工作计划包括：①质量监督依据的法律、法规、规范、标准；②在项目施工的各个阶段，质量监督的内容、范围和重点；③实施质量监督的具体方法和步骤；④定期或不定期进入施工现场进行监督检查的时间计划安排；⑤质量监督记录用表式；⑥监督人员及需用资源安排。

（3）对工程实体质量和工程质量行为进行抽查、抽测

1）监督机构按计划在施工现场对建筑材料、设备和工程实体进行监督抽样，委托符合法定资质的检测单位进行检测。监督抽样检测的重点是涉及结构安全和重要使用功能的项目。例如，在工程基础和主体结构分部工程质量验收前，要对地基基础和主体结构混凝土强度分别进行监督检测；对在施工过程中发生的质量问题、质量事故进行查处。

2）对工程质量责任主体和质量检测等单位的质量行为进行检查。检查内容包括：参与工程项目建设各方的质量保证体系的建立和运行情况，企业的工程经营资质证书和相关人员的资格证书，按建设程序规定的开工前必须办理的各项建设行政手续是否齐全完备，施工组织设计、监理规划等文件及其审批手续和实际执行情况，执行相关法律法规和工程建设强制性标准的情况，工程质量检查记录等。

（4）监督工程竣工验收

重点对竣工验收的组织形式、程序等是否符合有关规定进行监督；同时对质量监督检查中提出的质量问题的整改情况进行复查，检查其整改情况。

（5）形成工程质量监督报告

工程质量监督报告的基本内容包括：工程项目概况、项目参建各方的质量行为检查情况、工程项目实体质量抽查情况、历次质量监督检查中提出的质量问题的整改情况、工程竣工质量验收情况、项目质量评价（包括建筑节能和环保评价）、对存在的质量缺陷的处理意见等。

（6）建立工程质量监督档案

工程质量监督档案按单位工程建立，要求归档及时，资料记录等各类文件齐全，经监督机构负责人签字后归档，按规定年限保存。

参考文献

［1］姚刚，华建民．土木工程施工技术与组织［M］．重庆：重庆大学出版社，2013.

［2］郭建营，宗翔．土木工程施工技术［M］．武汉：武汉大学出版社，2015.

［3］王成山．土木工程施工技术［M］．武汉：武汉大学出版社，2015.

［4］邓寿昌．土木工程施工技术［M］．北京：科学出版社，2011.

［5］李惠玲．土木工程施工技术［M］．大连：大连理工大学出版社，2009.

［6］陈光宇．探究土木工程施工技术及其未来发展［J］．科学技术创新，2012，5（19）：204-204.

［7］马峻．浅谈土木工程施工技术的创新及发展［J］．江西建材，2015（17）：106-106.

［8］刁立明．浅析当前我国土木工程施工技术存在的问题与发展［J］．华章，2011（19）.

［9］王勍．浅析土木工程施工技术的创新［J］．科学技术创新，2014（15）：234-234.

［10］曹亚哲．土木工程施工技术的创新及发展分析［J］．居业，2018，No.123（04）：125+127.

［11］全国一级建造师执业资格考试用书编写委员会．建设工程项目管理［M］．北京：中国建筑工业出版社，2017.

［12］全国二级建造师执业资格考试用书编写委员会．建设工程施工管理［M］．北京：中国建筑工业出版社，2017.

［13］陈俊，张国强，谢志秦．建筑工程项目管理［M］.2 版．北京：北京理工大学出版社，2014.

［14］胡六星，吴洋．建筑工程项目管理［M］．长沙：中南大学出版社，2015.

［15］刘晓丽，谷莹莹，刘文俊．建筑工程项目管理［M］．北京：北京理工大学出版社，2013.

［16］吴美琼，徐林．建筑工程项目管理［M］．北京：中国水利水电出版社，

2015.

［17］王雪青. 国际工程项目管理［M］. 北京：中国建筑工业出版社，2000.

［18］韩锟. 工程项目管理：发展趋势与应对策略［J］. 建筑经济，2005（2）：67–70.

［19］王卓甫，简迎辉. 工程项目管理模式及其创新［M］. 北京：中国水利水电出版社，2006.

［20］张建平，梁雄，刘强. 基于 BIM 的工程项目管理系统及其应用［J］. 土木建筑工程信息技术，2012（4）：1–6.